高教版 Python 语言程序设计冲刺试卷
（含线上题库）
（第 3 版）

Gaojiaoban Python Yuyan Chengxu
Sheji Chongci Shijuan
(Han Xianshang Tiku)

黄天羽　李芬芬　编著

高等教育出版社·北京

内容提要

在人工智能和大数据分析渐成主流技术的当下,Python 语言因其语法简洁、跨平台、开源、功能强大、广泛计算生态等特点,特别适合作为人工智能和大数据分析领域强有力的程序工具,得到了国内科技教育界广泛关注并引起强烈反响,为高校计算机语言教学提供了更好且更多样的选择。本书作者及所在团队精研 Python 语言,在国内高校 Python 语言教学中开风气之先。为帮助广大考生顺利通过全国计算机等级考试二级 Python 语言程序设计科目,在第 2 版的基础上,结合二级 Python 科目开考以来的情况分析,进行了较大幅度的修订,内容包括对二级 Python 语言程序设计考试大纲的详细解读、高质量的模拟冲刺试卷及解析、线上题库练习,习题总量增加到 1 153 道!并配有 Python123 助考平台,提供手机扫码访问与计算机联网编程功能,实为备考、助考和自学的最佳实践选择。

本书适用于学习 Python 语言的读者,尤其是有 Python 语言程序设计考试需求的读者。

图书在版编目(CIP)数据

高教版 Python 语言程序设计冲刺试卷:含线上题库/黄天羽,李芬芬编著. --3 版. --北京:高等教育出版社,2020.4
  ISBN 978-7-04-053636-2

Ⅰ.①高… Ⅱ.①黄… ②李… Ⅲ.①软件工具-程序设计-水平考试-习题集 Ⅳ.①TP311.561-44

中国版本图书馆 CIP 数据核字(2020)第 024982 号

策划编辑	何新权	责任编辑	何新权	封面设计	张志奇	版式设计	徐艳妮
责任校对	刘娟娟	责任印制	赵义民				

出版发行	高等教育出版社	网　　址	http://www.hep.edu.cn
社　　址	北京市西城区德外大街 4 号		http://www.hep.com.cn
邮政编码	100120	网上订购	http://www.hepmall.com.cn
印　　刷	固安县铭成印刷有限公司		http://www.hepmall.com
开　　本	787mm×1092mm 1/16		http://www.hepmall.cn
印　　张	22.5	版　　次	2018 年 7 月第 1 版
字　　数	530 千字		2020 年 4 月第 3 版
购书热线	010-58581118	印　　次	2020 年 4 月第 1 次印刷
咨询电话	400-810-0598	定　　价	60.00 元

本书如有缺页、倒页、脱页等质量问题,请到所购图书销售部门联系调换
版权所有　侵权必究
物　料　号　53636-00

第 3 版前言

"我们都在努力奔跑,我们都是追梦人。"如程序设计这样的技术内容,需要通过不断实践来加深认识,每一滴实践的汗水都在书写未来。

教育部考试中心组织的全国计算机等级考试二级 Python 语言程序设计科目适合初学者检验学习水平,是每位追梦人路上的一个里程碑。本书按照考试大纲要求编写,采用模拟题、章节训练及考前强化三种方式,通过大量题目帮助读者掌握 Python 基础语法体系,熟练基础编程能力,小目标是通过二级考试,目的是掌握 Python 工具进入以数据分析与人工智能为主要应用形态的新技术时代。

本书包含三个部分,共 11 章。第一部分以理解考试大纲为主,对考试大纲中每个考点进行了详细分析;第二部分以模拟测验为主,共包含 5 套模拟试卷,每套试卷严格按照考试大纲设计,包含公共基础选择题 10 道、Python 选择题 30 道、基本编程题 3 道、简单应用题 2 道及综合应用题 1 道;第三部分以分知识点训练为主,采用线上线下相结合模式组织题库,包含公共基础知识题目 155 道、Python 单选题 480 道、Python 编程题 150 道、考前强化题 138 道,全书题目合计达到了 1 153 道!并且,所有 Python 题目均为原创,如有雷同,必然源自本书。

本书从第一版开始尝试以"互联网+"新形态建设,扫描书籍封底增值服务二维码,即可进入 Python123 在线平台(https://python123.io)进行在线学习和自动评测。这样的学习平台通过增加实时交互,扩充了传统纸媒教材形式与功能,让静态题目具备了自动评阅、学习规划、讲解补充和轨迹记录等功能,能有效帮助读者提高学习效率及效果。

本书的编写得到了高等教育出版社的大力支持,在此深表谢意,全书内容由黄天羽、李芬芬两位编者合作完成,线上题库部分由张航提供技术支持。特别感谢 Python123 开发和运营团队,团队为本书提供了具有鲜明时代气息的网络系统支持。

时间仓促,水平有限,书中仍可能存在疏漏之处,敬请广大读者通过 Python123 平台吐槽、批评及指正!

编者

特别提示:全书使用唯一的二维码如下。

第 2 版前言

"实践是检验真理的唯一标准"。如果将科学技术类比为真理,实践则是理解科学原理、掌握技术方法、开展科技应用最直接的方式。

学习编程一定要去实践,但实践的深度和广度则根据目标不同而不同。教育部考试中心组织的全国计算机等级考试二级 Python 科目为 Python 语言学习设定了阶段目标,非常适合初学者作为学习水平的检验标准。本书以通过 Python 科目考试为目标,采用整套模拟题及章节训练两种方式,通过大量题目帮助读者熟练掌握 Python 语言并实现程序能力的快速进阶。

从编者开展教学的实际反馈来看,有效的编程学习需要辅助两类题目:以编程知识点为考核目标的单选类题目、以编程实践为考核目标的编程类题目,即单选题和编程题。这也正是全国计算机等级考试二级 Python 科目的考核方式。除题型一致外,本书延续第 1 版内容,首次对"全国计算机等级考试二级 Python 语言程序设计考试大纲(2018 年版)"给出了全面深入且准确务实的解读,并进一步结合等级考试实施情况进行了修订加强。

本书题目数量庞大,给出"公共基础知识"单选题 170 道、Python 单选题 630 道、Python 编程题 150 道,合计 950 道。相比第 1 版,本版增加单选题 100 道和编程题 60 道,共 160 道,增加比例超过 20%。值得一提的是,除"公共基础知识"部分题目外,本书所有 Python 语言题目都是编者及所在团队的精心原创,不仅符合考试要求,更能辅助学习和实践,帮助读者快速提高水平。本书立足于个人读者使用,如有教学或商业应用需求,请务必告知出版社或编者,并取得授权。

作为练习册,本书尝试以"互联网+"新形态构建,采用 Python123 在线练习平台扩充传统纸媒教材形式,实现全部习题的自动评阅、讲解反馈和学习记录等功能,辅助提高学习效果。

本书的编写得到了高等教育出版社的大力支持,在此深表谢意。全书内容由两位编者合作完成,考试大纲解读部分得到了全国高校 Python 教学开创者北京理工大学嵩天老师的指导和审校。特别感谢 Python123 开发和运营团队,他们为本书提供了具有鲜明时代气息的网络系统支持。权威、原创、优质、在线、大量,这些词汇都可用于诠释本书,但这些并不重要,编者更希望看到,本书能够帮助读者学好 Python 语言,达到阶段目标,一起努力!

时间仓促、水平有限,书中仍可能存在疏漏或错误之处,敬请广大读者批评指正。

编者

第1版前言

"应试"是个中性词。设定一个阶段目标,为之努力,这是一种乐趣!

程序设计具有很强的实践性,学好编程不仅需要理解若干保留字和语法规则的基本用法,更需要将这些技术性知识转化成解决实际问题的实践技能,最终使编程能够服务于生活、学习和工作的各个方面,成为傍身技能之一。教育部考试中心组织的全国计算机等级考试为编程学习设定了阶段目标,非常适合学习者测验自身的技能水平。

本书立足于知识向技能转化的实际需求,结合对 Python 语言科目考试大纲的全面解读,通过若干套完整模拟题及大量实践习题的设置和解析,帮助学习者更好地准备考试及实践 Python 语言。具体来说,本书首次对"全国计算机等级考试二级 Python 语言程序设计考试大纲(2018 年版)"进行了全面深入的解读,结合命题要求给出了 5 套完整且典型的模拟试卷,并逐题给出了讲解。进一步,本书提供了"公共基础知识""Python 单选题"和"Python 编程题"等方面的 800 余道各类题目,首次给出了大量全面且有导向性的 Python 实践内容,其中 Python 习题均为编者原创,转载请务必告知出版社或编者。

本书总体定位于"练习册",有两个明确应用场景。第一,从实践层面服务于备考全国计算机等级考试 Python 语言科目的考生;第二,为更广泛学习者提供自测的学习内容。鉴于定位有别,本书不提供 Python 语言内容的详细讲解,建议配合教育部考试中心组织编写的全国计算机等级考试系列教程或各类 Python 语言入门学习教材一同使用,当然,配合由本书作者编写的 Python 语言基础教材效果更佳。

值得一提的是,本书以"互联网+"新形态方式构建,采用网络形式扩充教材内容。读者可以通过扫描二维码使用手机进行单选题练习,也可以通过访问链接使用 Python123 平台进行编程题练习,Python123 将提供全部习题的自动评阅功能,给予即时反馈,辅助提高学习效果。

本书编写过程得到了高等教育出版社的大力支持和深切关怀,能够如期出版与编辑们无私奉献和辛勤付出有相当关系,在此深表谢意。全书内容由两位编者合作完成,其中,李芬芬老师分工侧重于公共基础知识,同时对全书其他各章内容进行了大量补充撰写及认真校对。这种配合并非简单的任务分工,而是秉承对读者负责之心的通力配合,合作模式可引为借鉴。特别感谢 Python123 开发和运营团队,他们为本书提供了关键且有价值的网络系统支持,为读者展示了一种基于纸媒却又高于纸媒的内容组织形式,很有意义、很有帮助、很有价值!

时间仓促、水平有限,书中仍可能存在疏漏或错误之处,敬请广大读者批评指正。

编者

目 录

第一部分 考试大纲理解

第1章 考试大纲解读 ………… 2
- 1.1 Python 科目的增设 ………… 3
- 1.2 考试大纲 ………… 4
- 1.3 考试大纲内容详解 ………… 6
  - 1.3.1 Python 语言基本语法元素 … 7
  - 1.3.2 基本数据类型 ………… 10
  - 1.3.3 程序的控制结构 ………… 13
  - 1.3.4 函数和代码复用 ………… 15
  - 1.3.5 组合数据类型 ………… 15
  - 1.3.6 文件和数据格式化 ………… 18
  - 1.3.7 Python 计算生态 ………… 20
- 1.4 考试大纲题型详解 ………… 34
- 冲刺重点 ………… 35

第2章 备考环境及学习资源 ………… 36
- 2.1 Python 备考环境配置 ………… 37
  - 2.1.1 单机版备考环境 ………… 37
  - 2.1.2 网络版备考环境 ………… 39
- 2.2 Python123 学习平台及线上题库 ………… 43
- 2.3 Python 学习资源索引 ………… 45
- 冲刺重点 ………… 46

第二部分 模拟试卷冲刺

第3章 Python 模拟试卷一及讲解 … 48
- 3.1 模拟试卷 ………… 49
- 3.2 试卷答案 ………… 58
- 3.3 试卷讲解 ………… 60
- 冲刺重点 ………… 69

第4章 Python 模拟试卷二及讲解 … 70
- 4.1 模拟试卷 ………… 71
- 4.2 试卷答案 ………… 80
- 4.3 试卷讲解 ………… 82
- 冲刺重点 ………… 90

第5章 Python 模拟试卷三及讲解 … 91
- 5.1 模拟试卷 ………… 92
- 5.2 试卷答案 ………… 99
- 5.3 试卷讲解 ………… 101
- 冲刺重点 ………… 107

第6章 Python 模拟试卷四及讲解 … 108
- 6.1 模拟试卷 ………… 109
- 6.2 试卷答案 ………… 117
- 6.3 试卷讲解 ………… 119
- 冲刺重点 ………… 126

第7章 Python 模拟试卷五及讲解 … 127
- 7.1 模拟试卷 ………… 128
- 7.2 试卷答案 ………… 136
- 7.3 试卷讲解 ………… 138
- 冲刺重点 ………… 146

第三部分 线上题库备考

第 8 章 公共基础知识题库 …………… 148
   8.1 计算机系统 …………………… 149
   8.2 数据结构与算法 ……………… 153
   8.3 程序设计基础 ………………… 157
   8.4 软件工程基础 ………………… 161
   8.5 数据库设计基础 ……………… 164
   冲刺重点 …………………………… 168

第 9 章 Python 单选题库 ……………… 169
   9.1 Python 语法基础 ……………… 170
   9.2 基本数据类型 ………………… 178
   9.3 程序的控制结构 ……………… 189
   9.4 函数和代码复用 ……………… 202
   9.5 组合数据类型 ………………… 215
   9.6 文件和数据格式化 …………… 226

   9.7 Python 基础生态 ……………… 234
   9.8 Python 计算生态 ……………… 244
   冲刺重点 …………………………… 249

第 10 章 Python 编程题库 …………… 250
   10.1 基本编程题 …………………… 251
   10.2 简单应用题 …………………… 268
   10.3 综合应用题 …………………… 295
   冲刺重点 …………………………… 311

第 11 章 考前冲刺 ……………………… 312
   11.1 试卷（一）及参考答案 ……… 313
   11.2 试卷（二）及参考答案 ……… 324
   11.3 试卷（三）及参考答案 ……… 336
   冲刺重点 …………………………… 347

附录 常用 RGB 色彩对应表 ………………………………………………………………… 348

第一部分 考试大纲理解

第 1 章给出了"全国计算机等级考试二级 Python 语言程序设计考试大纲（2018 年版）"，并对考试大纲所列考点逐条进行详细解读。

第 2 章给出了"全国计算机等级考试二级 Python 语言程序设计"科目的备考环境介绍及学习资源概述，帮助考生更好地开展学习并备考训练。

第 1 章　考试大纲解读

第 1 章内容词云效果

1.1 Python 科目的增设

作为计算机知识学习和能力培养的国家级导向性水平测试平台，全国计算机等级考试（National Computer Rank Examination，简称 NCRE）为了顺应计算机程序设计领域的发展和变革，于 2018 年 9 月首次增设 Python 语言考试科目。该考试科目的增设不仅提供了新的编程语言考试选择，也通过考试大纲在编程思维方面给出新的引导性变化。Python 语言考试科目增设，意义重大。

Python 语言诞生于 1990 年前后，发展至今已经接近 30 年，并不是一个"新"语言。然而，Python 语言却有超越其历史时代的先进性，主要表现在语法简洁、广泛生态和兼容 C 语言等方面，以至于广大程序员赋予 Python 语言一系列特征：通用语言、脚本语言、黏性语言、胶水语言等。2000 年 10 月，Python 2.0 正式发布，标志着 Python 语言完成了自身涅槃，开启了 Python 广泛应用的新时代。Python 先后取代了各操作系统平台的执行脚本，例如 Linux 系统的 bash，进一步取代了 Perl 等脚本语言，逐步成了程序员最重要的通用工具性语言。2010 年，Python 2.x 系列发布了最后一个主版本号 2.7，用于终结 2.x 系列版本的发展，并且不再进行重大改进。

2008 年 12 月，Python 3.0 正式发布，这个版本在语法层面和解释器内部做了很多重大改进，解释器内部采用完全面向对象的方式实现。然而，由于 Python 创造者 Guido van Rossum 对语言完美性的执着，Python 3.x 系列版本代码无法向下兼容 Python 2.0 系列既有语法，因此，所有基于 Python 2.0 系列版本编写的库函数都必须修改后才能被 Python 3.0 系列解释器运行。从 2008 年开始，Python 语言经历了一个痛苦但令人期待的版本更迭过程，用 Python 编写的几万个函数库开始了版本升级过程。

正因为版本更迭带来的兼容性问题，Python 语言发展在 2008 年之后一度陷入徘徊期，之后若干年，Python 2.x 和 3.x 版本同时被推荐使用。直至 2015 年，绝大部分 Python 函数库完成了版本更迭过程，主流 Python 程序员都采用 Python 3.x 系列语法编写程序，标志着该语言完成了版本升级。Python 语言迎来了全新且重要的发展契机，新的计算时代，属于 Python 语言。

"Python 2.x 已经是遗产，Python 3.x 是这个语言的现在和未来"。

Python 语言主要有 4 套解释器，分别为 CPython、PyPy、Jython 和 IronPython，它们都可以执行 Python 源程序。CPython 是最主要的解释器，采用 C 语言编写，也是其他解释器的参考版本。PyPy 是 Python 语言编写的 Python 解释器，相比 CPython，增加了很多优化策略，代码执行效率更高。Jython 采用 Java 语言编写，运行在 JVM（Java Virtual Machine）上。IronPython 采用 Microsoft.Net 编写。除特殊情况外，一般均使用 CPython 解释器运行 Python 程序。

Python 语言所有解释器都是开源的，可以在 Python 语言主网站（https://www.python.org/）自由下载。该语言的所有者是 Python 软件基金会（Python Software Foundation，PSF），这是一个非营利组织，拥有 Python 2.1 版本之后所有版本的版权，该组织致力于更好地推进并保护 Python 语言的开放性。在商业产品中使用 Python 语言不涉及任何授权及收费问题，也不存在拥有者的商业利益问题。作为基础性工具，Python 语言不仅有助于训练计算思维，更适合作为商业软件及产品的开发工具，非常值得学习并掌握。

学习 Python 语言，除了理解并掌握编程语法，同等重要的是面向问题利用标准库或第三方库程序编写，提高编程产量并快速解决计算问题，这不只是编程方式的改变，更是编程思维的变革。2017 年，北京理工大学嵩天老师高度总结了 Python 库的发展历程，抽象出 Python 第三方库建设和发展的 3 个特点：野蛮生长、自然选择和依存发展，类似自然生态演进，命名为"计算生态"。至此，"理解和运用计算生态"成了 Python 编程学习的重要理念。站在巨人肩膀上思考和编程，从而，编程将不再是刀耕火种的逐行编写方式，而是搭积木式的快速编程方式。围绕计算生态编程已经是产业界构建产品的主要方式，也是计算时代演进的必然选择。

Python 语言是大数据分析、机器学习、人工智能等领域的基础性语言，几乎所有机器学习和深度学习框架都基于 Python 语言编写。这不仅得益于 Python 简洁的语法，还在于 Python 能够有效封装 C 语言编写的程序。仅比较单一语言程序的执行速度，Python 程序比 C 程序还是有明显的差距，据此，可能会有一种错误认识，即对于大规模数据处理，Python 程序比 C 程序要慢很多。然而，在真正的大规模数据处理时，Python 语言会基于一些由 C 语言开发但使用 Python 语言封装的计算生态进行开发，如 numpy，进而达到与 C 语言相近的程序执行效率。

再好的思维和理念也需要被"看到"。全国计算机等级考试通过增设 Python 语言考试科目，在编程思维方面给出了引导性变化，这个立意起点很高，必将为广大考生带来有益和深远的积极影响。作为二级考试科目，Python 语言不比其他科目更难，但却更有用。这种"有用"不只是二级证书证明的编程能力水平，更表现为能够在实际工作和生活中实际运用的编程能力。从这个角度来说，选择 Python 语言科目不只是选择一门考试，更是选择了一次对未来的承诺。

1.2 考试大纲

全国计算机等级考试二级 Python 语言程序设计考试大纲（2018 年版）

基本要求

1. 掌握 Python 语言的基本语法规则。
2. 掌握不少于 2 个基本的 Python 标准库。
3. 掌握不少于 2 个 Python 第三方库，掌握获取并安装第三方库的方法。
4. 能够阅读和分析 Python 程序。
5. 熟练使用 IDLE 开发环境，能够将脚本程序转变为可执行程序。

6. 了解 Python 计算生态在以下方面(不限于)的主要第三方库名称:网络爬虫、数据分析、数据可视化、机器学习、Web 开发等。

考试内容

一、Python 语言基本语法元素
1. 程序的基本语法元素:程序的格式框架、缩进、注释、变量、命名、保留字、数据类型、赋值语句、引用。
2. 基本输入输出函数:input( )、eval( )、print( )。
3. 源程序的书写风格。
4. Python 语言的特点。

二、基本数据类型
1. 数字类型:整数类型、浮点数类型和复数类型。
2. 数字类型的运算:数值运算操作符、数值运算函数。
3. 字符串类型及格式化:索引、切片、基本的 format( )格式化方法。
4. 字符串类型的操作:字符串操作符、处理函数和处理方法。
5. 类型判断和类型间转换。

三、程序的控制结构
1. 程序的三种控制结构。
2. 程序的分支结构:单分支结构、二分支结构、多分支结构。
3. 程序的循环结构:遍历循环、无限循环、break 和 continue 循环控制。
4. 程序的异常处理:try-except。

四、函数和代码复用
1. 函数的定义和使用。
2. 函数的参数传递:可选参数传递、参数名称传递、函数的返回值。
3. 变量的作用域:局部变量和全局变量。

五、组合数据类型
1. 组合数据类型的基本概念。
2. 列表类型:定义、索引、切片。
3. 列表类型的操作:列表的操作函数、列表的操作方法。
4. 字典类型:定义、索引。
5. 字典类型的操作:字典的操作函数、字典的操作方法。

六、文件和数据格式化
1. 文件的使用:文件打开、关闭和读写。
2. 数据组织的维度:一维数据和二维数据。
3. 一维数据的处理:表示、存储和处理。
4. 二维数据的处理:表示、存储和处理。
5. 采用 CSV 格式对一二维数据文件的读写。

七、Python 计算生态
1. 标准库:turtle 库(必选)、random 库(必选)、time 库(可选)。

2. 基本的 Python 内置函数。
3. 第三方库的获取和安装。
4. 脚本程序转变为可执行程序的第三方库:PyInstaller 库(必选)。
5. 第三方库:jieba 库(必选)、wordcloud 库(可选)。
6. 更广泛的 Python 计算生态,只要求了解第三方库的名称,不限于以下领域:网络爬虫、数据分析、文本处理、数据可视化、用户图形界面、机器学习、Web 开发、游戏开发等。

考试方式

上机考试,考试时长 120 分钟,满分 100 分。
1. 题型及分值
单项选择题 40 分(含公共基础知识部分 10 分)。
操作题 60 分(包括基本编程题和综合编程题)。
2. 考试环境
Windows 7 操作系统,建议 Python 3.4.2 至 Python 3.5.3 版本,IDLE 开发环境。

1.3 考试大纲内容详解

全国计算机等级考试二级 Python 语言科目考试大纲(以下简称"Python 考纲")对于推动"计算生态"及相关编程思想具有明显的导向性,整个考纲共分七个部分,围绕"Python 基本语法"和"Python 计算生态"两方面设计。与其他编程语言考试大纲不同,"Python 计算生态"是该考纲最重要且最显著的特点。

鉴于全国计算机等级考试二级主要面向程序设计入门级别考生,因此,Python 考纲中大部分内容仍然以"Python 基本语法"为主,重点考核基本的 Python 程序设计能力,主要覆盖过程式编程,未涉及面向对象编程。"Python 基本语法"对应 Python 考纲第一节到第六节,关系如图 1.1 所示。各部分具体考核知识点将在 1.3.1 节至 1.3.6 节详细介绍。

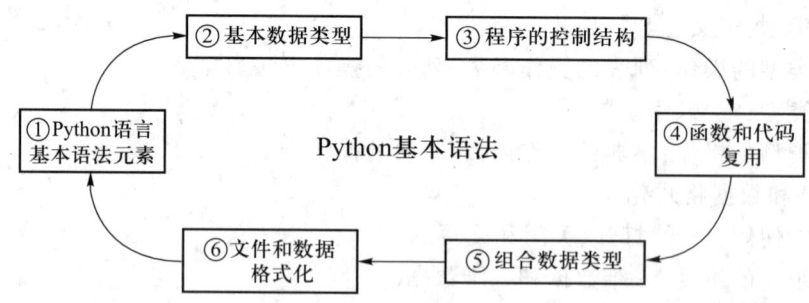

图 1.1 Python 考纲中"Python 基本语法"内容关系

在考纲中,"Python 计算生态"虽然只有第七节一段描述,但所覆盖的考核内容非常丰富,覆盖 Python 标准库和 Python 第三方库,指明了必考和选考内容,并给出了程序考核及名称考核两种方式,如图 1.2 所示。考纲明确指出以编程方式必考 4 个和选考 2 个 Python 计算生态库,以名称识别方式考核更广泛的计算生态库名称与功能类别的对应关系,具体类别不限。这部分具体考核知识点将在 1.3.7 节详细介绍。

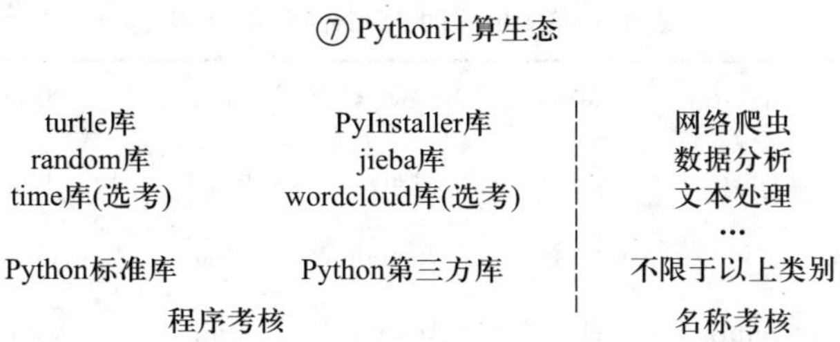

⑦ Python 计算生态

turtle库	PyInstaller库	网络爬虫
random库	jieba库	数据分析
time库(选考)	wordcloud库(选考)	文本处理
		…
Python标准库	Python第三方库	不限于以上类别
程序考核		名称考核

图 1.2　Python 考纲中"Python 计算生态"内容关系

鉴于本书应考的特殊性,接下来 1.3.1 节至 1.3.7 节将分别对应考纲 7 个部分,逐一罗列并简要讲解考核要点,所讲解的知识点都在考核范围内,未讲解的知识点除特殊说明外都不在考核范围内。

1.3.1　Python 语言基本语法元素

Python 考纲第一部分"Python 语言基本语法元素"共考核 4 项内容。

【考点一(1)】程序的基本语法元素:程序的格式框架、缩进、注释、变量、命名、保留字、数据类型、赋值语句、引用。

【解读】

Python 语言中,由缩进表达的程序格式框架也是语法的一部分,其中,if、elif、else、for、while、def 等保留字都可以通过在行尾增加英文冒号(:)表达对后续连续缩进语句的所属关系。例如:

```
1    a, b = 0, 1
2    while a < 1000:
3        print(a, end=',')
4        a, b = b, a + b
```

缩进体现了 Python 语言的强制可读性,一般采用 4 个空格表示,但这并不强制。缩进要求在一个 Python 程序中采用相同的表示方式,可以表现为 1 个或任意多个空格或 Tab(制表符)形式。

注释采用#开头表示,其后文字将不被解释器执行,仅适用于单行情况。多行注释需要在每行注释前都增加#字符。

变量指 Python 程序中由用户定义的用于保存和表示数据值的一种语法元素。使用变量无须预先声明,可以随时命名、随时赋值、随时使用。

命名是给变量等其他程序元素关联名称或标识符的过程。Python 采用大小写字母、数字、下画线(_)和汉字等字符及其组合进行命名,但名字的首位不能是数字,大小写敏感,标识符中间不能出现空格,长度没有限制。

保留字是被编程语言内部定义并保留使用的标识符。Python 3.5 以上版本共有 35 个保留字，如表 1.1 所示。与其他标识符一样，Python 的保留字也是大小写敏感的。

表 1.1　Python 的 35 个保留字列表

and	as	assert	async	await	break	class	continue	def
del	elif	else	except	False	finally	for	from	global
if	import	in	is	lambda	None	nonlocal	not	or
pass	raise	return	True	try	while	with	yield	

数据类型用来表达数据的含义，消除计算机对数据理解的二义性。Python 考纲将考核整数类型、浮点数类型、复数类型、字符串类型、列表类型、字典类型 6 种。

赋值语句将等号右侧的表达式计算后的结果值赋给左侧变量，使用等号（=）表达。赋值语句的一般形式如下：

<变量> = <表达式>

引用指程序调用当前程序以外功能库的过程，一般使用 import 保留字。引用有 4 种使用方式，如下所述。

（1）全命名空间引用

import <功能库名称>

引用功能库之后，采用<功能库名称>.<函数名称>()方式调用具体功能。

（2）具体函数引用

from <功能库名称> import <函数名称>

引用函数名之后，采用<函数名称>()方式调用具体功能。

（3）全函数引用

from <功能库名称> import *

引用功能库全部函数，采用<函数名称>()方式调用具体功能。

（4）别名引用

import <功能库名称> as <功能库别名>

引用功能库之后，采用<功能库别名>.<函数名称>()方式调用具体功能。

【考点一（2）】基本输入输出函数：input()、eval()、print()。

【解读】

input()函数从控制台获得用户的一行输入，以字符串类型返回结果。input()函数可以包含一些提示性文字，用来提示用户，使用方法如下：

<变量> = input(<提示性文字>)

eval()函数去掉字符串最外侧的引号，并按照 Python 语句方式执行去掉引号后的字符内容，使用方式如下：

<变量> = eval(<字符串>)

print()函数用于输出运算结果，根据输出内容的不同，有如下 3 种用法。

(1)单变量输出。使用方式如下:
print(<待输出字符串或其他变量>)
(2)多变量输出。使用方式如下:
print(<变量1>,<变量2>,…,<变量n>)
输出后的各变量值之间用一个空格分隔。
(3)混合输出。用于混合输出字符串与变量值,使用方式如下:
print(<输出字符串模板>.format(<变量1>,<变量2>,…,<变量n>))

【考点一(3)】源程序的书写风格。
【解读】
使用 import this,了解"Python 之禅"所表达含义。这里给出一个翻译。

Python 之禅　　作者:Tim Peters

- 优美胜于丑陋
- 明了胜于隐晦
- 简洁胜于复杂
- 复杂胜于凌乱
- 扁平胜于嵌套
- 间隔胜于紧凑
- 可读性很重要
- 即便假借特例的实用性之名,也不要违背上述规则
- 除非你确定需要,任何错误都应该有应对
- 当存在多种可能,不要尝试去猜测
- 只要你不是 Guido,对于问题尽量找一种,最好是唯一明显的解决方案
- 做也许好过不做,但不假思索就动手还不如不做
- 如果你无法向人描述你的实现方案,那肯定不是一个好方案
- 如果实现方案容易解释,可能是个好方案
- 命名空间是绝妙的理念,要多运用

【考点一(4)】Python 语言的特点。
【解读】
Python 语言有 3 个最主要的特点:
(1)Python 是通用语言,具有通用性。
(2)Python 语法简洁。
(3)Python 生态高产。
此外,Python 语言还有如下其他特点:
- 平台无关。可以跨操作系统运行。
- 强制可读。缩进表达的程序框架是语法的一部分。
- 支持中文。使用 Unicode 编码,支持中文字符。

- 模式多样。支持语句、函数、面向对象等多种编程模式。
- 类库便捷。通过使用 pip 安装类库,使用 import 引入类库。

1.3.2 基本数据类型

Python 考纲第二部分"基本数据类型"共考核 5 项内容。

【考点二(1)】数字类型:整数类型、浮点数类型和复数类型。
【解读】

整数类型没有取值范围限制,有 4 种进制表示形式:十进制、二进制、八进制和十六进制。默认情况下,整数采用十进制,其他进制需要增加引导符号,如表 1.2 所示。

表 1.2 整数类型的 4 种进制表示

进制种类	引导符号	描述
十进制	无	默认情况,例如:1010,-1010
二进制	0b 或 0B	由字符 0 和 1 组成,例如:0b1010,0B1010
八进制	0o 或 0O	由字符 0 到 7 组成,例如:0o1010,0O1070
十六进制	0x 或 0X	由字符 0 到 9、a 到 f 或 A 到 F 组成,例如:0x1010,0X10F0

浮点数类型的数值范围和小数精度受不同计算机系统的限制,一般来说,浮点数的取值范围在 -10^{308} 到 10^{308} 之间,浮点数之间的区分精度在 2.22×10^{-16} 左右。浮点数有两种表示方法:十进制形式的一般表示和科学计数法表示。

科学计数法使用字母 e 或者 E 作为幂的符号,以 10 为基数,含义如下:

$<a>e<b> = a \times 10^b$

浮点数运算间存在不确定小尾数问题,可以通过 round(x, d) 函数约定运算后保留小数的位数,控制运算精度。

复数类型表示为:$a+bj$,其中,a 是实数部分,简称实部;b 是虚数部分,简称虚部。虚数部分通过后缀"J"或者"j"来表示。可以使用 z.real 和 z.imag 分别获得它的实数部分和虚数部分。

【考点二(2)】数字类型的运算:数值运算操作符、数值运算函数。
【解读】

Python 提供了 9 个基本的数值运算操作符,如表 1.3 所示。

表 1.3 数值运算操作符

操作符	描述
$x + y$	x 与 y 之和
$x - y$	x 与 y 之差
$x * y$	x 与 y 之积

续表

操作符	描述
x/y	x 与 y 之商,产生结果为浮点数
$x//y$	x 与 y 之整数商,即:不大于 x 与 y 之商的最大整数
$x\%y$	x 与 y 之商的余数,也称为模运算
$-x$	x 的负值,即:$x\times(-1)$
$+x$	x 本身
$x**y$	x 的 y 次幂,即:x^y

表 1.3 中所有二元运算操作符（＋、－、＊、/、//、％、＊＊）都可以与赋值（＝）相连,形成增强赋值操作符（＋＝、－＝、＊＝、/＝、//＝、％＝、＊＊＝）。用 op 表示这些二元运算操作符,增强赋值操作符的用法如下:

x op＝y 等价于 $x = x$ op y

Python 语言提供了一些进行数值运算的内置函数,如表 1.4 所示。

表 1.4 内置的数值运算函数

函数	描述
$\mathrm{abs}(x)$	x 的绝对值
$\mathrm{divmod}(x,y)$	$(x//y, x\%y)$,输出为二元组形式（也称为元组类型）
$\mathrm{pow}(x,y)$ 或 $\mathrm{pow}(x,y,z)$	$x**y$ 或 $(x**y)\%z$,幂运算
$\mathrm{round}(x)$ 或 $\mathrm{round}(x,d)$	对 x 四舍五入,保留 d 位小数,无参数 d 则返回四舍五入的整数值
$\max(x_1, x_2, \cdots, x_n)$	$x_1, x_2, \cdots, x_n$ 的最大值,n 没有限定
$\min(x_1, x_2, \cdots, x_n)$	$x_1, x_2, \cdots, x_n$ 的最小值,n 没有限定

【考点二(3)】字符串类型及格式化:索引、切片、基本的 format( ) 格式化方法。

【解读】

索引是对字符串中某个字符的检索,使用方式如下:

<字符串或字符串变量>[序号]

字符串包括两种序号体系:正向递增序号和反向递减序号。

切片是对字符串中某个子串或区间的检索,使用方式如下:

<字符串或字符串变量>[N: M]

或

<字符串或字符串变量>[N: M: K]

字符串格式化用于解决字符串和变量同时输出时的格式安排问题,通过 .format( ) 方法实现,使用方式如下:

<模板字符串>.format(<逗号分隔的参数>)

format( ) 方法的槽除了包括参数序号,还可以包括格式控制信息,语法格式如下:

{<参数序号>: <格式控制标记>}

其中,格式控制标记用来控制参数显示时的格式,格式内容如图 1.3 所示。

:	<填充>	<对齐>	<宽度>	<,>	<.精度>	<类型>
引导符号	用于填充的单个字符	<左对齐 >右对齐 ^居中对齐	槽的设定输出宽度	数字的千位分隔符适用于整数和浮点数	浮点数小数部分的精度或字符串的最大输出长度	整数类型 b,c,d,o,x,X 浮点数类型 e,E,f,%

图 1.3 槽中格式控制标记的字段

【考点二(4)】字符串类型的操作:字符串操作符、处理函数和处理方法。
【解读】
Python 语言提供了 3 个字符串基本操作符,如表 1.5 所示。

表 1.5 基本的字符串操作符

操作符	描述
$x + y$	连接两个字符串 x 与 y
$x * n$ 或 $n * x$	复制 n 次字符串 x
x in s	如果 x 是 s 的子串,返回 True,否则返回 False

Python 语言提供了一些对字符串处理的内置函数,如表 1.6 所示。

表 1.6 字符串处理函数

函数	描述
len(x)	返回字符串 x 的长度,也可返回其他组合数据类型的元素个数
str(x)	返回任意类型 x 所对应的字符串形式
chr(x)	返回 Unicode 编码 x 对应的单字符
ord(x)	返回单字符 x 表示的 Unicode 编码
hex(x)	返回整数 x 对应十六进制数的小写形式字符串
oct(x)	返回整数 x 对应八进制数的小写形式字符串

Python 语言提供 8 个常用的字符串处理方法,如表 1.7 所示。其中,str 表示字符串或字符串变量。

表 1.7 常用的字符串处理方法

方法	描述
str.lower( )	返回字符串 str 的副本,全部字符小写
str.upper( )	返回字符串 str 的副本,全部字符大写
str.split(sep=None)	返回一个列表,由 str 根据 sep 被分割的部分构成
str.count(sub)	返回 sub 子串出现的次数

续表

方法	描述
str.replace(old, new)	返回字符串 str 的副本,所有 old 子串被替换为 new
str.center(width, fillchar)	字符串居中函数,fillchar 参数可选
str.strip(chars)	从字符串 str 中去掉在其左侧和右侧 chars 中列出的字符
str.join(iter)	将 iter 变量除最后元素外每个元素后增加一个 str 字符串

【考点二(5)】类型判断和类型间转换。

【解读】

Python 语言提供 type(x) 函数对变量 x 进行类型判断,适用于任何数据类型。

类型间转换主要有 3 个函数,如表 1.8 所示。

表 1.8 类型间转换函数

函数	描述
int(x)	将 x 转换为整数,x 可以是浮点数或字符串
float(x)	将 x 转换为浮点数,x 可以是整数或字符串
str(x)	将 x 转换为字符串,x 可以是整数或浮点数

1.3.3 程序的控制结构

Python 考纲第三部分"程序的控制结构"共考核 4 项内容。

【考点三(1)】程序的 3 种控制结构。

【解读】

程序由 3 种基本结构组成:顺序结构、分支结构和循环结构。

顺序结构是程序按照指令顺序向前执行的方式,分支结构是程序根据条件判断结果而选择不同向前执行路径的一种运行方式,循环结构是程序根据条件判断结果向后执行的一种运行方式。

【考点三(2)】程序的分支结构:单分支结构、二分支结构、多分支结构。

【解读】

(1) Python 的单分支结构使用 if 保留字对条件进行判断,使用方式如下:

if <条件>:
    <语句块>

其中,if、: 和<语句块>前的缩进都是语法的一部分。

(2) Python 的二分支结构使用 if-else 保留字对条件进行判断,使用方式如下:

if <条件>:
    <语句块 1>
else:

　　　　<语句块 2>

（3）二分支结构还有一种更简洁的表达方式,适合<语句块 1>和<语句块 2>都只包含简单表达式的情况,使用方式如下：

<表达式 1>　if　<条件>　else　<表达式 2>

（4）Python 的多分支结构使用 if-elif-else 保留字对多个相关条件进行判断,并根据不同条件的结果按照顺序选择执行路径,使用方式如下：

if <条件 1>：
　　<语句块 1>
elif <条件 2>：
　　<语句块 2>
…
else：
　　<语句块 N>

分支结构中的判断条件可以使用任何能够产生 True 或 False 的表达式或函数。

【考点三(3)】程序的循环结构：遍历循环、无限循环、**break** 和 **continue** 循环控制。
【解读】

（1）Python 通过保留字 for 实现遍历循环,使用方法如下：

for　<循环变量>　in　<遍历结构>：
　　<语句块>

遍历结构可以是字符串、文件、range()函数或组合数据类型等。

（2）Python 通过保留字 while 实现无限循环,基本使用方法如下：

while　<条件>：
　　<语句块>

（3）循环结构有两个辅助循环控制的保留字:break 和 continue。

break 用来跳出最内层 for 或 while 循环,脱离该循环后程序从循环后代码继续执行。continue 用来结束当前当次循环,即跳出循环体中下面尚未执行的语句,但不跳出当前循环。

【考点三(4)】程序的异常处理：**try-except**。
【解读】

Python 语言使用保留字 try 和 except 进行异常处理,基本的语法格式如下：

try：
　　<语句块 1>
except：
　　<语句块 2>

语句块 1 是正常执行的程序内容,当执行这个语句块发生异常时,则执行 except 保留字后面的语句块 2。

1.3.4 函数和代码复用

Python 考纲第四部分"函数和代码复用"共考核 3 项内容。

【考点四(1)】函数的定义和使用。
【解读】
Python 语言通过保留字 def 定义函数,语法形式如下:
def　<函数名>(<参数列表>):
　　<函数体>
　　return <返回值列表>

定义后的函数不能直接运行,需要经过"调用"才能运行。调用函数的基本方法如下:
<函数名>(<实际赋值参数列表>)

【考点四(2)】函数的参数传递:可选参数传递、参数名称传递、函数的返回值。
【解读】
(1) 可选参数传递
　　函数的参数在定义时可以指定默认值,当函数被调用时,如果没有传入对应的参数值,则使用函数定义时的默认值替代,函数定义时的语法形式如下:
def　<函数名>(<非可选参数列表>,<可选参数> = <默认值>):
　　<函数体>
　　return <返回值列表>

(2) 参数名称传递
Python 语言同时支持函数按照参数名称方式传递参数,语法形式如下:
<函数名>(<参数名> = <实际值>)

(3) 函数的返回值
　　return 语句用来结束函数并将程序返回到函数被调用的位置继续执行。return 语句可以出现在函数中的任何部分,可以同时将 0 个、1 个或多个运算的结果返回给函数被调用处的变量。函数可以没有 return,此时函数不返回值。

【考点四(3)】变量的作用域:局部变量和全局变量。
【解读】
　　局部变量指在函数内部使用的变量,仅在函数内部有效,当函数退出时变量将不再存在。
　　全局变量指在函数之外定义的变量,在程序执行全过程有效。全部变量在函数内部使用时,需要提前使用保留字 global 声明,语法形式如下:
　　global <全局变量>

1.3.5 组合数据类型

Python 考纲第五部分"组合数据类型"共考核 5 项内容。

【考点五(1)】组合数据类型的基本概念。
【解读】
　　Python 语言中最常用的组合数据类型有 3 大类,分别是集合类型、序列类型和映射类型。
　　集合类型是一个元素集合,元素之间无序,各元素在集合中唯一存在。
　　序列类型是一个元素向量,元素之间存在先后关系,通过序号访问,元素之间不排他。序列类型具体包括字符串类型、元组类型和列表类型。
　　映射类型是"键-值"数据项的组合,每个元素是一个键值对,表示为(key, value)。映射类型的典型代表是字典类型。
　　除列表和字典类型外,其他类型不作程序考核要求,但需要知道基本概念和描述方式。例如,元组采用小括号方式表示,集合采用大括号方式表示。

【考点五(2)】列表类型:定义、索引、切片。
【解读】
　　列表是包含 0 个或多个元素组成的有序序列,列表类型用中括号([ ])表示,也可以通过 list(x) 函数将集合或字符串类型转换成列表类型。
　　索引是列表的基本操作,用于获得列表的一个元素。该操作沿用序列类型的索引方式,即正向递增序号或反向递减序号,使用中括号作为索引操作符。
　　切片是列表的基本操作,用于获得列表的一个片段,即获得一个或多个元素。切片后的结果也是列表类型。切片有两种使用方式:
　　<列表或列表变量>[$N:M$]
或
　　<列表或列表变量>[$N:M:K$]

【考点五(3)】列表类型的操作:列表的操作函数、列表的操作方法。
【解读】
　　列表类型继承序列类型特点,有一些通用的操作函数,如表 1.9 所示。

表 1.9　列表的操作函数

操作函数	描述
len(ls)	列表 ls 的元素个数(长度)
min(ls)	列表 ls 中的最小元素
max(ls)	列表 ls 中的最大元素
list(x)	将 x 转变成列表类型

　　列表类型存在一些操作方法,使用语法形式是:
　　<列表变量>.<方法名称>(<方法参数>)
　　表 1.10 给出了列表类型的一些常用操作方法,其中使用 ls 作为列表变量的通用表示。

表 1.10　列表的操作方法

方法	描述
ls.append(x)	在列表 ls 最后增加一个元素 x
ls.insert(i, x)	在列表 ls 第 i 位置增加元素 x
ls.clear()	删除 ls 中所有元素
ls.pop(i)	将列表 ls 中第 i 项元素取出并删除该元素
ls.remove(x)	将列表中出现的第一个元素 x 删除
ls.reverse()	列表 ls 中元素反转
ls.copy()	生成一个新列表,复制 ls 中所有元素

【考点五(4)】字典类型:定义、索引。
【解读】
Python 语言中的字典使用大括号{}建立,每个元素是一个键值对,使用方式如下:
{<键 1>:<值 1>,　<键 2>:<值 2>,　…,　<键 n>:<值 n>}
其中,键和值通过英文冒号连接,不同键值对通过英文逗号隔开。
　　由于字典元素"键值对"中键是值的索引,因此,可以直接利用键值对关系索引元素。字典中键值对的索引模式如下(采用中括号格式):
<值> = <字典变量>[<键>]

【考点五(5)】字典类型的操作:字典的操作函数、字典的操作方法。
【解读】
字典类型有一些通用的操作函数,如表 1.11 所示。

表 1.11　字典的操作函数

操作函数	描述
len(d)	字典 d 的元素个数(长度)
min(d)	字典 d 中键的最小值
max(d)	字典 d 中键的最大值
dict()	生成一个空字典

字典类型存在一些操作方法,使用语法形式是:
<字典变量>.<方法名称>(<方法参数>)
字典类型常用操作方法如表 1.12 所示,其中 d 代表字典变量。

表 1.12　字典的操作方法

操作方法	描述
d.keys()	返回所有的键信息
d.values()	返回所有的值信息

续表

操作方法	描述
d.items()	返回所有的键值对
d.get(key, default)	键存在则返回相应值,否则返回默认值
d.pop(key, default)	键存在则返回相应值,同时删除键值对,否则返回默认值
d.popitem()	随机从字典中取出一个键值对,以元组(key, value)形式返回
d.clear()	删除所有的键值对

1.3.6 文件和数据格式化

Python 考纲第六部分"文件和数据格式化"共考核 5 项内容。

【考点六(1)】文件的使用:文件打开、关闭和读写。
【解读】
Python 通过 open()函数打开一个文件,并返回一个操作文件的变量,语法形式如下:
<变量名> = open(<文件路径及文件名>, <打开模式>)
open()函数提供 7 种基本的打开模式,如表 1.13 所示。

表 1.13 文件的打开模式

打开模式	含义
'r'	只读模式,如果文件不存在,返回异常 FileNotFoundError,默认值
'w'	覆盖写模式,文件不存在则创建,存在则完全覆盖原文件
'x'	创建写模式,文件不存在则创建,存在则返回异常 FileExistsError
'a'	追加写模式,文件不存在则创建,存在则在原文件最后追加内容
'b'	二进制文件模式
't'	文本文件模式,默认值
'+'	与 r/w/x/a 一同使用,在原功能基础上增加同时读写功能

文件使用结束后要用 close()方法关闭,释放文件的使用授权,语法形式如下:
<变量名>.close()

根据打开方式不同,文件读写也会根据文本文件或二进制打开方式有所不同。Python 语言有 4 个文件内容读取方法,如表 1.14 所示。有 2 个文件写入方法,如表 1.15 所示。

表 1.14 文件读取方法

方法	含义
f.read(size=-1)	从文件中读入整个文件内容。参数可选,如果给出,读入前 size 长度的字符串或字节流

方法	含义
f.readline(size=-1)	从文件中读入一行内容。参数可选,如果给出,读入该行前 size 长度的字符串或字节流
f.readlines(hint=-1)	从文件中读入所有行,以每行为元素形成一个列表。参数可选,如果给出,读入 hint 行
f.seek(offset)	改变当前文件操作指针的位置,offset 的值: 0——文件开头;1——当前位置;2——文件结尾

表 1.15　文件写入方法

方法	含义
f.write(s)	向文件写入一个字符串或字节流
f.writelines(lines)	将一个元素为字符串的列表写入文件

【考点六(2)】数据组织的维度:一维数据和二维数据。

【解读】

根据数据的关系不同,数据组织可以分为:一维数据、二维数据、多维数据和高维数据。

一维数据由对等关系的有序或无序数据构成,采用线性方式组织,对应于数学中数组或集合的概念。

二维数据,也称表格数据,由关联关系数据构成,采用二维表格方式组织,对应于数学中的矩阵。常见的表格都属于二维数据。

多维数据由二维数据扩展而来,高维数据是键值对构成的数据形式。这两种方式不作考核,但需要考生了解基本概念。

【考点六(3)】一维数据的处理:表示、存储和处理。

【解读】

一维数据是最简单的数据组织类型。由于一维数据是线性结构,在 Python 语言中主要采用列表形式表示,对于无序一维数据,也可以采用集合形式表示。

一维数据的文件存储有多种方式,总体思路是采用特殊字符分隔各数据。例如,采用空格分隔元素、采用逗号分隔元素、采用换行分隔,及其他特殊符号分隔。

通过字符串.join()方法将各元素表示为字符串,进行文件写入;通过字符串.split()方法分解各元素,从文件中读入一维数据。使用遍历循环对一维数据各元素进行操作。

【考点六(4)】二维数据的处理:表示、存储和处理。

【解读】

二维数据由多条一维数据构成,可以看成是一维数据的组合形式。因此,二维数据可以采用二维列表来表示,即列表的每个元素对应二维数据的一行,这个元素本身也是列表类型,其内部各元素对应这行中的各列值。

二维数据处理等同于二维列表的操作,一般需要借助两层循环遍历实现对每个数据的处理,基本代码格式如下:

```
for row in ls:
    for item in row:
        <对第 row 行第 item 列元素进行处理>
```

【考点六(5)】采用 CSV 格式对一二维数据文件的读写。
【解读】

逗号分隔元素的存储格式叫 CSV 格式(Comma-Separated Values,即逗号分隔值),它是一种通用的、相对简单的文件格式。

一维数据保存成 CSV 格式后,各元素采用逗号分隔,形成一行。

二维数据由一维数据组成,CSV 文件的每一行是一维数据,整个 CSV 文件是一个二维数据。

以二维数据为例,从 CSV 格式文件读入数据并将其表示为二维列表对象的方法如下,其中 data.csv 可以为任意 csv 文件的示例,不考虑特殊数据情况。

```
1  f = open("data.csv", "r")
2  ls = []
3  for line in f:
4      ls.append(line.strip('\n').split(","))
5  f.close()
```

将二维列表数据写入 CSV 文件的方法如下,其中 data.csv 为输出文件示例。

```
1  #此处假设二维列表 ls 已经存在
2  f = open("data.csv", "w")
3  for row in ls:
4      f.write(",".join(row) + "\n")
5  f.close()
```

1.3.7 Python 计算生态

Python 考纲第七部分"Python 计算生态"共考核 6 项内容。

【考点七(1-1)】标准库:turtle 库(必选)。
【解读】

turtle 库是海龟绘图体系在 Python 语言的功能实现,非常适合作为程序设计入门教学内容,它是 Python 非常重要的标准库。Python 考纲中考核 turtle 库至少有 3 个意图:第一,turtle 库是简单的图形绘制库,比较适合非计算机专业学生编写图形绘制程序;第二,turtle 库是 Python 计算生态的代表,有助于考生理解计算生态的概念和使用模式;第三,turtle 库是初学编程的入门库,通过二级科目的考核有助于考生在更广泛的空间传播编程思想和理念。

turtle 库包含近百个功能函数,Python 考纲仅考核其中的部分内容,如下所示。
- 绘制状态函数:pendown( )、penup( )、pensize( )以及对应的别名 pd( )、pu( )、width( );
- 颜色控制函数:color( )、pencolor( )、begin_fill( )、end_fill( );
- 运动控制函数:forward( )、backward( )、right( )、left( )、setheading( )、goto( )、circle( )以及对应的别名 fd( )、bk( )、rt( )、lt( )、seth( )。

引用 turtle 库函数需要使用 import 保留字,共 3 种方法:
第一种,import turtle,对 turtle 库中函数调用采用 turtle.<函数名>( )形式。

```
1  import turtle
2  turtle.circle(200)
```

第二种,from turtle import *,对 turtle 库中函数调用直接采用<函数名>( )形式,不再使用 turtle.作为前导。

```
1  from turtle import *
2  circle(200)
```

第三种,import turtle as t,对 turtle 库中函数调用采用更简洁的 t.<函数名>( )形式,保留字 as 的作用是将 turtle 库给予别名 t,别名可以是任意名称。

```
1  import turtle as t
2  t.circle(200)
```

这 3 种引用方式的作用基本是相同的。
turtle 库 22 个考核函数的讲解如下。

- turtle.pendown( )　别名　turtle.pd( )

作用:落下画笔,之后,移动画笔将绘制形状。
参数:无。

- turtle.penup( )　别名　turtle.pu( )

作用:抬起画笔,之后,移动画笔不绘制形状。
参数:无。

- turtle.pensize(width)　别名　turtle.width(width)

作用:设置画笔宽度,当无参数输入时返回当前画笔宽度。
参数:
width:设置的画笔线条宽度,如果为 None 或者为空,则返回当前画笔宽度。

- turtle.color( )

turtle.color(colorstring)或者　turtle.color((r,g,b))　或者　turtle.color(r,g,b)　或者
turtle.color(colorstr1, colorstr2)或者　turtle.color((r1,g1,b1) , (r2,g2,b2))
作用:返回或设置画笔及背景颜色,当无参数输入时返回当前画笔及背景颜色。
参数:

该函数根据输入参数不同有3种用法。

colorstring：表示颜色的字符串，例如："purple"、"red"、"blue"等。

(r,g,b)：颜色对应RGB的01数值，例如：1,0.65,0,附录中给出了常用颜色的RGB值。

直接使用turtle.color()函数，返回一个二元值，例如("purple","red")分别对应画笔颜色和背景颜色。

使用单参数turtle.color(colorstring)函数，同时设置画笔和背景颜色为colorstring对应的色彩。

使用双参数turtle.color(colorstr1,colorstr2)函数，分别设置画笔和背景颜色为colorstr1和colorstr2对应的色彩。

- turtle.pencolor(colorstring) 或者 turtle.pencolor((r,g,b)) 或者 turtle.pencolor(r,g,b)

作用：返回或设置画笔颜色，当无参数输入时返回当前画笔颜色。

参数：

colorstring：表示颜色的字符串，例如："purple"、"red"、"blue"等。

(r,g,b)：颜色对应RGB的01数值，例如：1,0.65,0。

与turtle.color()函数不同，turtle.pencolor()函数仅用于返回或设置画笔函数，对于没有背景填充需要的应用，使用该函数更为合理。

- turtle.begin_fill()

作用：在绘制带有填充色彩图形之前调用，表示填充开始。

参数：无。

- turtle.end_fill()

作用：在绘制带有填充色彩图形之后调用，表示填充结束。

参数：无。

- turtle.forward(distance) 别名 turtle.fd(distance)

作用：向画笔当前行进方向前进distance距离。

参数：

distance：行进距离的像素值。当值为负数时，表示向相反方向前进。

- turtle.backward(distance) 别名 turtle.bk(distance)

作用：向画笔当前行进反方向行进distance距离。

参数：

distance：行进距离的像素值。当值为负数时，表示向前进方向前进。

turtle.backward()函数不改变画笔的运行方向，相当于后退着行进。

- turtle.right(angle)　别名　turtle.rt(angle)

作用:以当前行进角度为原点,行进方向向右改变相对角度值 angle。

参数:

angle:角度的整数值。

- turtle.left(angle)　别名　turtle.lt(angle)

作用:以当前行进角度为原点,行进方向向左改变相对角度值 angle。

参数:

angle:角度的整数值。

- turtle.setheading(to_angle)　别名　turtle.seth(to_angle)

作用:设置画笔当前行进方向的角度为 to_angle,该角度是绝对方向角度值。

参数:

to_angle:角度的整数值。

图 1.4 给出了 turtle 库的角度坐标体系,供 turtle.seth( )函数使用。turtle 库的角度坐标体系以正东向为绝对 0°,这也是画笔的初始方向,正西向为绝对 180°,这个方向坐标体系是方向的绝对方向体系,与画笔当前方向无关。

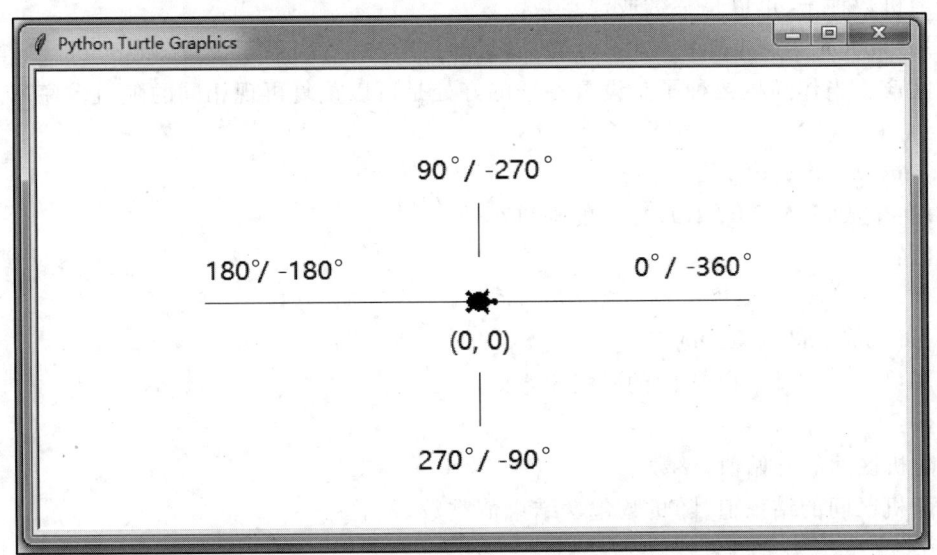

图 1.4　turtle 库的角度坐标体系

- turtle.goto(x, y)

作用:将画笔移动到绝对位置(x, y)处。

参数:

x:位置坐标系的绝对横坐标值;

y:位置坐标系的绝对纵坐标值。

参考图 1.4,画笔初始位置在画布正中心,坐标为(0,0),其中,绝对 0°方向为 x 正方向,绝对 90°方向为 y 正方向,在此基础上构建坐标系,表示绝对位置。

- turtle.circle(radius, extent=None)

作用:根据半径 radius 绘制 extent 角度的弧形。

参数:

radius:弧形半径,当值为正数时,半径在画笔左侧。当值为负数时,半径在画笔右侧。

extent:绘制弧形的角度。当不给该参数或该参数为 None 时,绘制整个圆形。

【考点七(1-2)】标准库:random 库(必选)。

【解读】

random 库是用于产生并运用随机数的标准库。Python 考纲中考核 random 库的主要意图是让考生掌握在程序中运用随机数的能力。

random 库共考核 9 个随机函数,分别是:seed()、random()、randint()、getrandbits()、randrange()、uniform()、choice()、shuffle()、sample()。各函数介绍如下。

- random.seed(a)

作用:设置初始化随机数种子 a。

参数:

a:随机数种子,可以是整数或浮点数。

使用 random 库产生随机数不一定要设置随机数种子,如果不设置,则 random 库默认以系统时间产生当作随机数种子。设置种子的好处是可以重复再现相同的随机数序列。

- random.random()

作用:生成一个[0.0,1.0)之间的随机小数。

参数:无。

- random.randint(a, b)

作用:生成一个[a,b]之间的随机整数。

参数:

a:随机区间的开始值,整数。

b:随机区间的结束值,随机数包含结束值整数。

- random.getrandbits(k)

作用:生成一个 k 比特长度的随机整数。

参数:

k:长度的整数值。

- random.randrange(start, stop[, step])

作用:生成一个[start, stop)之间以 step 为步数的随机整数。

参数:

start：随机区间的开始值，整数。
stop：随机区间的结束值，随机数包含结束值，整数。
step：随机区间的步长值，整数。步长值可选，如果不设定步长，默认步长为1。

- random.uniform(a, b)

作用：生成一个[a, b]之间的随机小数。
参数：
a：随机区间的开始值，整数或浮点数。
b：随机区间的结束值，随机数包含结束值，整数或浮点数。

- random.choice(seq)

作用：从序列类型（例如列表）seq中随机返回一个元素。
参数：
seq：序列类型，例如列表类型。

- random.shuffle(seq)

作用：将序列类型seq中元素随机排列，返回打乱后的序列。
参数：
seq：序列类型，例如列表类型。
调用该函数后，序列类型变量seq将被改变。

- random.sample(pop, k)

作用：从pop类型中随机选取k个元素，以列表类型返回。
参数：
pop：序列类型，例如列表类型。
k：选取的个数，整数。

【考点七(1-3)】标准库：time库（可选）。
【解读】
　　time库是获取并展示时间信息的标准库。Python考纲中考核time库的主要意图是让考生掌握在程序中获取并输出时间的能力。考纲中设置为"可选"，表示该库不作为考前必学内容，即不需要考生记住该库各函数的使用及功能。考核时将给出函数功能介绍和描述，类似"开卷"考试。当前，提前了解该库主要函数的使用方法更能游刃有余地应对考试要求。
　　time库功能主要分为3个方面：时间处理、时间格式化和计时。
　　时间处理主要包括4个函数：time.time()、time.gmtime()、time.localtime()、time.ctime()。
　　时间格式化主要包括3个函数：time.mktime()、time.strftime()、time.strptime()。
　　计时主要包括2个函数：time.sleep()、time.perf_counter()。
　　time库处理包括时间戳和struct_time类型两个重要概念，其中，时间戳是一个浮点数，表示从 1970 年 1 月 1 日 00:00:00 开始至今的累计时间值,以秒为单位,小数部分表示秒以内更精确的时间值。struct_time 类型是处理时间的内部数据类型,被更多函数当作输入参数,主要用于函数间传递时间值。时间戳和 struct_time 类型可以相互转换。time 库可能考核 9 个函数,基本介绍如下。

- time.time( )

作用:返回系统当前的时间戳。
参数:无。

- time.gmtime( )

作用:返回系统当前时间戳对应的 struct_time 对象。
参数:无。

- time.localtime( )

作用:返回系统当前时间戳对应的本地时间的 struct_time 对象,经过本地时区转换。
参数:无。

- time.ctime( )

作用:返回系统当前时间戳对应的易读字符串表示。
参数:无。

- time.mktime(t)

作用:将 struct_time 对象变量 t 转换为时间戳。
参数:
t:代表时间的 struct_time 对象变量。

- time.strftime(format, t)

作用:根据 format 格式定义,打印输出时间 t。
参数:
format:由格式化控制符组成的格式定义字符串。
t:代表时间的 struct_time 对象变量。
表 1.16 给出了 strftime( ) 方法的格式化控制符。

表 1.16 strftime( ) 方法的格式化控制符

格式化字符串	日期/时间	值范围和实例
%Y	年份	0001~9999,例如:1900
%m	月份	01~12,例如:10
%B	月名	January~December,例如:April
%b	月名缩写	Jan~Dec,例如:Apr

续表

格式化字符串	日期/时间	值范围和实例
%d	日期	01～31,例如:25
%A	星期	Monday～Sunday,例如:Wednesday
%a	星期缩写	Mon～Sun,例如:Wed
%H	小时(24h制)	00～23,例如:12
%I	小时(12h制)	01～12,例如:7
%p	上/下午	AM,PM,例如:PM
%M	分钟	00～59,例如:26
%S	秒	00～59,例如:26

- time.strptime(string,format)

作用:根据format格式定义,解析字符串string,返回struct_time类型时间变量。
参数:
string:字符串。
format:由格式化控制符组成的格式定义字符串。

- time.sleep(secs)

作用:将当前程序挂起secs秒,挂起即暂停执行。
参数:
secs:表示时间的数值,整数或浮点数。

- time.perf_counter()

作用:返回一个代表时间的精确浮点数,两次或多次调用,其差值用来计时。
参数:无。
该函数是一个用于精确计时的函数,单次调用返回值没有意义,多次调用间差值用于计时,相比采用时间戳更为精确。该函数是系统提供最精确的计时方法。

【考点七(2)】基本的Python内置函数。
【解读】
Python语言提供68个内置函数,这些函数不需要引用库而直接使用。Python考纲结合"Python基本语法"体系,共考核其中31个,按字母序,包括:abs()、all()、any()、bin()、bool()、chr()、complex()、dict()、divmod()、eval()、exec()、float()、hex()、input()、int()、len()、list()、max()、min()、oct()、open()、ord()、pow()、print()、range()、reversed()、round()、str()、sum()、type()。

31个内置函数分别介绍如下。

- abs(x)

作用:返回数值变量x的绝对值。

参数:
x:表示数值的变量,整数、浮点数或复数。

- all(x)

作用:组合类型变量 x 中所有元素都为真时返回 True,否则返回 False;若 x 为空,返回 True。
参数:
x:组合类型变量,例如,列表和字典类型。

- any(x)

作用:组合类型变量 x 中任一元素都为真时返回 True,否则返回 False;若 x 为空,返回 False。
参数:
x:组合类型变量,例如,列表和字典类型。

- bin(x)

作用:将整数 x 转换为等值的二进制字符串。
参数:
x:整数变量。

- bool(x)

作用:将 x 转换为 Boolean 类型,即 True 或 False。
参数:
x:可以为大多数类型对应的变量。

- chr(i)

作用:返回 Unicode 为 i 的字符。
参数:
i:Unicode 编码对应的整数值。

- complex(r, i)

作用:创建一个复数 r + i×1j,其中 i 可以省略。
参数:
r:对应复数的实部,整数或浮点数;
i:对应复数的虚部,整数或浮点数。

- dict(x = None)

作用:创建字典类型,如果没有输入参数则创建一个空字典。
参数:

x:符合字典定义的键值对映射。
由于字典创建可以采用{}直接完成,该函数主要用于创建空字典。

- divmod(a,b)

作用:返回 a//b(商)以及 a%b(余数),返回结果类型为 tuple。
参数:
a:被除数,数值类型;
b:除数,数值类型。

- eval(x)

作用:去掉字符串 x 最外侧引号,当作 Python 表达式评估返回其值。
参数:
x:字符串类型变量。

- exec(x)

作用:计算字符串 x 作为 Python 语句的值。
参数:
x:字符串类型。

- float(x)

作用:将 x 转换成浮点数。
参数:
x:字符串、整数类型等变量。

- hex(x)

作用:将整数 x 转换为十六进制字符串。
参数:
x:整数变量。

- input(s)

作用:获取用户输入,其中 s 是字符串,作为提示信息。
参数:
s:提示用户的字符串。

- int(x)

作用:将变量 x 转换成整数。
参数:
x:字符串、浮点数类型等变量。

- len(x)

作用:计算变量 x 的长度。

参数:

x:字符串、列表等组合数据类型变量。

- list(x)

作用:创建或将变量 x 转换成一个列表类型。

参数:

x:字符串、元组等组合数据类型变量。

- max(a1,a2,…)

作用:返回给定参数列表元素的最大值。

参数:

a1,a2,…:待比较的各元素。

- min(a1,a2,…)

作用:返回给定参数列表元素的最小值。

参数:

a1,a2,…:待比较的各元素。

- oct(x)

作用:将整数 x 转换为八进制字符串。

参数:

x:整数变量。

- open(fname, m)

作用:打开文件,包括文本方式和二进制方式等。

参数:

fname:文件的路径信息;

m:文件打开模式,可以省略,默认是以文本可读形式打开。

- ord(x)

作用:返回一个字符 x 的 Unicode 编码值。

参数:

x:字符变量。

- pow(x, y)

作用:返回 x 的 y 次幂。

参数:

x:数值变量。
y:整数变量。

- print(x)

作用:打印输出变量 x。
参数:
x:可以是数值或字符串等多种类型。

- range(a,b,s)

作用:产生一个整数序列,从 a 到 b(不含)以 s 为步长。
参数:
a:序列区间的开始值,整数。
b:序列区间的结束值,整数。
s:序列区间的步长,整数,可以省略,默认为 1。

- reversed(r)

作用:返回组合类型 r 的逆序迭代形式。
参数:
r:某种组合数据类型变量,例如列表。

- round(x, y)

作用:返回 x 的四舍五入值,y 表示保留小数的位数。
参数:
x:整数或浮点数值;
y:保留小数的位数,整数,可以省略,默认为 0。

- sorted(x)

作用:对组合数据类型 x 进行排序,默认从小到大。
参数:
x:组合数据类型变量,例如列表。

- str(x)

作用:将 x 转换为等值的字符串类型。
参数:
x:整数、浮点数等多种数据类型。

- sum(x)

作用:对组合数据类型 x 计算求和结果。
参数:

x:组合数据类型变量,例如列表。

- type(x)

作用:返回变量 x 的数据类型。
参数:
x:任意类型数据或变量。

【考点七(3)】第三方库的获取和安装。
【解读】
Python 语言提供 pip 工具进行第三方库安装,Python 考纲考核 pip 命令的常用方法,用来获取和安装第三方库,包括如下一些命令。
pip 功能列表帮助信息的命令格式:
pip -h
安装一个库的命令格式:
pip install <拟安装库名>
卸载一个已经安装第三方库的命令格式:
pip uninstall <拟卸载库名>
列出当前系统已经安装第三方库的命令格式:
pip list
列出某个已经安装库详细信息的命令格式:
pip show <拟查询库名>
下载第三方库安装包但并不安装的命令格式:
pip download <拟下载库名>
联网搜索库名或摘要中关键字的命令格式:
pip search <拟查询关键字>

【考点七(4)】脚本程序转变为可执行程序的第三方库:PyInstaller 库(必选)。
【解读】
PyInstaller 库是一个十分有用的 Python 第三方库,它能够在 Windows、Linux、Mac OS X 等操作系统下将 Python 源文件(即.py 文件)打包,变成直接可运行的可执行文件。Python 考纲考核 PyInstaller 第三方库的主要意图是掌握将源代码变为可执行文件的方法。
使用 PyInstaller 库对 Python 源文件打包的基本使用方法如下:
:\>pyinstaller <Python 源程序文件名>
需要注意,pyinstaller 需要在命令行运行。
进一步可以使用-F 参数对 Python 源文件生成一个独立的可执行文件,使用方法如下:
:\> pyinstaller -F <Python 源程序文件名>
增加-I 参数可以为可执行文件指定一个图标文件,使用方法如下:
:\> pyinstaller -I <.ico 图标文件名> -F <Python 源程序文件名>
其中,文件名包括绝对或相对路径信息。

【考点七(5-1)】第三方库:jieba 库(必选)。

【解读】

jieba 是 Python 中一个重要的第三方中文分词函数库,Python 考纲通过考核该库引导学习者掌握处理中文文本的初步能力。

jieba 库支持 3 种分词模式:精确模式,将句子最精确地切开,适合文本分析;全模式,把句子中所有可以成词的词语都扫描出来,速度非常快,但是不能解决歧义;搜索引擎模式,在精确模式基础上,对长词再次切分,提高召回率,适合用于搜索引擎分词。

针对上述 3 种分词模式,Python 考纲考核 jieba 库的 3 个主要函数的用法:lcut()、lcut_for_search()、add_word(),详述如下。

- jieba.lcut(x)

作用:精确模式,返回中文文本 x 分词后的列表变量。

参数:

x:中文文本字符串。

- jieba.lcut(x, cut_all = True)

作用:全模式,返回中文文本 x 分词后的列表变量。

参数:

x:中文文本字符串。

- jieba.lcut_for_search(x)

作用:搜索引擎模式,返回中文文本 x 分词后的列表变量。

参数:

x:中文文本字符串。

- jieba.add_word(w)

作用:向分词词典中增加新词 w。

参数:

w:中文单词。

【考点七(5-2)】第三方库:wordcloud 库(可选)。

【解读】

wordcloud 库是专门用于根据文本生成词云的 Python 第三方库。鉴于词云的普遍性及展示的直观性,Python 考纲将其列为选考内容,即如果考核,将给出函数功能描述,类似"开卷"考试,考生只要能够进行函数调用并运行程序即可。

wordcloud 库的基本使用流程参考如下代码:

```
1  #假设文本 txt 已经存在,且单词采用空格分隔
2  import wordcloud
3  w = wordcloud.WordCloud().generate(txt)
4  w.to_file("wordcloud.png")
```

输入文本要求所有单词采用空格分隔,假设保存在 txt 变量中,生成的词云图片保存在 wordcloud.png 文件中。wordcloud.WordCloud( )用来生成 wordcloud 库中的一个 WordCloud 类对象,其中可以附加一些参数,如果考核,Python 考纲将给出明确说明,备考时考生可以不用预先掌握。

【考点七(6)】更广泛的 Python 计算生态,只要求了解第三方库的名称,不限于以下领域:网络爬虫、数据分析、文本处理、数据可视化、用户图形界面、机器学习、Web 开发、游戏开发等。

【解读】
Python 考纲考核"更广泛的 Python 计算生态",其核心要求是让学习者看到 Python 编程的生态性,意图在于帮助学习者建立利用计算生态开展解决计算问题的初步思路。具体来说,要求考生能够辨明一些主要第三方库的大致功能,即将"库名称"和"库功能"进行关联。此部分,不考核广泛第三方库的功能应用,仅考核名称和功能的对应关系。

根据考纲列出若干功能方向,这里仅列出部分第三方库名称如下,其中库名大小写无关。

- 网络爬虫:requests、scrapy、pyspider
- 数据分析:numpy、pandas、scipy
- 文本处理:pdfminer、python-docx、beautifulsoup4
- 数据可视化:matplotlib、seaborn、mayavi
- 用户图形界面:PyQt5、wxPython、PyGObject
- 机器学习:scikit-learn、TensorFlow、mxnet
- Web 开发:Django、pyramid、flask
- 游戏开发:pygame、Panda3d、cocos2d
- 大数据分析:opencv-python、NLTK、networkx

需要注意,Python 考纲考核的"更广泛的 Python 计算生态"不限于上述第三方库名称,但一定仅考核高质量 Python 计算生态,不会偏颇。考核方式主要以单选题为主,考生不用过分担忧这部分内容。

1.4 考试大纲题型详解

Python 考纲中规定了考试方式、题型及考试环境,解析如下。

【考试方式】上机考试,考试时长 120 分钟,满分 100 分。
【解读】
全国计算机等级考试都采用上机考试,考试系统与其他编程语言所使用考试系统相同。考试总时长 120 分钟,满分 100 分,不再赘述。

【题型及分值】单项选择题 40 分(含公共基础知识部分 10 分),操作题 60 分(包括基本编程题和综合编程题)。

【解读】

Python 考纲给出了考试题型,共两种:单项选择题(单选题)和操作题(编程题)。单选题与编程题分别考核,先答完单选题部分并确认提交后才能够开始答编程题部分。

单选题共 40 题,每题 1 分,共 40 分。整个单选题部分基本上采用先公共基础知识再 Python 题目方式组织。其中,第 1 题到第 10 题为公共基础知识内容,与 Python 语言无关。第 11 题到第 40 题是 Python 科目考题。

编程题共 6 道,共 60 分,包含 3 道基本编程题、2 道简单应用题和 1 道综合应用题。其中,基本编程题和简单应用题属于考纲指明的"基本编程题"类别,综合应用题属于考纲指明的"综合编程题"类别。基本编程题每题 5 分,3 道题共 15 分,考核直接应用 Python 语言的程序编写能力,代码规模在 5 行及以下;简单应用题第 1 道 10 分,第 2 道 15 分,共 25 分,考核解决简单应用问题的能力,代码规模在 5~10 行之间,其中第 1 道题以 turtle 绘图题为主;综合应用题 1 道共 20 分,考核运用 Python 语言解决综合应用问题的能力,代码规模在 20~40 行之间,一般会给出部分代码。

【考试环境】Windows 7 操作系统,建议 Python 3.4.2 至 Python 3.5.3 版本,IDLE 开发环境。

【解读】

Python 考纲建议 Python 编译器版本 Python 3.4.2 至 Python 3.5.3,主要因为考试操作系统环境为 Windows 7,对于这个操作系统版本,采用 3.4.2 至 3.5.3 版本更为稳定。如果 Windows 7 操作系统安装了最新更新,例如 SP3 补丁包,建议安装 Python 3.5.3 版本作为备考环境;如果 Windows 7 操作系统没有安装过更新补丁,请安装 3.4.2 版本。在备考练习中,可以选用 Python 3.5.3 及以上版本,也可以选用 Windows 10 操作系统,更高的 Windows 版本及 Python 版本对于编程及程序运行没有功能上的影响。

Python 考纲建议采用 Python 解释器自带的 IDLE 开发环境。即使考纲中提到的综合应用题,代码量也不会超过 40 行,IDLE 完全能够满足。从备考角度,不建议使用其他 Python 开发环境。

冲刺重点

无论是 Python 基本语法还是 Python 计算生态,都有比较丰富的内容,然而,Python 考纲并非考核全部知识点。例如,Python 考纲不考核集合类型、元组类型,不考核函数递归,不考核循环 else 高级用法等。从备考角度,请认真阅读 1.3 节,围绕考核知识点的内容详解再次认识 Python 考纲,逐条理解、逐条学习、逐条备考,知己知彼,百战不殆。

第 2 章　备考环境及学习资源

第 2 章内容词云效果

2.1 Python 备考环境配置

编写 Python 程序需要开发环境,本节介绍单机版和网络版开发环境的配置和使用,满足备考编程实践需要。

2.1.1 单机版备考环境

编写 Python 程序需要安装 Python 语言解释器,解释器的安装程序是一个轻量级小尺寸软件,大小在 25~30 MB。推荐使用 3.5.3 版本,下载网址如下:

https://www.python.org/downloads

Python 安装程序也可以在 Python123 中文网站下载,网址如下:

https://python123.io/download

Python 主网站下载页面如图 2.1 所示,本书关联的 Python 中文网站下载如图 2.2 所示。

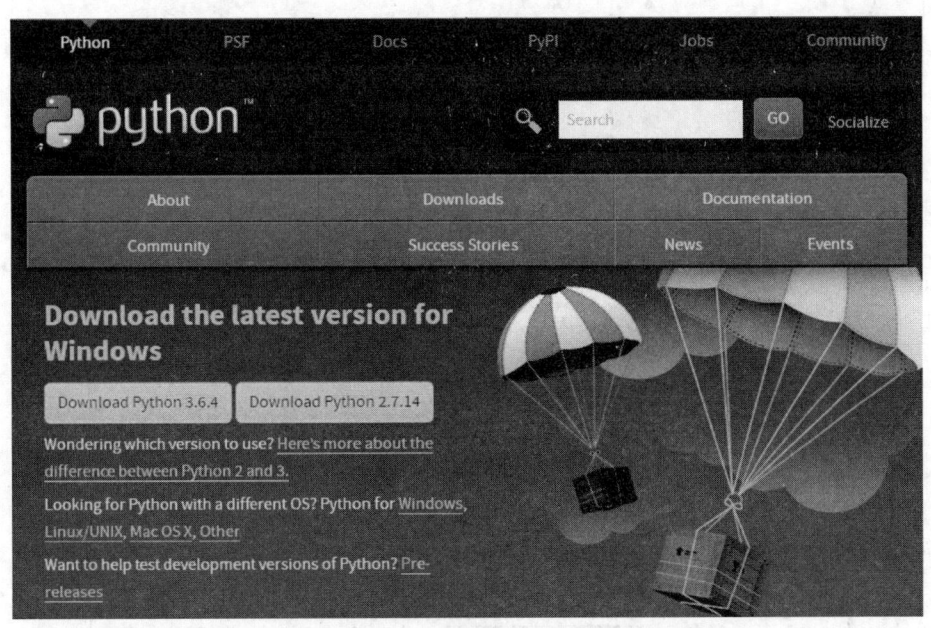

图 2.1 Python 解释器安装程序的 Python 主网站下载页面

无论哪个网站,下载 Python 解释器安装程序都需要选择所用操作系统,这里建议选用 32 位的 Python 3.5.3 版本。

对于初学 Python 语言的读者来说,从稳定性和兼容性角度考虑,不建议选用最新版本,建议使用 3.5.3 版本,本书统一使用该版本。对于 Windows 7 及更早操作系统版本,如果不能安装 3.5.3 版本,请使用 3.4.2 版本。

Python 解释器的安装会启动一个引导过程,以 Windows 操作系统为例,该过程如图 2.3 所示。在该页面中,请手工选中图中矩形框内的"Add Path 3.5 to PATH"选项。

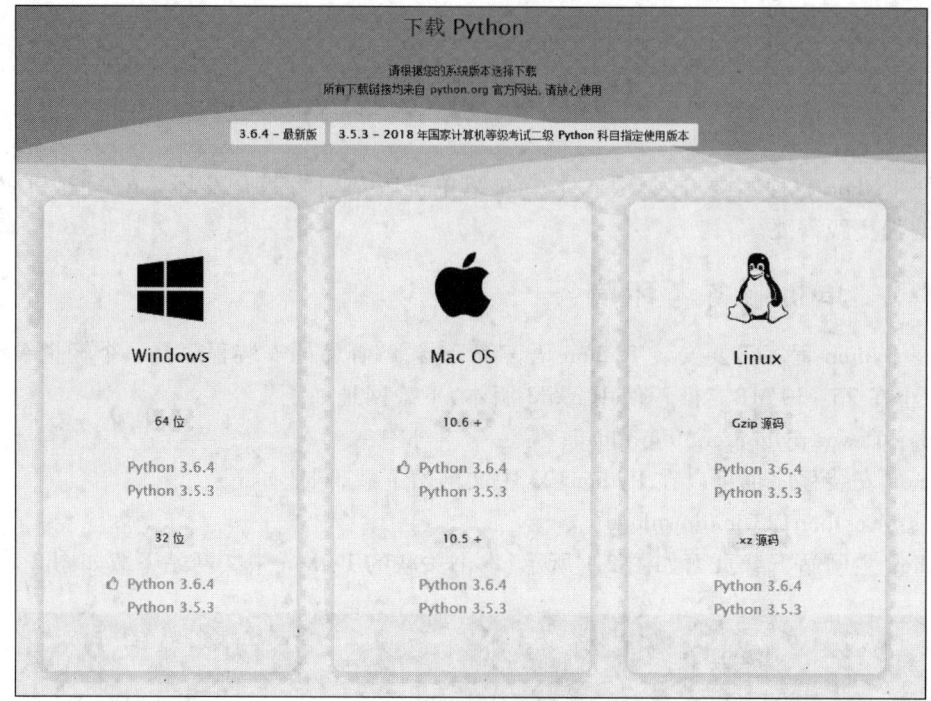

图 2.2　Python 解释器安装程序的 Python123 网站下载页面

图 2.3　安装程序引导过程的启动页

安装成功后将显示图 2.4 所示的成功界面。

Python 解释器有两个重要的工具：
- IDLE。Python 集成开发环境，用来编写和调试 Python 代码。
- pip。Python 第三方库安装工具，在命令行下运行。

建议读者主要使用 IDLE 编写 Python 程序并备考，该工具也是全国计算机等级考试所使用的编程工具。以 Windows 操作系统为例，在"开始"菜单中搜索关键词"IDLE"找到快捷

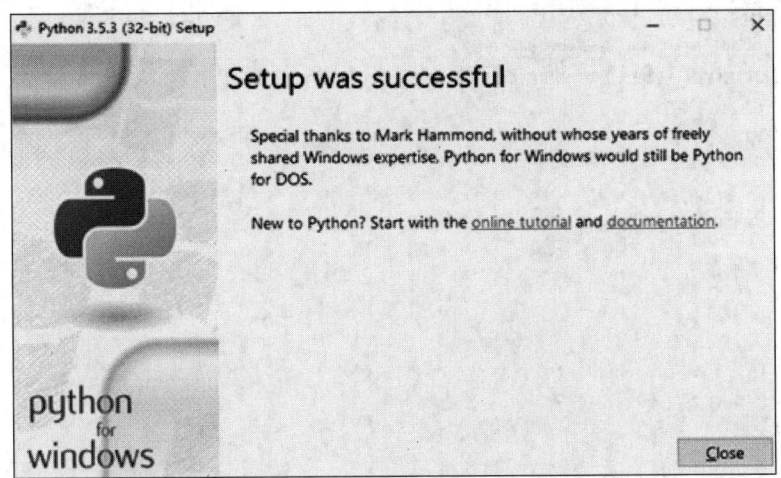

图 2.4 安装程序引导过程的成功页

方式，启动后显示一个交互式 Python 运行环境，如图 2.5 所示。

图 2.5 通过 IDLE 启动交互式 Python 运行环境

在该界面中使用快捷键 Ctrl+N 打开一个新窗口或在菜单中选择"File - New File"选项。这是一个 IDLE 提供的代码编辑器，具备 Python 语法高亮辅助功能，如图 2.6 所示。使用该编辑器编写 Python 程序十分合适，也是等级考试的代码编写环境。

2.1.2 网络版备考环境

在使用公共计算机或无法安装 Python 解释器等情形下，可以使用网络版备考环境编写 Python 程序，即在线编程并利用云端服务器运行程序。这里推荐使用"Python123 在线编程"环境，网址如下：

https://python123.io

如图 2.7 所示，点击页面顶部"在线编程"链接，进入在线编程环境。

图 2.8 给出了 Python123 的在线编程环境界面。在页面中心区域，可以编写 Python 代

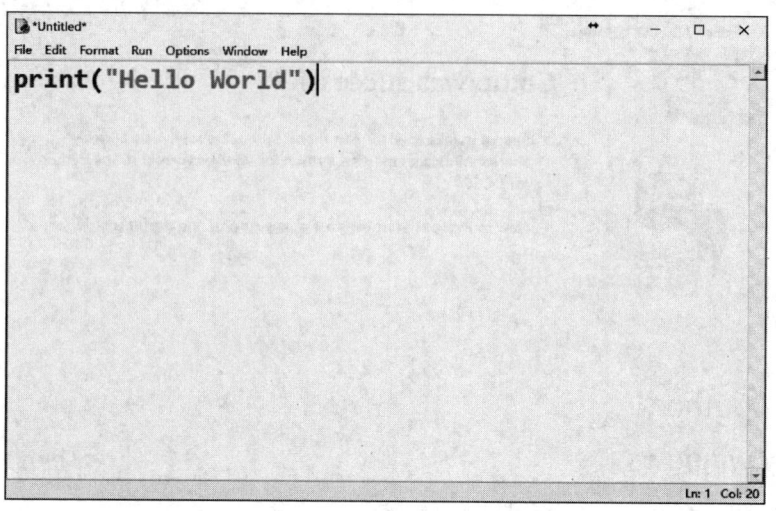

图 2.6　通过 IDLE 启动的 Python 代码编辑器

图 2.7　Python123 在线编程环境入口

码,并通过"运行"按钮执行程序代码,输出将出现在页面右侧阴影区域内。

可以通过"下载"按钮将编写代码下载到本地,保存为文件,如图 2.9 所示。

可以通过"保存并生成分享链接"按钮产生二维码分享所编写的代码,可以通过手机端扫描二维码查看代码,如图 2.10 所示。

可以通过"切换到 Turtle 绘图环境"按钮切换至 Turtle 在线绘图编写环境,编写基于 Python turtle 库的基本绘图程序,如图 2.11 所示。

Python123 在线编程环境主要支持 Python 语言代码的在线编程需求,更多有趣功能请读者自行挖掘。

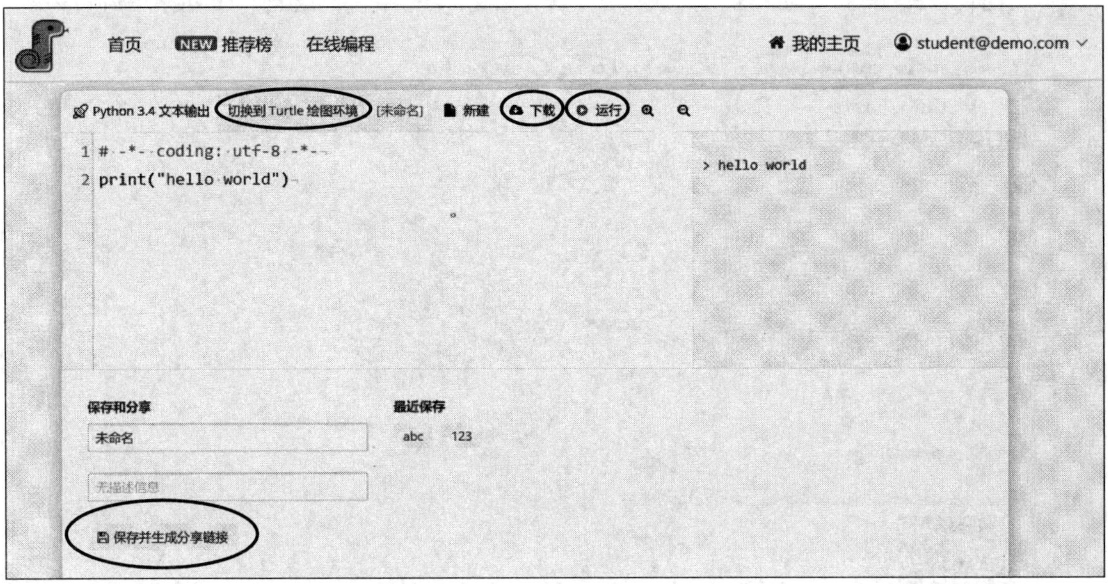

图 2.8 Python123 在线编程环境的主界面

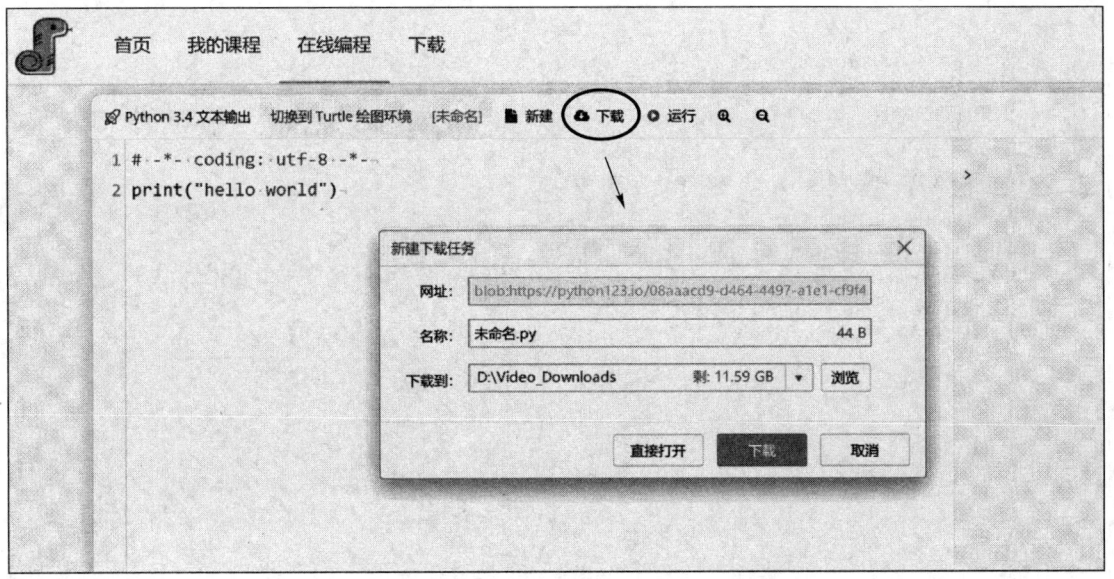

图 2.9 Python123 在线编程环境的"下载"功能

图 2.10　Python123 在线编程环境的代码分享功能

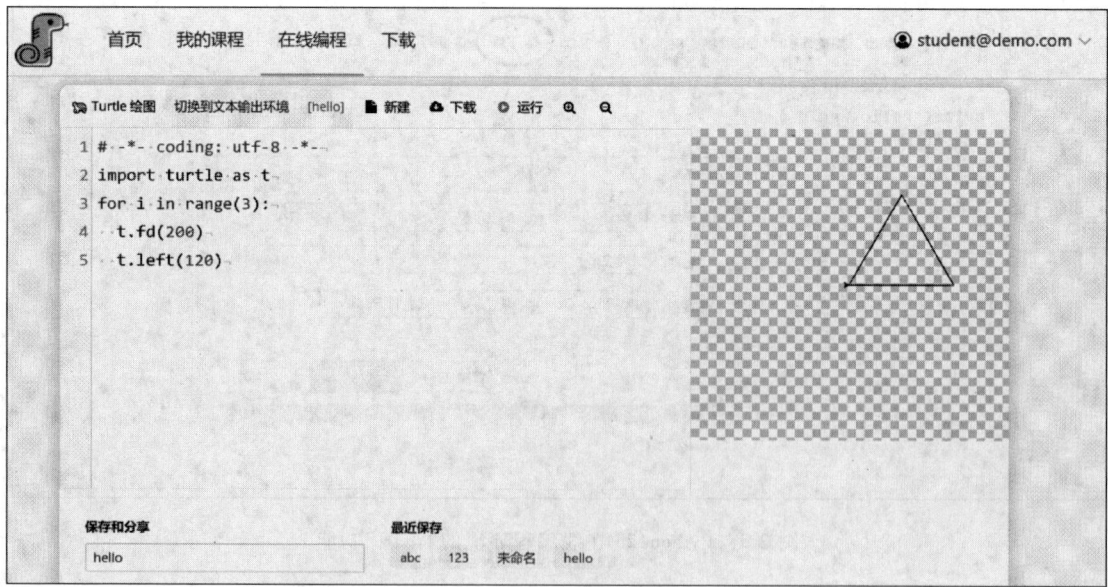

图 2.11　Python123 在线编程环境的 turtle 绘图功能

2.2 Python123 学习平台及线上题库

Python123 在线编程环境是 Python123 学习平台的一部分,本节简要介绍"Python123 学习平台",网址如下:

https://python123.io

Python123 学习平台是针对 Python 语言的在线学习辅助环境。对于学习者,该平台提供 Python 程序题库及自动评阅功能,帮助学习者掌握 Python 语言;对于教师,该平台提供开设 Python 语言课程的全套功能,包括学生管理、程序自动评阅、成绩评定、作业批量下载等。Python123 学习平台主页面如图 2.12 所示。

图 2.12　Python123 学习平台的主页面

使用 Python123 学习平台需要注册账号,可以通过点击主页面右上部"注册"链接选择"学生"类型账号免费注册,如图 2.13 所示。

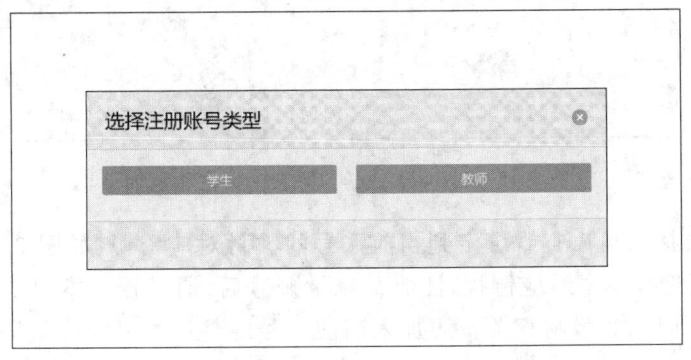

图 2.13　Python123 学习平台的注册类型选择

进一步填写邮箱、密码、姓名等消息完成注册,如图 2.14 所示,其中,"姓名"部分不要求真实姓名。

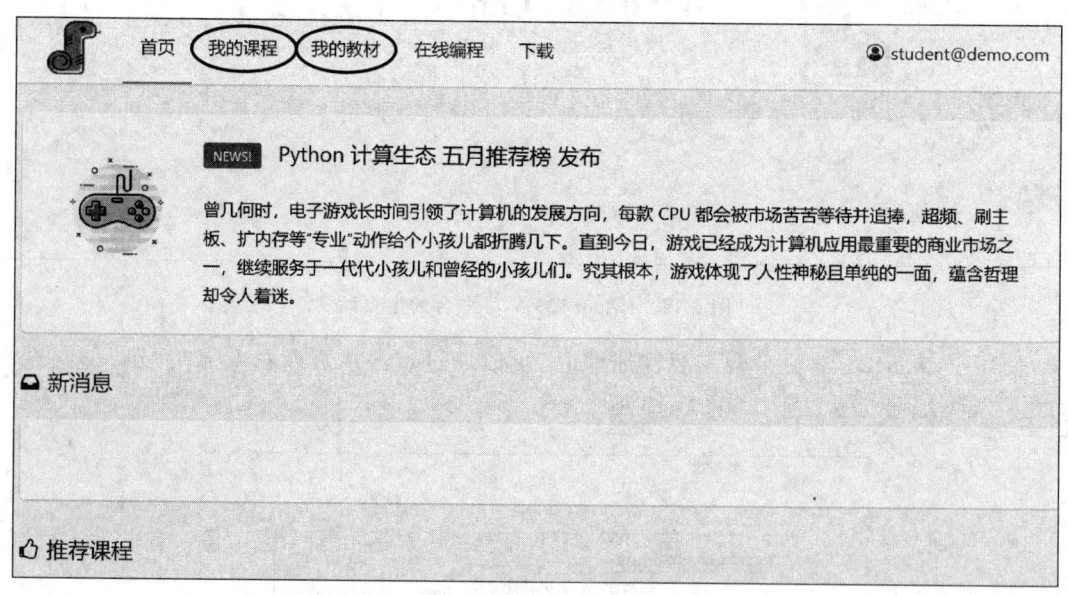

图 2.14　Python123 学习平台的注册信息页面

用户注册登录后,可以进入主页面,如图 2.15 所示。页面顶部包括"我的课程"和"我的教材"两个重要链接,可以将平台已有开放课程及教材对应练习资源增加到用户账号下。

图 2.15　Python123 学习平台的用户主页面

点击"我的教材",可以查看绑定到当前账号的教材对应资源,如图 2.16 所示。可以在 Python123 首页面选择本书对应链接,注册并登录账号后,通过输入本书封底印刷的唯一编码(每本书编码不同),将教材相关资源加入当前账号内。每本书唯一编码仅能关联一个注册账号。

Python123 学习平台中每种教材页面对应其"线上题库",选择后将看到教材相关的题库信息。本书所有"模拟试卷"及"题库习题"均在 Python123 学习平台上提供电子版及自

图 2.16　Python123 学习平台的用户教材主页面

动评阅功能,输入封底关联的唯一编码可以查看。

鉴于 Python123 学习平台仍然在不断演进,请读者登录平台页面查看最新使用说明,了解线上题库的使用方法。由于平台变化可能产生与本节内容略微不同的内容,请读者谅解。

2.3　Python 学习资源索引

对于准备参加全国计算机等级考试二级 Python 语言考试科目的考生,本节列出一些学习资源,供考生参考。

1. 官方版本 Python 考试大纲,全国计算机等级考试官方网址:

http://ncre.neea.edu.cn/html1/report/1712/4279-1.htm

2. Python 语言全球主站,网址:

http://www.python.org

3. Python 语言第三方库全球主站,网址:

http://pypi.org

4. Python123 学习平台,网址:

https://python123.io

5. Python 计算生态推荐榜,网址:

https://python123.io/index/monthly_packages

6. 与本书配套的 Python 备考主教材推荐一,适合 Python 语言入门学习,内容更完备,兼容 Python 等考考纲:

《Python 语言程序设计基础(第 2 版)》,嵩天,礼欣,黄天羽著,高等教育出版社,2017

年 2 月。

7. 与本书配套的 Python 备考主教材推荐二,适合仅参加 Python 等考的考生备考:
《全国计算机等级考试二级教程——Python 语言程序设计(2019 年版)》,教育部考试中心编写,高等教育出版社,2018 年 11 月。

8. 国家精品在线开放课程"Python 语言程序设计",教育部爱课程中国大学 MOOC 平台,累计选课人数超过 100 万,互联网上最好的 Python 语言入门课程。作为国家精品在线开放课程,课程全部内容免费开放,自由学习:

https://www.icourse163.org/course/BIT-268001

冲 刺 重 点

"工欲善其事必先利其器",在备考 Python 科目之前,准备好学习环境和资料无疑十分重要。选择最优质且适合的资料学习,事半功倍。本章主要介绍备考环境的配置、学习平台及学习资源的选择。总结来说,请配合本练习册选择一本优质的备考教材,用好 Python123 学习平台,必看"爱课程中国大学 MOOC"国家精品在线开放课程的视频讲解,岂有考不好之道理?!

第二部分 模拟试卷冲刺

根据 Python 语言程序设计 2018 年版考纲,第二部分提供了 5 套完整的模拟冲刺试卷、答案和逐题讲解,合计共 230 道题目。

第 3 章给出了"Python 语言程序设计模拟试卷 A 卷",简称"模拟试卷 A"。

第 4 章给出了"Python 语言程序设计模拟试卷 B 卷",简称"模拟试卷 B"。

第 5 章给出了"Python 语言程序设计模拟试卷 C 卷",简称"模拟试卷 C"。

第 6 章给出了"Python 语言程序设计模拟试卷 D 卷",简称"模拟试卷 D"。

第 7 章给出了"Python 语言程序设计模拟试卷 E 卷",简称"模拟试卷 E"。

从行文角度,作为本书章节编号,第 3 章到第 7 章标题采用"试卷一"至"试卷五"方式描述。从资源建设角度,"模拟试卷 A"到"模拟试卷 E"是编者对资源的命名,后续还会通过其他书籍或网络发布"模拟试卷 F"及后续试卷。由本书编者提供的每个编号试卷题目都是确定且唯一的。

每套模拟试卷包含 46 道题,其中,公共基础知识题 10 道、Python 单选题 30 道、Python 编程题 6 道。5 套试卷共 230 道题。

要特别注意的是,全书所有客观题都可以扫描如下二维码用手机来答题,也可以通过 https://python123.io/index/series/12 在计算机或手机上答题,Python123 将提供自动评阅功能。

第 3 章　Python 模拟试卷一及讲解

　　本章给出并讲解根据 Python 语言程序设计 2018 年版考纲设计的"全国计算机等级考试二级 Python 语言程序设计模拟试卷 A 卷",简称"模拟试卷 A"。

　　模拟试卷 A 包含客观题和编程题两部分,可以通过 Python123 平台进行考试练习。客观题部分可以通过扫描二维码采用手机答题,编程题部分建议采用计算机作答,链接地址如下,各编程题目答案可以随时通过手机查看。

$$\text{https://python123.io/index/series/12}$$

3.1 模拟试卷

全国计算机等级考试二级 Python 语言程序设计模拟试卷 A 卷

姓名_____ 身份证号_____ 成绩_____

说明：
1. 本试卷适用于备考全国计算机等级考试二级 Python 科目的考生。
2. 考试时间为 120 分钟，闭卷考试。
3. 本试卷卷面共 100 分，其中，单项选择题 40 分，编程题 60 分。
4. 建议登录 https://python123.io 在线完成试卷，系统将提供自动评阅功能。

一、单项选择题（共 40 分）

1. 关于数据的存储结构，以下选项中描述正确的是
   A. 存储在外存中的数据
   B. 数据所占的存储空间量
   C. 数据在计算机中的顺序存储方式
   D. 数据的逻辑结构在计算机中的表示

2. 关于线性链表的描述，以下选项中正确的是
   A. 存储空间不一定连续，且各元素的存储顺序是任意的
   B. 存储空间不一定连续，且前件元素一定存储在后件元素的前面
   C. 存储空间必须连续，且前件元素一定存储在后件元素的前面
   D. 存储空间必须连续，且各元素的存储顺序是任意的

3. 在深度为 7 的满二叉树中，叶子结点的总个数是
   A. 32 B. 31 C. 64 D. 63

4. 关于结构化程序设计所要求的基本结构，以下选项中描述错误的是
   A. 顺序结构
   B. 重复（循环）结构
   C. 选择（分支）结构
   D. goto 跳转

5. 关于面向对象的继承，以下选项中描述正确的是
   A. 继承是指一个对象具有另一个对象的性质
   B. 继承是指一组对象所具有的相似性质
   C. 继承是指类之间共享属性和操作的机制

D. 继承是指各对象之间的共同性质

6. 关于软件危机,以下选项中描述错误的是
A. 软件开发生产率低
B. 软件成本不断提高
C. 软件质量难以控制
D. 软件过程不规范

7. 关于软件测试,以下选项中描述正确的是
A. 软件测试的主要目的是发现程序中的错误
B. 软件测试的主要目的是确定程序中错误的位置
C. 为了提高软件测试的效率,最好由程序编制者自己来完成软件的测试工作
D. 软件测试是证明软件没有错误

8. 以下选项中用树形结构表示实体之间联系的模型是
A. 关系模型　　　B. 网状模型　　　C. 层次模型　　　D. 静态模型

9. 设有表示学生选课的三张表,学生 S(学号,姓名,性别,年龄,身份证号),课程(课程号,课程名),选课 SC(学号,课程号,成绩),表 SC 的关键字(键或码)是
A. 课程号,成绩
B. 学号,成绩
C. 学号,课程号
D. 学号,姓名,成绩

10. 设有如下关系表:

R

A	B	C
1	1	2
2	2	3
3	1	3

S

A	B	C
3	1	3
2	2	3

T

A	B	C
1	1	2

以下选项中正确地描述了关系表 R、S、T 之间关系的是
A. T=R∩S　　　B. T=R∪S　　　C. T=R×S　　　D. T=R−S

11. 关于 Python 程序格式框架的描述,以下选项中错误的是
A. Python 语言不采用严格的"缩进"来表明程序的格式框架
B. Python 语言的缩进可以采用 Tab 键实现
C. Python 单层缩进代码属于之前最邻近的一行非缩进代码
D. 判断、循环、函数等语法形式能够通过缩进包含一组 Python 代码

12. 以下选项中不符合 Python 语言变量命名规则的是
A. TempStr　　　B. I　　　C. 3_1　　　D. _AI

13. 以下关于 Python 字符串的描述中，错误的是
A. 字符串是用一对双引号" "或者单引号' '括起来的零个或者多个字符
B. 字符串是字符的序列，可以按照单个字符或者字符片段进行索引
C. 字符串包括两种序号体系：正向递增和反向递减
D. Python 字符串提供区间访问方式，采用[N:M]格式，表示字符串中从 N 到 M 的索引子字符串（包含 N 和 M）

14. 关于 Python 语言的注释，以下选项中描述错误的是
A. Python 语言有两种注释方式：单行注释和多行注释
B. Python 语言的单行注释以#开头
C. Python 语言的单行注释以单引号 '开头
D. Python 语言的多行注释以 '''（三个单引号）开头和结尾

15. 关于 import 引用，以下选项中描述错误的是
A. import 保留字用于导入模块或者模块中的对象
B. 使用 import turtle 引入 turtle 库
C. 可以使用 from turtle import setup 引入 turtle 库
D. 使用 import turtle as t 引入 turtle 库，取别名为 t

16. 下面代码的输出结果是

```
x = 12.34
print(type(x))
```

A. <class 'complex'>　　　　　　B. <class 'int'>
C. <class 'float'>　　　　　　　D. <class 'bool'>

17. 关于 Python 的复数类型，以下选项中描述错误的是
A. 复数类型表示数学中的复数
B. 复数的虚数部分通过后缀"J"或者"j"来表示
C. 对于复数 z，可以用 z.real 获得它的实数部分
D. 对于复数 z，可以用 z.imag 获得它的实数部分

18. 关于 Python 字符串，以下选项中描述错误的是
A. 字符串可以保存在变量中，也可以单独存在
B. 可以使用 datatype( )测试字符串的类型
C. 输出带有引号的字符串，可以使用转义字符\
D. 字符串是一个字符序列，字符串中的编号叫"索引"

19. 关于 Python 的分支结构，以下选项中描述错误的是

A. 分支结构可以向已经执行过的语句部分跳转
B. 分支结构使用 if 保留字
C. Python 中 if-else 语句用来形成二分支结构
D. Python 中 if-elif-else 语句描述多分支结构

20. 关于程序的异常处理，以下选项中描述错误的是
A. Python 通过 try、except 等保留字提供异常处理功能
B. 程序异常发生经过妥善处理可以继续执行
C. 异常语句可以与 else 和 finally 保留字配合使用
D. 编程语言中的异常和错误是完全相同的概念

21. 关于函数，以下选项中描述错误的是
A. 函数是一段具有特定功能的、可重用的语句组
B. 函数能完成特定的功能，对函数的使用不需要了解函数内部实现原理，只要了解函数的输入输出方式即可。
C. 使用函数的主要目的是减低编程难度和代码重用
D. Python 使用 del 保留字定义一个函数

22. 关于 Python 组合数据类型，以下选项中描述错误的是
A. Python 组合数据类型能够将多个同类型或不同类型的数据组织起来，通过单一的表示使数据操作更有序、更容易
B. 组合数据类型可以分为 3 类：序列类型、集合类型和映射类型
C. 序列类型是二维元素向量，元素之间存在先后关系，通过序号访问
D. Python 的 str、tuple 和 list 类型都属于序列类型

23. 关于 Python 序列类型的通用操作符和函数，以下选项中描述错误的是
A. 如果 x 是 s 的元素，x in s 返回 True
B. 如果 x 不是 s 的元素，x not in s 返回 True
C. 如果 s 是一个序列，s = [1,"kate",True]，s[3] 返回 True
D. 如果 s 是一个序列，s = [1,"kate",True]，s[-1] 返回 True

24. 关于 Python 对文件的处理，以下选项中描述错误的是
A. Python 能够以文本和二进制两种方式处理文件
B. Python 通过解释器内置的 open() 函数打开一个文件
C. 当文件以文本方式打开时，读写按照字节流方式
D. 文件使用结束后要用 close() 方法关闭，释放文件的使用授权

25. 以下选项中不能完成对文件写操作的是
A. write   B. writelines   C. write 和 seek   D. writetext

26. 关于数据组织的维度,以下选项中描述错误的是
    A. 数据组织存在维度,字典类型用于表示一维和二维数据
    B. 一维数据采用线性方式组织,对应于数学中的数组和集合等概念
    C. 二维数据采用表格方式组织,对应于数学中的矩阵
    D. 高维数据有键值对类型的数据构成,采用对象方式组织

27. 以下选项中不是 Python 语言的保留字的是
    A. while   B. except   C. do   D. pass

28. 以下选项中是 Python 中文分词的第三方库的是
    A. turtle   B. jieba   C. itchat   D. time

29. 以下选项中使 Python 脚本程序转变为可执行程序的第三方库的是
    A. random   B. pygame   C. PyQt5   D. PyInstaller

30. 以下选项中不是 Python 数据分析的第三方库的是
    A. requests   B. numpy   C. scipy   D. pandas

31. 下面代码的输出结果是

```
x = 0o1010
print(x)
```

    A. 10   B. 520   C. 1024   D. 32768

32. 下面代码的输出结果是

```
x = 10
y = 3
print(divmod(x,y))
```

    A. (3, 1)   B. (1, 3)   C. 3,1   D. 1,3

33. 下面代码的输出结果是

```
for s in "HelloWorld":
    if s=="W":
        continue
    print(s,end="")
```

    A. Helloorld   B. Hello   C. World   D. HelloWorld

34. 给出如下代码:

```
DictColor = {"seashell":"海贝色","gold":"金色","pink":"粉红色","brown":"棕色",\
             "purple":"紫色","tomato":"西红柿色"}
```

以下选项中能输出"海贝色"的是

A. print(DictColor["seashell"]) B. print(DictColor.keys())
C. print(DictColor["海贝色"])   D. print(DictColor.values())

35. 下面代码的输出结果是

```
s = ["seashell","gold","pink","brown","purple","tomato"]
print(s[1:4:2])
```

A. ['gold', 'brown']
B. ['gold', 'pink', 'brown']
C. ['gold', 'brown', 'tomato']
D. ['gold', 'pink', 'brown', 'purple', 'tomato']

36. 下面代码的输出结果是

```
d = {"大海":"蓝色","天空":"灰色","大地":"黑色"}
print(d["大地"], d.get("大地","黄色"))
```

A. 黑色 黄色   B. 黑色 灰色   C. 黑色 黑色   D. 黑色 蓝色

37. 当用户输入 abc 时,下面代码的输出结果是

```
try:
    n = 0
    n = input("请输入一个整数:")
    def pow10(n):
        return n ** 10
except:
    print("程序执行错误")
```

A. 输出:程序执行错误   B. 输出:abc
C. 程序没有任何输出   D. 输出:0

38. 下面代码的输出结果是

```
a = [[1,2,3],[4,5,6],[7,8,9]]
s = 0
for c in a:
    for j in range(3):
        s += c[j]
print(s)
```

A. 24　　　　　　　　B. 0　　　　　　　　C. 45　　　　　　　　D. 以上答案都不对

39. 文件 book.txt 在当前程序所在目录内,其内容是一段文本:book,下面代码的输出结果是

```
txt = open("book.txt" , "r")
print( txt)
txt.close( )
```

A. book　　　　　　B. book.txt　　　　　C. txt　　　　　　　D. 以上答案都不对

40. 如果当前时间是 2018 年 5 月 1 日 10 点 10 分 9 秒,则下面代码的输出结果是

```
import time
print( time.strftime( "%Y=%m-%d@ %H>%M>%S" , time.gmtime( ) ) )
```

A. 2018=5-1@ 10>10>9　　　　　　　B. 2018=05-01@ 10>10>09

C. 2018=5-1 10>10>9　　　　　　　　D. True@ True

二、基本编程题(共 15 分)

1. 仅使用 Python 基本语法,即不使用任何模块,编写 Python 程序计算下列数学表达式的结果并输出,小数点后保留 3 位。

$$x = \sqrt{\frac{(3^4 + 5 \times 6^7)}{8}}$$

2. 以中国共产党第十九次全国代表大会报告中一句话作为字符串变量 s,完善 Python 程序,分别用 Python 内置函数及 jieba 库中已有函数计算字符串 s 的中文字符个数及中文词语个数。注意,中文字符包含中文标点符号。

```
import jieba
s = "中国特色社会主义进入新时代,我国社会主要矛盾已经转化为人民日益增长的美\
好生活需要和不平衡不充分的发展之间的矛盾。"
n =　　①
m =　　②
print("中文字符数为{},中文词语数为{}。".format(n, m))
```

3. 0x4DC0 是一个十六进制数,它对应的 Unicode 编码是中国古老的《易经》六十四卦的第一卦,请输出第 51 卦(震卦)对应的 Unicode 编码的二进制、十进制、八进制和十六进制格式。

```
    print("二进制{  ①  }、十进制{  ②  }、八进制{  ③  }、\
         十六进制{  ④  }".format(  ⑤  ))
```

三、简单应用题（共 25 分）

1. 使用 turtle 库的 turtle.fd( )函数和 turtle.seth( )函数绘制一个边长为 200 的正方形,效果如下图所示。请结合格式框架,补充横线处代码。

```
import turtle
d = 0
for i in range(  ①  ):
    turtle.fd(  ②  )
    d =   ③
    turtle.seth(d)
```

2. 列表 ls 中存储了我国 39 所 985 高校所对应的学校类型,请以这个列表为数据变量,完善 Python 代码,统计输出各类型的数量。

```
ls = ["综合","理工","综合","综合","综合","综合","综合","综合",\
      "综合","综合","师范","理工","综合","理工","综合","综合",\
      "综合","综合","综合","理工","理工","理工","理工","师范",\
      "综合","农林","理工","综合","理工","理工","理工","综合",\
      "理工","综合","综合","理工","农林","民族","军事"]
```

输出参考格式如下(其中冒号为英文冒号):

```
军事:1
民族:1
(略)
```

四、综合应用题（共 20 分）

【手机下载文本文件】

《论语》是儒家学派的经典著作之一,主要记录了孔子及其弟子的言行。网络上有很多《论语》文本版本。这里给出了一个版本,文件名称为"论语-网络版.txt",其内容采用如下格式组织：

【原文】
1.11 子曰:"父在,观其(1)志;父没,观其行(2);三年(3)无改于父之道(4),可谓孝矣。"
【注释】
(略)
【译文】
(略)
【评析】
(略)

该版本通过【原文】标记《论语》原文内容,采用【注释】、【译文】和【评析】标记对原文的注释、译文和评析。

问题1:请编写程序,提取《论语》文档中所有原文内容,输出保存到"论语-提取版.txt"文件。输出文件格式要求:去掉文章中原文部分每行行首空格及如"1.11"等的数字标志,行尾无空格、无空行。参考格式如下(原文中括号及内部数字是对应源文件中注释项的标记):

子曰(1):"学(2)而时习(3)之,不亦说(4)乎? 有朋(5)自远方来,不亦乐(6)乎? 人不知(7),而不愠(8),不亦君子(9)乎?"
有子(1)曰:"其为人也孝弟(2),而好犯上者(3),鲜(4)矣;不好犯上,而好作乱者,未之有也(5)。君子务本(6),本立而道生(7)。孝弟也者,其为人之本与(8)?"
子曰:"巧言令色(1),鲜(2)仁矣。"
(略)

问题2:请编写程序,在"论语-提取版.txt"基础上,进一步去掉每行文字中所有括号及其内部数字,保存为"论文-原文.txt"文件。参考格式如下:

子曰:"学而时习之,不亦说乎? 有朋自远方来,不亦乐乎? 人不知,而不愠,不亦君子乎?"
有子曰:"其为人也孝弟,而好犯上者,鲜矣;不好犯上,而好作乱者,未之有也。君子务本,本立而道生。孝弟也者,其为人之本与?"
子曰:巧言令色,鲜仁矣。"
(略)

3.2 试卷答案

全国计算机等级考试二级Python语言程序设计模拟试卷A卷试卷答案

一、单项选择题

1. D   2. A   3. C   4. D   5. C   6. D   7. A   8. C   9. C   10. D
11. A 12. C 13. D 14. C 15. C 16. C 17. D 18. B 19. A 20. D
21. D 22. C 23. C 24. C 25. D 26. A 27. C 28. B 29. D 30. A
31. B 32. A 33. A 34. A 35. A 36. C 37. C 38. C 39. D 40. B

二、基本编程题

1.
```
x = pow((3**4 + 5*(6**7))/8, 0.5)
print("{:.3f}".format(x))
```

2.
```
n = len(s)
m = len(jieba.lcut(s))
```

3.
```
print("二进制{0:b}、十进制{0}、八进制{0:o}、十六进制{0:x}".format(0x4DC0+50))
```

三、简单应用题

1.
```
import turtle
d = 0
for i in range(4):
    turtle.fd(200)
    d = d + 90
    turtle.seth(d)
```

2.
```
ls = ["综合","理工","综合","综合","综合","综合","综合","综合","综合","综合", \
      "师范","理工","综合","理工","综合","综合","综合","综合","综合","理工", \
      "理工","理工","理工","师范","综合","农林","理工","综合","理工","理工", \
      "理工","综合","理工","综合","综合","理工","农林","民族","军事"]
d = {}
for word in ls:
    d[word] = d.get(word, 0) + 1
for k in d:
    print("{}:{}".format(k, d[k]))
```

四、综合应用题

问题1答案如下：

```
fi = open("论语-网络版.txt", "r", encoding="utf-8")
fo = open("论语-提取版.txt", "w")
wflag = False                       #写标记
for line in fi:
    if "【" in line:                 #遇到【时,说明已经到了新的区域,写标记置否
        wflag = False
    if "【原文】" in line:            #遇到【原文】时,设置写标记为True
        wflag = True
        continue
    if wflag == True:                #根据写标记将当前行内容写入新的文件
        for i in range(0,25):
            for j in range(0,25):
                line = line.replace("{}·{}".format(i,j),"**")
        for i in range(0,10):
            line = line.replace(" *{}".format(i),"")
        for i in range(0,10):
            line = line.replace("{}* ".format(i),"")
        line = line.replace(" * ","")
        fo.write(line)
fi.close()
fo.close()
```

问题2答案如下：

```
fi = open("论语-提取版.txt", "r")
```

```
fo = open("论语-原文.txt","w")
for line in fi：
    for i in range(1,23)：
        line=line.replace("({})".format(i),"")
    fo.write(line)
fi.close()
fo.close()
```

3.3 试卷讲解

一、单项选择题

1. D

【解析】数据的逻辑结构在计算机存储空间中的存放形式称为数据的存储结构。数据(Data)是指对客观事物进行记录并可以鉴别的符号。在计算机系统中数据以二进制信息单元0、1形式表示。一种数据的逻辑结构根据需要可以表示成多种存储结构,常用的存储结构有顺序、链接、索引等。

2. A

【解析】线性表的链式存储结构称为线性链表。计算机存储空间被划分为一个一个小块,这些小块被称为存储结点(包含数据域和指针域)。在线性表的链式存储结构中,各数据结点的存储序号是不连续的,并且各结点在存储空间中的位置关系与逻辑关系也不一致。线性链表的存储空间结构如图 3.1 所示,线性链表的逻辑结构如图 3.2 所示。

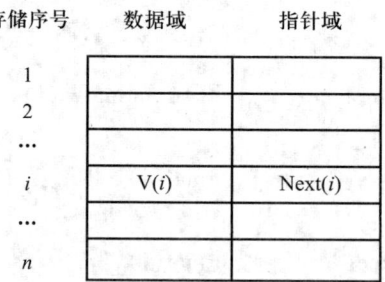

图 3.1 线性链表的存储空间结构

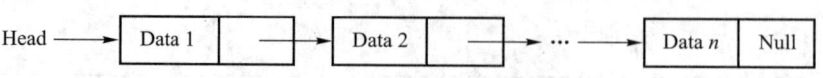

图 3.2 线性链表的逻辑结构

3. C

【解析】在满二叉树中,每一层上的结点数都达到最大值。在满二叉树数的第 k 层上有 2^{k-1} 个结点。在深度为 7 的满二叉树中,叶子结点数为 2^6 个。

4. D

【解析】结构化程序设计方法的主要原则包括自顶向下、逐步求精、模块化和限制使用 goto 语句。其基本结构有顺序结构、循环结构和选择结构。

5. C

【解析】在面向对象方法中,类之间共享属性和操作的机制称为继承。继承是指能够直接获得已有的性质和特征,而不必重复定义。继承分单继承和多重继承。单继承指一个类只允许有一个父类,多重继承指一个类允许有多个父类。

6. D

【解析】软件危机泛指在计算机软件的开发和维护过程中所遇到的一系列严重问题。软件危机主要表现在软件需求的增长得不到满足,软件开发成本和进度无法控制,软件质量无法保证,软件成本不断提高,软件开发生产率低等方面。

7. A

【解析】软件测试是为了发现错误而执行程序的过程。要做好软件测试,并达到很好的测试效果,应该由独立的第三方来构造测试。程序员应避免检查自己的错误。程序调试的过程是诊断和改正程序中的错误。

8. C

【解析】用树形结构来表示实体之间联系的模型称为层次模型。具有以下特点:①每棵树有且仅有一个无双亲结点,称为根;②树中除根外所有结点有且仅有一个双亲。

9. C

【解析】关键字是指属性或属性的组合,其值能够唯一地标识一个元组。在选课成绩表中学号和课程号的组合可以对元组进行唯一的标识。所以学号与课程号组合作为选课成绩表的主键。

10. D

【解析】关系差运算,T=R−S,T 是由属于 R 而且不属于 S 的元组构成的集合。关系模型的基本运算主要包括插入、删除、修改、查询(包括投影、选择、笛卡儿积运算)。

11. A

【解析】Python 语言采用严格的"缩进"来表明程序的格式框架,这是 Python 语言最优美的地方。

12. C

【解析】Python 语言允许采用大小写字母、数字、下画线和汉字等字符及其组合给变量命名,但变量的首位不能是数字、中间不能出现空格。

13. D

【解析】Python 字符串提供区间访问方式,采用[N:M]格式,表示字符串中从 N 到 M 的索引子字符串(不包含 M)。

14. C

【解析】Python 语言的单行注释以#开头。

15. C

【解析】使用 from turtle import setup 只能引入 turtle 库的 setup( )函数。

16. C

【解析】type(x)函数可用于返回对象 x 的类型。

17. D

【解析】对于复数 z,可以用 z.imag 获得它的虚数部分。

18. B

【解析】同 16 题,可以使用 type( )测试字符串的类型。

19. A

【解析】分支结构不可以向已经执行过的语句跳转。

20. D

【解析】Python 语言使用 try-except-else-finally 保留字捕获和处理异常,经过异常处理的程序能够继续执行。异常和错误是不同的概念,异常仅指程序运行层面的错误,而错误范围更广泛,还包括程序的逻辑错误。例如,判断一个变量 a,如果该变量为 0 时,则输出结果,代码如下:

```
if a != 0:
    print(x)
```

这段代码显然与要求不同,属于错误的代码,但程序运行正确,不产生异常。

21. D

【解析】Python 语言使用 def 保留字定义函数。

22. C

【解析】组合数据类型可以分为3类:序列类型、集合类型和映射类型。其中,序列类型是元素向量,包括元组类型和列表类型。

23. C

【解析】x in s用来判断x是否在序列类型s中。序列类型包括正向递增和反向递减两套序号体系,正向递增需要从0开始。对于s=[1,"kate",True],s[3]超越了序列的序号边界,将产生异常并报错。

24. C

【解析】当文件以文本方式打开时,读写按照字符串方式进行,采用当前计算机使用的编码或指定编码。当文件以二进制方式打开时,读写按照字节流方式进行。

25. D

【解析】Python文件写操作包括3个主要方法,分别是:.write()、.writelines()和.seek(),其中.seek()是辅助方法,用于调整文件访问位置。writetext()不是Python提供的函数或方法。

26. A

【解析】数据组织存在维度,一般包括一维、二维、多维、高维4种。一维数据一般采用列表和集合类型表示,二维数据采用列表类型表示。字典类型用于表示高维数据。

27. C

【解析】Python 3.5以上版本包括35个保留字,while用于循环,except用于异常处理,pass代表空操作,do不是Python保留字。

28. B

【解析】turtle库实现了海龟绘图体系,提供基本图形绘制功能;jieba库提供中文分词功能;itchat库提供Python微信接口功能;time库提供获取并操作系统时间功能。

29. D

【解析】random库提供伪随机数生成功能,pygame提供对系统外设操作及基本游戏引擎功能,PyQt5提供用户图形界面开发功能,PyInstaller提供将Python源文件打包成可执行文件的功能。

30. A

【解析】requests库提供网络爬虫功能,numpy提供多维数据表示功能,scipy提供科学计算功能,pandas提供数据分析和处理功能。后3个库都与数据分析有关。

31. B

【解析】print(x)函数在输出整数 x 时,默认采用十进制形式。Oo1010 是一个八进制整数,对应的十进制数值为 520。

32. A

【解析】divmod(x,y)函数是 Python 语言内置函数之一,用来输出 x 和 y 的整数商和余数,由于输出两个元素,所以返回元组类型。采用 print()打印输出元组时,会输出完整形式,即带有小括号的形式。该题目程序运行结果为(3,1)。

33. A

【解析】for..in 构成遍历循环,将对字符串"HelloWorld"逐个字符提取,其中,continue 用来结束当次循环。程序判断提取字符,如果为"W",则略过对该字符的输出,否则打印输出。因此,输出结果不包含 W,为 Helloorld。

34. A

【解析】DictColor 是一个字典变量,DictColor[键]可以获得键对应的值,DictColor.keys()返回所有的键,DictColor.values()返回所有的值,不存在 DictColor[值]的使用方法。字典中,键相当于索引,只有索引才能用于数据检索。

35. A

【解析】s 是一个列表变量,可以通过 s[i:j:k]方式进行切片,将产生一个新的列表,包含从 i 到 j(不含 j)以 k 为步长的若干元素。列表属于序列类型,可以同时使用正向递增序号和反向递减序号两种方式,正向递增序号从 0 开始。因此,s[1:4:2]将返回原列表中序号为 1 和 3 的元素,构成新的列表,即['gold','brown']。

36. C

【解析】d 是一个字典变量,可以通过 d[键]获得对应的值,也可以通过 d.get(键,默认值)获得对应的值。所不同的是,使用.get()方法当键值对不存在时,将返回默认值。由于 d 中包含键值对"大地":"黑色",采用 d[]和 d.get()获得"大地"对应值的结果是相同的。

37. C

【解析】try-except 用来捕获程序运行的异常。在本程序中,用户输入获得的字符串将保存在变量 n 中。尽管 n 之前被赋值为整数 0,但再次被赋值将改变变量 n 的类型定义。之后 def pow10()定义了一个函数,但仅有定义并未调用,因此程序并不执行函数内容。所以,该程序 try 部分代码执行并不会产生异常。

38. C

【解析】a 是一个二维列表,即列表的每个元素还是一个列表。程序采用双层遍历循环,将 a 中所有元素的元素进行了累加。二维列表是二维数据类型的表达方式,这段代码也是二维数据类型最常用的遍历和处理过程。

39. D

【解析】这是一个文件操作程序。尽管变量 txt 在命名上有一定的迷惑性,但 txt 实质上是文件句柄,并不是文件内容,因为它仅使用 open() 函数打开了文件,未对文件内容进行读取操作。直接打印文件句柄将产生一个 Python 内部表达的输出,并不输出文件内容。程序运行输出结果如下:

<_io.TextIOWrapper name='book.txt' mode='r' encoding='cp936'>

40. B

【解析】time 库的 strftime() 用来格式化时间输出,其中,第一个参数是输出时间的模板字符串。程序中"%Y=%m-%d@ %H>%M>%S"表示输出的时间格式应该具有相同样式。对于月份和时间,输出数字按照位数输出,不足补零。5月份输出 05,9 秒输出 09。

二、基本编程题

1.【解析】

这是一个基本编程题,使用 Python 程序对数学公式进行计算。该题目有 2 个要求:仅使用 Python 基本语法和小数点后保留 3 位。

该数学公式计算包含求平方根,有两种方法完成:第一,使用 Python 内置函数 pow(),数字 N 的平方根是 pow(N,0.5);第二,使用操作符 **,数字 N 的平方根是 N ** 0.5。

小数点后保留 3 位,有两种方法可以完成:第一,使用字符串格式化方法输出 3 位小数,数字 N 的 3 位小数输出采用"{:.3f}".format(N);第二,使用 Python 内置函数 round(),数字 N 保留 3 位小数方法是 round(N,3)。

下面给出 3 个参考程序:

```
x = pow((3**4 + 5*(6**7))/8, 0.5)
print("{:.3f}".format(x))
```

```
x = ((3**4 + 5*(6**7))/8)**0.5
print("{:.3f}".format(x))
```

```
x = pow((3**4 + 5*(6**7))/8, 0.5)
print(round(x,3))
```

2.【解析】

这是一个基本编程题,对中文字符及中文词语进行统计。该题目使用了 jieba 中文分词库,有 2 个要求:统计中文字符及中文词语。

给定字符串 s 中仅包含中文字符及中文标点符号,因此,可以直接使用 len() 函数计算字符数量。

jieba 库提供了3种分词模式:精确模式、全模式和搜索引擎模式。其中,精确模式分词的词语拼接后没有冗余,最为常用。精确模式对字符串 s 的分词操作为 jieba.lcut(s),该函数返回一个列表类型,每个元素是一个中文词语。使用 len()可以获得该列表长度,即中文词语数量。

结合上述分析,该题目的参考代码如下:

```
import jieba
s = "中国特色社会主义进入新时代,我国社会主要矛盾已经转化为人民日益增长的美\
好生活需要和不平衡不充分的发展之间的矛盾。"
n = len(s)
m = len(jieba.lcut(s))
print("中文字符数为{},中文词语数为{}。".format(n, m))
```

3.【解析】

这是一个基本编程题,考核字符串格式化方法,重点考核整数的4种进制输出。字符串格式化方法中<类型>字段控制各种整数的进制输出效果。

该题目还需要注意,由于.format()方法只有一个参数,在模板字符串中有4个槽{},槽的数量和参数数量不一致,在槽中必须指定参数序号。由于该题目中.format()方法只有一个参数,序号为0,在每个槽中要用序号0指定这个参数。

该题目参考答案如下。

```
print("二进制{0:b}、十进制{0}、八进制{0:o}、十六进制{0:x}".format(0x4DC0+50))
```

三、简单应用题

1.【解析】

这是一个简单应用题,考核"海龟绘图体系",绘制简单的正方形。

该问题可以采用两种思路解决:第一,逐一绘制每条边,形成正方形;第二,鉴于正方形的规则性,采用循环方式绘制正方形。

turtle 库中 fd()函数绘制直线,seth()函数用来设置对应于角度坐标系的绝对值方向。

这里给出第二种思路的参考代码。

```
import turtle
d = 0
for i in range(4):
    turtle.fd(200)
    d = d + 90
    turtle.seth(d)
```

2.【解析】

这是一个简单应用题,统计列表中元素的出现次数。

"统计元素次数"问题非常适合采用字典类型表达,即构成"元素:次数"的键值对。因此,可以将题目中的列表当作数据源,构造字典表达统计过程。

创建字典变量 d,可以利用"d[键]=值"方式为字典增加新的键值对变量。如下代码格式是最常用的对元素统计的语句:

d[word] = d.get(word, 0) + 1

其作用是增加 1 次元素 word 出现的次数。使用.get()方法获得当前字典 d 中 word 作为键对应的值,即 word 已经出现的次数。如果 word 不存在,则返回 0,如果 word 存在,则返回值。

采用字典类型解决该问题的参考代码如下:

```python
ls = ["综合", "理工", "综合", "综合", "综合", "综合", "综合", "综合", "综合", "综合", \
      "师范", "理工", "综合", "理工", "综合", "综合", "综合", "综合", "综合", "理工", \
      "理工", "理工", "理工", "师范", "综合", "农林", "理工", "综合", "理工", "理工", \
      "理工", "综合", "理工", "综合", "综合", "理工", "农林", "民族", "军事"]
d = {}
for word in ls:
    d[word] = d.get(word, 0) + 1
for k in d:
    print("{}:{}".format(k, d[k]))
```

四、综合应用题

【解析】

这是一个综合应用题,考核对规则文本文件的处理能力。

问题 1:从网络下载的"论语-网络版.txt"中粗略提取原文,形成"论语-提取版.txt"。读写文件分别采用 open()函数的"r"和"w"模式。

在读入文件时,可以增加参数 encoding="utf-8",指定程序采用 utf-8 编码打开文件。文件编码过于复杂,在等级考试中并未涉及,这里,建议对编码的理解使用如下两条规则:第一,如果一个文本文件从网络获得,增加 encoding 参数,指定编码方式打开;第二,如果 Python 程序生成了一个文件,并再次打开,则不需要指定 encoding 参数。

问题 1 提取【原文】后面区域的内容,与单行提取不同,区域提取文本需要处理若干行,为此,可以考虑建立一个写标记,即 wflag 参数。

当遇到"【原文】"字样时,将 wflag 标记设为 True,后续读入该区域其他行时,按照【原文】对应区域块的文本进行处理。当遇到其他【注释】、【译文】和【评析】等标记时,则将 wflag 设为 False,表示程序已经离开了【原文】区域。维护上述标记,可以将【原文】或其他标志出现作为条件,维护 wflag 变量值。进一步,根据 wflag 变量值,确定是否将文本内容输出到新的文件中。

问题 1 参考代码如下,代码中增加注释用于说明。

```python
fi = open("论语-网络版.txt", "r", encoding="utf-8")
fo = open("论语-提取版.txt", "w")
wflag = False                #写标记
for line in fi:
```

```
        if "【" in line:          #遇到【时,说明已经到了新的区域,写标记置否
            wflag = False
        if "【原文】" in line:     #遇到【原文】时,设置写标记为True
            wflag = True
            continue
        if wflag == True:         #根据写标记将当前行内容写入新的文件
            for i in range(0,25):
                for j in range(0,25):
                    line = line.replace("{}·{}".format(i,j)," ** ")
            for i in range(0,10):
                line = line.replace(" *{}".format(i),"")
            for i in range(0,10):
                line = line.replace("{}* ".format(i),"")
            line = line.replace(" * ","")
            fo.write(line)
fi.close()
fo.close()
```

问题2 在问题1基础上,进一步对提取后原文的内容进行清理,去掉其中出现的"(数字)"这种形式。问题1提取后的文件片段和对应问题2的清理目标如下。

子曰(1):"学(2)而时习(3)之,不亦说(4)乎？有朋(5)自远方来,不亦乐(6)乎？人不知(7),而不愠(8),不亦君子(9)乎？"

子曰:"学而时习之,不亦说乎？有朋自远方来,不亦乐乎？人不知,而不愠,不亦君子乎？"

对问题1提取后的文件分析可知,其中出现"(1)"到"(22)"共22种可能的字符串。一个简单思路是逐一替换上述出现的字符串为空字符串,这种替换相当于删除上述字符串。这可以采用.replace()函数进行。问题2的参考代码及关键代码注释如下。

```
fi = open("论语-提取版.txt","r")
fo = open("论语-原文.txt","w")
for line in fi:      #逐行遍历
    for i in range(1,23):  #产生1到22数字
        line=line.replace("({})".format(i),"")  #构造(i)并替换
    fo.write(line)
fi.close()
fo.close()
```

冲刺重点

模拟试卷 A 展示了全国计算机等级考试二级 Python 语言程序设计科目的命题方式,即考试共包含 46 道题目,其中单选题 40 道,编程题 6 道。

单选题采用 10+30 方式组织,包括 10 道公共基础知识题目和 30 道 Python 语言相关题目,每题 1 分,共 40 分。

编程题采用 3+2+1 方式组织,包括 3 道基本编程题、2 道简单应用题和 1 道综合应用题,共 60 分,其中,基本编程题 5 分+5 分+5 分,简单应用题 10 分+15 分,综合应用题 20 分。

对于考试题目的数量设置和分数分布烂熟于心,上考场就不会陌生,这是向好成绩迈出的重要一步,加油!

第 4 章　Python 模拟试卷二及讲解

　　本章给出并讲解根据 Python 语言程序设计 2018 年版考纲设计的"全国计算机等级考试二级 Python 语言程序设计模拟试卷 B 卷",简称"模拟试卷 B"。

　　模拟试卷 B 包含客观题和编程题两部分,可以通过 Python123 平台进行考试练习。客观题部分可以通过扫描二维码采用手机答题,编程题部分建议采用计算机作答,链接地址如下,各编程题目答案可以随时通过手机查看。

$$\text{https://python123.io/index/series/12}$$

4.1 模拟试卷

全国计算机等级考试二级 Python 语言程序设计模拟试卷 B 卷

姓名_____ 身份证号_____ 成绩_____

说明:
1. 本试卷适用于备考全国计算机等级考试二级 Python 科目的考生。
2. 考试时间为 120 分钟,闭卷考试。
3. 本试卷卷面共 100 分,其中,单项选择题 40 分,编程题 60 分。
4. 建议登录 https://python123.io 在线完成试卷,系统将提供自动评阅功能。

一、单项选择题(共 40 分)

1. 关于算法的描述,以下选项中错误的是
   A. 算法是指解题方案的准确而完整的描述
   B. 算法具有可行性、确定性、有穷性的基本特征
   C. 算法的复杂度主要包括时间复杂度和数据复杂度
   D. 算法的基本要素包括数据对象的运算和操作及算法的控制结构

2. 关于数据结构的描述,以下选项中正确的是
   A. 数据结构指相互有关联的数据元素的集合
   B. 数据的存储结构是指反映数据元素之间逻辑关系的数据结构
   C. 数据的逻辑结构有顺序、链接、索引等存储方式
   D. 数据结构不可以直观地用图形表示

3. 在深度为 7 的满二叉树中,结点个数总共是
   A. 32   B. 64   C. 127   D. 63

4. 对长度为 n 的线性表进行顺序查找,在最坏的情况下所需要的比较次数是
   A. $n+1$ B. $n \times (n+1)$ C. $n-1$ D. n

5. 关于结构化程序设计方法原则的描述,以下选项中错误的是
   A. 自顶向下   B. 逐步求精   C. 多态继承   D. 模块化

6. 与信息隐蔽的概念直接相关的概念是
A. 软件结构定义　　　B. 模块独立性　　　C. 模块类型划分　　　D. 模块耦合度

7. 关于软件工程的描述,以下选项中描述正确的是
A. 软件工程是应用于计算机软件的定义、开发和维护的一整套方案、工具、文档和实践标准和工序
B. 软件工程包括3要素:结构化、模块化、面向对象
C. 软件工程工具是完成软件工程项目的技术手段
D. 软件工程方法支持软件的开发、管理、文档生成

8. 在软件工程详细设计阶段,以下选项中不是详细设计工具的是
A. 判断表　　　B. 程序流程图　　　C. CSS　　　D. PDL

9. 以下选项中表示关系表中的每一横行的是
A. 元组　　　B. 属性　　　C. 列　　　D. 码

10. 将 E-R 图转换为关系模式时,可以表示实体与联系的是
A. 属性　　　B. 关系　　　C. 键　　　D. 域

11. 以下选项中 Python 用于异常处理结构中用来捕获特定类型异常的保留字是
A. while　　　B. except　　　C. do　　　D. pass

12. 以下选项中符合 Python 语言变量命名规则的是
A. Templist　　　B. *i　　　C. 3_1　　　D. AI!

13. 关于赋值语句,以下选项中描述错误的是
A. 在 Python 语言中,"="表示赋值,即将"="右侧的计算结果赋值给左侧变量,包含"="的语句称为赋值语句
B. 在 Python 语言中,有一种赋值语句,可以同时给多个变量赋值
C. 设 x = "alice"; y = "kate",执行"x,y = y,x"可以实现变量 x 和 y 值的互换
D. 设 a = 10; b = 20,执行"a,b = a,a + b; print(a,b)"和"a = b; b = a + b; print(a,b)"之后,得到同样的输出结果:10 30

14. 关于 eval 函数,以下选项中描述错误的是
A. eval 函数的定义为:eval(source)
B. eval 函数的作用是将输入的字符串转为 Python 语句,并执行该语句
C. 如果用户希望输入一个数字,并用程序对这个数字进行计算,可以采用 eval(input(<输入提示字符串>))组合
D. 执行 eval("Hello")和执行 eval("'Hello'")得到相同的结果

15. 关于 Python 语言的特点,以下选项中描述错误的是
   A. Python 语言是脚本语言　　　　　B. Python 语言是非开源语言
   C. Python 语言是跨平台语言　　　　D. Python 语言是多模型语言

16. 关于 Python 数字类型,以下选项中描述错误的是
   A. Python 语言提供 int、float、complex 等数字类型
   B. Python 整数类型提供了 4 种进制表示:十进制、二进制、八进制和十六进制
   C. Python 语言要求所有浮点数必须带有小数部分
   D. Python 语言中,复数类型中实数部分和虚数部分的数值都是浮点类型,复数的虚数部分通过后缀"C"或者"c"来表示

17. 关于 Python 循环结构,以下选项中描述错误的是
   A. Python 通过 for、while 等保留字提供遍历循环和无限循环结构
   B. 遍历循环中的遍历结构可以是字符串、文件、组合数据类型和 range( )函数等
   C. break 用来跳出最内层 for 或者 while 循环,脱离该循环后程序从循环代码后继续执行
   D. 每个 continue 语句有能力跳出当前层次的循环

18. 关于 Python 的全局变量和局部变量,以下选项中描述错误的是
   A. 全局变量指在函数之外定义的变量,一般没有缩进,在程序执行全过程有效
   B. 局部变量指在函数内部使用的变量,当函数退出时,变量依然存在,下次函数调用可以继续使用
   C. 使用 global 保留字声明简单数据类型变量后,该变量作为全局变量使用
   D. 简单数据类型变量无论是否与全局变量重名,仅在函数内部创建和使用,函数退出后变量被释放

19. 关于 Python 的 lambda 函数,以下选项中描述错误的是
   A. lambda 用于定义简单的、能够在一行内表示的函数
   B. 可以使用 lambda 函数定义列表的排序原则
   C. f = lambda x,y:x+y 执行后,f 的类型为数字类型
   D. lambda 函数将函数名作为函数结果返回

20. 下面代码实现的功能描述的是

```
def fact(n):
    if n==0:
        return 1
    else:
        return n * fact(n-1)
num = eval(input("请输入一个整数:"))
print(fact(abs(int(num))))
```

A. 接受用户输入的整数 n,输出 n 的阶乘值

B. 接受用户输入的整数 n,判断 n 是否是素数并输出结论

C. 接受用户输入的整数 n,判断 n 是否是整数并输出结论

D. 接受用户输入的整数 n,判断 n 是否是水仙花数

21. 执行如下代码:

```
import time
print( time.time( ) )
```

以下选项中描述错误的是

A. 输出自 1970 年 1 月 1 日 00:00:00 AM 以来的秒数

B. time 库是 Python 的标准库

C. 可使用 time.ctime( ) 代替 time.time( ),显示为更可读的形式

D. time.sleep(5) 推迟调用线程的运行,单位为毫秒

22. 执行后可以查看 Python 的版本的是

A. import sys
   print(sys.version)

B. import sys
   print(sys.Version)

C. import system
   print(system.version)

D. import system
   print(system.Version)

23. 关于 Python 的组合数据类型,以下选项中描述错误的是

A. Python 组合数据类型能够将多个同类型或不同类型的数据组织起来,通过单一的表示使数据操作更有序、更容易

B. 组合数据类型可以分为 3 类:序列类型、集合类型和映射类型

C. 序列类型是二维元素向量,元素之间存在先后关系,通过序号访问

D. Python 的 str、tuple 和 list 类型都属于序列类型

24. 以下选项中,不是 Python 对文件的读操作方法的是

A. read   B. readline   C. readlines   D. readtext

25. 关于 Python 文件处理,以下选项中描述错误的是

A. Python 能处理 Excel 文件   B. Python 能处理 JPG 图像文件

C. Python 不可以处理 PDF 文件   D. Python 能处理 CSV 文件

26. 以下选项中,不是 Python 对文件的打开模式的是

A. 'r'   B. 'w'   C. 'r+'   D. 'c'

27. 关于数据组织的维度,以下选项中描述错误的是

A. 数据组织存在维度,字典类型用于表示一维和二维数据
B. 一维数据采用线性方式组织,对应于数学中的数组和集合等概念
C. 二维数据采用表格方式组织,对应于数学中的矩阵
D. 高维数据由键值对类型的数据构成,采用对象方式组织

28. Python 数据分析方向的第三方库是
 A. numpy B. pdfminer C. beautifulsoup4 D. time

29. Python 机器学习方向的第三方库是
 A. random B. PIL C. PyQt5 D. TensorFlow

30. Python Web 开发方向的第三方库是
 A. requests B. Django C. scipy D. pandas

31. 下面代码的输出结果是
```
x = 0b1010
print(x)
```
 A. 10 B. 16 C. 256 D. 1024

32. 下面代码的输出结果是
```
x = 10
y = -1+2j
print(x+y)
```
 A. (9+2j) B. 9 C. 2j D. 11

33. 下面代码的输出结果是
```
x = 3.1415926
print(round(x,2), round(x))
```
 A. 3.14 3 B. 3 3.14 C. 2 2 D. 6.28 3

34. 下面代码的输出结果是
```
for s in "HelloWorld":
    if s == "W":
        break
    print(s, end="")
```
 A. Helloorld B. Hello C. World D. HelloWorld

35. 以下选项中,输出结果是 False 的是

A.
```
5 is 5
```

B.
```
5 is not 4
```

C.
```
5 != 4
```

D.
```
False != 0
```

36. 下面代码的输出结果是

```
a = 1000000
b = "-"
print("{0:{2}^{1},}\n{0:{2}>{1},}\n{0:{2}<{1},}".format(a,30,b))
```

A. ----------1,000,000-----------
   ---------------------1,000,000
   1,000,000---------------------

B. 1,000,000---------------------
   ---------------------1,000,000
   ----------1,000,000-----------

C. ---------------------1,000,000
   1,000,000---------------------
   ----------1,000,000-----------

D. ---------------------1,000,000
   ----------1,000,000-----------
   1,000,000---------------------

37. 下面代码的输出结果是

```
s = ["seashell","gold","pink","brown","purple","tomato"]
print(s[4:])
```

A. ['purple', 'tomato']
B. ['purple']
C. ['seashell', 'gold', 'pink', 'brown']
D. ['gold', 'pink', 'brown', 'purple', 'tomato']

38. 执行如下代码：

```
import turtle as t
def DrawCctCircle(n):
    t.penup()
    t.goto(0,-n)
    t.pendown()
    t.circle(n)
for i in range(20,80,20):
    DrawCctCircle(i)
t.done()
```

在 Python Turtle Graphics 中，绘制的图形是
　　A. 太极　　　　　　B. 同切圆　　　　　C. 同心圆　　　　　D. 笛卡儿心形

39. 给出如下代码：

```
fname = input("请输入要打开的文件：")
fo = open(fname,"r")
for line in fo.readlines():
    print(line)
fo.close()
```

关于上述代码的描述，以下选项中错误的是
　　A. 用户输入文件路径，以文本文件方式读入文件内容并逐行打印
　　B. 通过 fo.readlines() 方法将文件的全部内容读入一个字典 fo
　　C. 通过 fo.readlines() 方法将文件的全部内容读入一个列表 fo
　　D. 上述代码可以优化为：

```
fname = input("请输入要打开的文件：")
fo = open(fname,"r")
for line in fo:
    print(line)
fo.close()
```

40. 能实现将一维数据写入 CSV 文件中的是
　　A.

```
fname = input("请输入要写入的文件：")
fo = open(fname,"w+")
ls = ["AAA","BBB","CCC"]
fo.writelines(ls)
for line in fo:
```

```
        print(line)
fo.close()
```

B.
```
fo = open("price2016bj.csv","w")
ls = ['AAA','BBB','CCC','DDD']
fo.write(",".join(ls) + "\n")
fo.close()
```

C.
```
fr = open("price2016.csv","w")
ls = []
for line in fo:
    line = line.replace("\n","")
    ls.append(line.split(","))
print(ls)
fo.close()
```

D.
```
fo = open("price2016bj.csv","r")
ls = ['AAA','BBB','CCC','DDD']
fo.write(",".join(ls) + "\n")
fo.close()
```

二、基本编程题(共 15 分)

1. 编写 Python 程序输出一个具有如下风格效果的文本,用作文本进度条样式,部分代码如下,填写空格处。

$$10\%@\ ==\underline{\qquad\qquad}.$$
　　　3 个字符,右对齐　　20 个字符,左对齐

文本中左侧一段输出 N 的值,右侧一段根据 N 的值输出等号,等号个数为 N 与 5 的整除商的值,例如,当 N 等于 10 时,输出 2 个等号。

```
N = 10    # N 取值范围是 0—100,整数
print(   ①   )
```

2. 以论语中一句话作为字符串变量 s,补充程序,分别输出字符串 s 中汉字和标点符号的个数。

```
s = "学而时习之,不亦说乎? 有朋自远方来,不亦乐乎? 人不知而不愠,不亦君子乎?"
n = 0    # 汉字个数
```

```
m = 0     # 标点符号个数
    ①    # 在这里补充代码,可以多行
print("字符数为{},标点符号数为{}。".format(n, m))
```

3. 使用程序计算整数 N 到整数 N+100 之间所有奇数的数值和,不包含 N+100,并将结果输出。整数 N 由用户给出,代码片段如下,补全代码。不判断输入异常。

```
N = input("请输入一个整数: ")
    ①    # 可以是多行代码
```

三、简单应用题(共 25 分)

1. 使用 turtle 库的 turtle.fd() 函数和 turtle.left() 函数绘制一个六边形,边长为 100 像素,效果如下图所示。

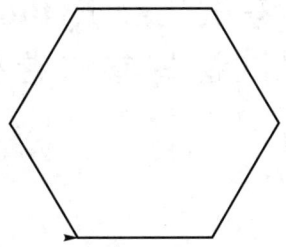

2. 经常会有要求用户输入整数的计算需求,但用户未必一定输入整数。为了提高用户体验,编写 getInput() 函数处理这样的情况。请补充如下代码,如果用户输入整数,则直接输出整数并退出,如果用户输入的不是整数,则要求用户重新输入,直至用户输入整数为止。

```
def getInput():
        ①      # 可以是多行代码
    return   ②    # 只能是单行代码
print(getInput())
```

四、综合应用题(共 20 分)

【手机下载文本文件】

《天龙八部》是著名作家金庸的代表作之一,历时 4 年创作完成。该作品气势磅礴,人物众多。这里给出一个《天龙八部》的网络版本,文件名为"天龙八部-网络版.txt"。

问题 1:请编写程序,对这个《天龙八部》文本中出现的汉字和标点符号进行统计,字符与出现次数之间用冒号:分隔,输出保存到"天龙八部-汉字统计.txt"文件中,该文件要求采用 CSV 格式存储,参考格式如下(注意,不统计空格和回车字符):

天:100,龙:110,八:109,部:10
(略)

问题2:请编写程序,对《天龙八部》文本中出现的中文词语进行统计,采用jieba库分词,词语与出现次数之间用冒号:分隔,输出保存到"天龙八部-词语统计.txt"文件中。参考格式如下(注意,不统计任何标点符号):

天龙:100,八部:10
(略)

4.2 试卷答案

全国计算机等级考试二级Python语言程序设计模拟试卷B卷试卷答案

一、单项选择题

1. C	2. A	3. C	4. D	5. C	6. B	7. A	8. C	9. A	10. B
11. B	12. A	13. D	14. D	15. B	16. D	17. D	18. B	19. C	20. A
21. D	22. A	23. C	24. D	25. C	26. D	27. A	28. A	29. D	30. B
31. A	32. A	33. A	34. B	35. D	36. A	37. A	38. C	39. B	40. B

二、基本编程题

1.

```
N = 10    # N取值范围是0—100,整数
print("{:>3}%@{}".format(N, "=" * (N//5)))
```

2.

```
s = "学而时习之,不亦说乎? 有朋自远方来,不亦乐乎? 人不知而不愠,不亦君子乎?"
n = 0   #汉字个数
m = 0   #标点符号个数
m = s.count(',') + s.count('?')
n = len(s) - m
print("字符数为{},标点符号数为{}。".format(n, m))
```

3.
```
N = input("请输入一个整数：")
s = 0
for i in range(eval(N), eval(N)+100):
    if i%2 == 1:
        s += i
print(s)
```

三、简单应用题

1.
```
import turtle as t
for i in range(6):
    t.fd(100)
    t.left(60)
```

2.
```
def getInput():
    try:
        txt = input("请输入整数：")
        while eval(txt) != int(txt):
            txt = input("请输入整数：")
    except:
        return getInput()
    return eval(txt)
print(getInput())
```

四、综合应用题

问题1答案如下：

```
fi = open("天龙八部-网络版.txt", "r", encoding='utf-8')
fo = open("天龙八部-汉字统计.txt", "w", encoding='utf-8')
txt = fi.read()
d = {}
for c in txt:
    d[c] = d.get(c, 0) + 1
del d[' ']
del d['\n']
ls = []
```

```
for key in d:
    ls.append("{}:{}".format(key, d[key]))
fo.write(",".join(ls))
fi.close()
fo.close()
```

问题2答案如下：

```
import jieba
fi = open("天龙八部-网络版.txt", "r", encoding='utf-8')
fo = open("天龙八部-词语统计.txt", "w", encoding='utf-8')
txt = fi.read()
words = jieba.lcut(txt)
d = {}
for w in words:
    d[w] = d.get(w, 0) + 1
del d[' ']
del d['\n']
ls = []
for key in d:
    ls.append("{}:{}".format(key, d[key]))
fo.write(",".join(ls))
fi.close()
fo.close()
```

4.3 试卷讲解

一、单项选择题

1. C

【解析】算法的复杂度主要包括时间复杂度和空间复杂度。算法的时间复杂度是指执行算法所需要的计算工作量。一般来说，算法的工作量用其执行的基本运算次数来度量，而算法执行的基本运算次数是问题规模的函数。在同一个问题规模下，用平均性态和最坏情况复杂性来分析。一般情况下，用最坏情况复杂性来分析算法的时间复杂度。算法的空间复杂度是指执行这个算法所需要的内存空间。

2. A

【解析】数据结构指相互有关联的数据元素的集合，是反映数据元素之间关系的数据元素集合的表示,包括逻辑结构和存储结构。数据结构研究的 3 个方面:①数据集合中各数据元素之间所固有的逻辑关系,即数据的逻辑结构;②在对数据进行处理时,各数据元素在计算机中的存储关系,即数据的存储结构;③对各种数据结构进行的运算。

3. C

【解析】所谓满二叉树是指这样的二叉树:除最后一层外,每一层上的所有结点都有两个子结点。深度为 n 的满二叉树有 2^n-1 个结点。

4. D

【解析】顺序查找又称为顺序搜索,一般指在线性表中查找指定的元素,从线性表的第一个元素开始,依次将线性表中的元素与被查元素进行比较,若相等则表示找到(即查找成功);若线性表中所有的元素都与被查元素进行了比较但都不相等,则表示线性表中没有要找的元素(即查找失败)。

5. C

【解析】继承是面向对象方法的一个重要特征,是使用已有的类定义作为基础建立新类的定义技术。继承是指能够直接获得已有的性质和特征,而不必重复定义它们。

6. B

【解析】信息隐蔽与模块独立性直接相关。信息隐蔽是指在一个模块内包含的信息,对于不需要这些信息的其他模块来说是不能访问的。

7. A

【解析】软件工程是应用于计算机软件的定义、开发和维护的一整套方案、工具、文档和实践标准和工序。软件工程包括 3 个要素,即方法、工具和过程。软件工程工具支撑软件的开发、管理和文档生成。软件工程过程支持软件开发各个环节的控制、管理。

8. C

【解析】在软件工程详细设计阶段中,常见的过程设计工具有程序流程图、N-S、PAD、HIPO、判定表、PDL(伪码)。CSS(层叠样式表)是一种用来表现 HTML 或者 XML 等文件样式的计算机语言。

9. A

【解析】元组表示关系表中的一行。在关系模型中,把数据看成一个二维表,每一个二维表称为一个关系。关系表中的每一行称为一个元组。

10. B

【解析】关系数据库逻辑设计的主要工作是将 E-R 图转换成指定 DBMS 中的关系模式。从 E-R 图到关系模式的转换是比较直接的,实体与联系都可以表示成关系,E-R 图中属性也可以转换成关系的属性。实体集也可以转换成关系。

11. B

【解析】except 保留字用于异常处理结构中,用来捕获特定类型的异常。try-except 语句可以支持多个 except 语句。

12. A

【解析】Python 变量名字的首字符不能为数字,变量名中不允许出现特殊符号 * 及!。

13. D

【解析】得到不同的输出结果。执行结果如下:

```
>>> a = 10
>>> b = 20
>>> a,b = a, a+b
>>> print(a,b)
10 30
```

```
>>> a = 10
>>> b = 20
>>> a = b
>>> b = a + b
>>> print(a,b)
20 40
```

14. D

【解析】执行 eval("Hello")获得 NameError:name 'Hello' is not defined。

执行 eval("'Hello'")获得'Hello'字符串。执行过程参考如下:

```
>>>eval("Hello")
Trackback (most recent call last):
    File"<pyshell#0>",line 1,in <module>
        Eval("Hello")
    File"<string>",line 1,in <module>
NameError:name 'Hello' is not defined
>>>eval("'Hello'")
'Hello'
```

15. B

【解析】Python 语言是开源语言,一定要记住哦!

16. D

【解析】Python 语言中,复数类型中实数部分和虚数部分的数值都是浮点类型,复数的虚数部分通过后缀"J"或者"j"来表示。

17. D

【解析】continue 语句用来结束当前当次循环,即跳出循环体中下面尚未执行的语句,但不跳出当前循环。

18. B

【解析】局部变量指在函数内部使用的变量,当函数退出时,变量将不存在。

19. C

【解析】f = lambda x,y:x+y 执行后,f 的类型为 function 类型,可使用 type(f)获取。

20. A

【解析】代码定义了递归函数求 $N!$,完整功能是接受输入的整数 N,输出 $N!$ 的值。

21. D

【解析】time.sleep(5)推迟调用线程的运行,单位为秒。

22. A

【解析】sys 模块是 Python 的标准库中自带的一个模块,包含了很多函数方法和变量用来处理 Python 运行时配置及资源,实现与当前程序之外的系统环境交互。

23. C

【解析】序列类型是一维元素向量。

24. D

【解析】readtext 不是 Python 对文件的读操作方法。

25. C

【解析】Python 有很多第三方库可以操作 PDF 文件。

26. D

【解析】Python 对文件的打开模式中没有 'c' 这个模式。

27. A

【解析】数据组织存在维度,列表类型用于表示一维和二维数据。

28. A

【解析】pdfminer 和 beautifulsoup4 是 Python 文本处理方向的第三方库,time 是标准库。

29. D

【解析】PIL 库是具有强大图像处理能力的第三方库，PyQt5 是用户图形界面的第三方库，random 是 Python 标准随机库。

30. B

【解析】requests 是网络爬虫方向的第三方库，scipy 和 pandas 是数据分析方向的第三方库。

31. A

【解析】0b 是整数类型二进制引导符号。

32. A

【解析】复数类型变量运算遵守复数运算规则。

33. A

【解析】round(x[,ndigits])函数对 x 四舍五入，保留 ndigits 位小数。

34. B

【解析】break 结束当前循环，不再判断执行循环的条件。

35. D

【解析】关系表达式 False != 0 的结果为 False。

36. A

【解析】熟练掌握字符串格式化的 format() 方法的格式控制、槽顺序和参数顺序。^、<、>表示居中对齐、左对齐、右对齐。

37. A

【解析】列表支持索引切片操作。

38. C

【解析】代码实现了绘制半径为 20、40、60 的同心圆。

39. B

【解析】通过 fo.readlines() 方法将文件的全部内容读入一个列表 fo。

40. B

【解析】对于 Python 列表变量保存的一维数据，可以用字符串的 jion() 方法组成逗号分隔形式，再通过文件的 write() 方法存储到 CSV 文件中，其中",".join(ls)生成一个新的字符串,它由字符","分隔列表 ls 中的元素形成。

二、基本编程题

1.【解析】

这是一个基本编程题,使用 Python 程序输出特定格式字符串,需要使用字符串的.format()方法,格式输出如下。

$$\underline{10}\%@\underline{==}$$
$$3\text{个字符,右对齐}20\text{个字符,左对齐}$$

N 的输出格式是右对齐、3 个字符、空格填充,槽模板字符串的设计为{:>3}。等号输出与变量 N 有关,格式是左对齐、20 个字符,可以先计算等号字符串,再输出,因此,模板字符串的设计为{},所输出字符串是"=" * (N//5)。

综上,该问题参考代码如下:

```
N = 10 # N 取值范围是 0—100,整数
print("{:>3}%@{}".format(N, "=" * (N//5)))
```

2.【解析】

这是一个基本编程题,分别对中文字符及中文标点符号进行统计。由于不涉及单词,不需要分词,只需要统计字符即可。

对于字符串 s,统计其中某个出现的字符使用.count()方法,s.count(',')统计标点符号逗号(,)的个数。鉴于字符串 s 中只出现了逗号和问号字符,所以,m 值是两个字符出现次数的和,即 m = s.count(',') + s.count('? ')。

除去标点符号,其余字符是中文汉字字符,可以用字符串 s 的总长度减去 m 值获得字符个数。

综上,该问题参考代码如下:

```
s = "学而时习之,不亦说乎? 有朋自远方来,不亦乐乎? 人不知而不愠,不亦君子乎?"
n = 0   #汉字个数
m = 0   #标点符号个数
m = s.count(',') + s.count('? ')
n = len(s) - m
print("字符数为{},标点符号数为{}。".format(n, m))
```

3.【解析】

这是一个基本编程题,考核整数求和的过程。

对于整数 n,获得整数 n 到整数 n+100 之间的所有整数可以使用 range(n, n+100),其中不包含 n+100。由于不确定 n 的奇偶性,需要使用 i%2 方式判断。

该题目需要注意,给定程序中 N 是 input()函数的赋值,实际上为字符串,进行 range()函数计算时,需要使用 eval(N)将其变换成整数。

综上,该问题参考代码如下:

```
N = input("请输入一个整数：")
s = 0
for i in range(eval(N), eval(N)+100):
    if i%2 == 1:
        s += i
print(s)
```

三、简单应用题

1.【解析】

这是一个简单应用题，考核"海龟绘图体系"，绘制简单的六边形。

该问题可以采用两种思路解决：第一，逐一绘制每条边，形成六边形；第二，鉴于六边形的规则性，采用循环方式绘制。

turtle 库中 fd() 函数绘制直线，left() 函数用来在当前行进方向上向左转向。对于六边形，每个内角为 120°，相比之前的边向左转向为 60°。

这里给出第二种思路的参考代码如下：

```
import turtle as t
for i in range(6):
    t.fd(100)
    t.left(60)
```

2.【解析】

这是一个简单应用题，用来确保从用户处获得整数输入。

对用户输入合规性判断需要使用异常处理，采用保留字 try-except，基本流程是：在 try 部分获得用户输入，并判断用户输入是否为整数，如果不是，循环获取用户输入，如果出现异常，再次调用本函数。

由于 input() 函数返回字符串类型，在判断字符串是否为整数时，需要使用 eval() 函数。鉴于输入可能为任意字符，调用 eval() 函数可能产生异常。例如，用户输入 abc，input() 函数返回"abc"，经过 eval() 函数返回 abc，则可能报错，需要异常处理。

判断一个字符串 txt 是否为整数样式字符串，可以采用 eval(txt) == int(txt) 来实现，采用 eval() 函数去掉其两侧字符，与通过 int() 函数转换的结果相比，只有 txt 为整数值字符串时，结果才能一致。

综上，该问题参考代码如下：

```
def getInput():
    try:
        txt = input("请输入整数：")
        while eval(txt) != int(txt):
            txt = input("请输入整数：")
    except:
        return getInput()
    return eval(txt)
print(getInput())
```

四、综合应用题

【解析】

这是一个综合应用题,考核对文本文件中字符和单词的统计能力。

问题1:统计网络下载的"天龙八部-网络版.txt"中各字符出现次数,采用"字符:次数"方式表示,以 CSV 方式存储至"天龙八部-汉字统计.txt"。读写文件分别采用 open() 函数的"r"和"w"模式。

在读入文件时,可以增加参数 encoding="utf-8",指定程序采用 utf-8 编码打开文件。文件编码过于复杂,在等级考试中并未涉及,这里,建议对编码的理解使用如下两条规则:第一,如果一个文本文件从网络获得,增加 encoding 参数,指定编码方式打开;第二,如果 Python 程序生成了一个文件,并再次打开,则不需要指定 encoding 参数。

打开文件后,可以一次性读入文件内容至变量 txt 中,采用遍历循环逐一遍历 txt 中每个字符,并利用字典将每个字符的出现次数计入"字符:次数"键值对表示中,采用代码如下:

```
d = {}
for c in txt:
    d[c] = d.get(c, 0) + 1
```

所有字符统计后,去掉空格(' ')和回车('\n')对应统计次数,采用 del 删除字典 d 中对应项。再遍历字典 d,将其写入列表 ls,列表每项为"字符:次数"样式字符串。最后,使用字符串.join()方法,将列表 ls 中所有项以逗号分隔形式整合并写入输出文件。

综上,问题1的全部代码含注释如下:

```
fi = open("天龙八部-网络版.txt", "r", encoding='utf-8')
fo = open("天龙八部-汉字统计.txt", "w", encoding='utf-8')
txt = fi.read()
d = {}
for c in txt:         #遍历循环,统计各出现字符及次数
    d[c] = d.get(c, 0) + 1
del d[' ']         #删除空格字符对应的出现次数
del d['\n']         #删除回车字符对应的出现次数
ls = []
for key in d:         #遍历字典,将字典各项组织后变成列表的元素
    ls.append("{}:{}".format(key, d[key]))
fo.write(",".join(ls))
fi.close()
fo.close()
```

问题2与问题1类似,只不过统计单元由字符变为中文词语,这需要采用 jieba 库进行分词。整体代码与问题1类似,仅在获取文本 txt 后进行一次 jieba.lcut() 分词操作即可。

综上,问题2的全部代码含注释如下:

```
import jieba
fi = open("天龙八部-网络版.txt", "r", encoding='utf-8')
fo = open("天龙八部-词语统计.txt", "w", encoding='utf-8')
txt = fi.read()
words = jieba.lcut(txt)    #中文分词,words 是一个列表变量
d = {}
for w in words:            #遍历列表各元素,即遍历中文词语
    d[w] = d.get(w,0) + 1
del d[' ']
del d['\n']
ls = []
for key in d:
    ls.append("{}:{}".format(key,d[key]))
fo.write(",".join(ls))
fi.close()
fo.close()
```

冲刺重点

以模拟试卷 B 为代表,全国计算机等级考试二级 Python 语言程序设计考试科目"综合应用题"部分将重点考查对文件读写、中文字符及词语等的处理能力。这类考题通常以一个文本文件为入口,需要综合运用文件、字符串、列表、字典等功能完成计算需求。一般情况下,综合编程题只有 1 道,20 分,考查超过 3 个以上考纲内容。如果进行考试冲刺,请重点围绕组合数据类型及应用复习备考。

综合应用题是全国计算机等级考试二级 Python 语言程序设计考试科目综合难度的体现。客观来说,每道综合应用题都并不难,只是需要熟练掌握更多语法。请多做一些综合应用题,信心满满走进考场,迎接未来更大的挑战!

第 5 章　Python 模拟试卷三及讲解

　　本章给出并讲解根据 Python 语言程序设计 2018 年版考纲设计的"全国计算机等级考试二级 Python 语言程序设计模拟试卷 C 卷",简称"模拟试卷 C"。

　　模拟试卷 C 包含客观题和编程题两部分,可以通过 Python123 平台进行考试练习。客观题部分可以通过扫描二维码采用手机答题,编程题部分建议采用计算机作答,链接地址如下,各编程题目答案可以随时通过手机查看。

　　　　　　　　https://python123.io/index/series/12

5.1 模拟试卷

全国计算机等级考试二级 Python 语言程序设计
模拟试卷 C 卷

姓名_____ 身份证号_____ 成绩_____

说明：
1. 本试卷适用于备考全国计算机等级考试二级 Python 科目的考生。
2. 考试时间为 120 分钟，闭卷考试。
3. 本试卷卷面共 100 分，其中，单项选择题 40 分，编程题 60 分。
4. 建议登录 https://python123.io 在线完成试卷，系统将提供自动评阅功能。

一、单项选择题（共 40 分）

1. 按照"后进先出"原则组织数据的数据结构是
   A. 队列　　　　　B. 栈　　　　　C. 双向链表　　　　　D. 二叉树

2. 以下选项的叙述中，正确的是
   A. 循环队列有队头和队尾两个指针，因此，循环队列是非线性结构
   B. 在循环队列中，只需要队头指针就能反映队列中元素的动态变化情况
   C. 在循环队列中，只需要队尾指针就能反映队列中元素的动态变化情况
   D. 循环队列中元素的个数是由队头指针和队尾指针共同决定

3. 关于数据的逻辑结构，以下选项中描述正确的是
   A. 存储在外存中的数据
   B. 数据所占的存储空间量
   C. 数据在计算机中的顺序存储方式
   D. 数据的逻辑结构是反映数据元素之间逻辑关系的数据结构

4. 以下选项中，不属于结构化程序设计方法的是
   A. 自顶向下　　　　B. 逐步求精　　　　C. 模块化　　　　D. 可封装

5. 以下选项中，不属于软件生命周期中开发阶段任务的是
   A. 软件测试　　　　B. 概要设计　　　　C. 软件维护　　　　D. 详细设计

6. 为了使模块尽可能独立,以下选项中描述正确的是
   A. 模块的内聚程度要尽量高,且各模块间的耦合程度要尽量强
   B. 模块的内聚程度要尽量高,且各模块间的耦合程度要尽量弱
   C. 模块的内聚程度要尽量低,且各模块间的耦合程度要尽量弱
   D. 模块的内聚程度要尽量低,且各模块间的耦合程度要尽量强

7. 以下选项中叙述正确的是
   A. 软件交付使用后还需要进行维护
   B. 软件一旦交付就不需要再进行维护
   C. 软件交付使用后其生命周期就结束
   D. 软件维护指修复程序中被破坏的指令

8. 数据独立性是数据库技术的重要特点之一,关于数据独立性,以下选项中描述正确的是
   A. 数据与程序独立存放
   B. 不同数据被存放在不同的文件中
   C. 不同数据只能被对应的应用程序所使用
   D. 以上三种说法都不对

9. 以下选项中,数据库系统的核心是
   A. 数据模型　　　B. 数据库管理系统　　C. 数据库　　　D. 数据库管理员

10. 一间宿舍可以住多个学生,以下选项中描述了实体宿舍和学生之间联系的是
    A. 一对一　　　B. 一对多　　　C. 多对一　　　D. 多对多

11. 以下选项中不是 Python 文件读操作方法的是
    A. read　　　B. readline　　　C. readlines　　　D. readtext

12. 以下选项中说法不正确的是
    A. 静态语言采用解释方式执行,脚本语言采用编译方式执行
    B. C 语言是静态语言,Python 语言是脚本语言
    C. 编译是将源代码转换成目标代码的过程
    D. 解释是将源代码逐条转换成目标代码同时逐条运行目标代码的过程

13. 拟在屏幕上打印输出"Hello World",以下选项中正确的是
    A. print(Hello World)
    B. print('Hello World')
    C. printf("Hello World")
    D. printf('Hello World')

14. 以下选项中,不是 Python 语言特点的是
    A. 强制可读:Python 语言通过强制缩进来体现语句间的逻辑关系
    B. 变量声明:Python 语言具有使用变量需要先定义后使用的特点
    C. 平台无关:Python 程序可以在任何安装了解释器的操作系统环境中执行
    D. 黏性扩展:Python 语言能够集成 C、C++等语言编写的代码

15. IDLE 环境的退出命令是
    A. exit( )　　　　　B. esc( )　　　　　C. close( )　　　　　D. 回车键

16. 以下选项中,不符合 Python 语言变量命名规则的是
    A. keyword_33　　　B. keyword33_　　　C. 33_keyword　　　D. _33keyword

17. 以下选项中,不是 Python 语言保留字的是
    A. for　　　　　　　B. while　　　　　　C. continue　　　　　D. goto

18. 以下选项中,Python 语言中代码注释使用的符号是
    A. //　　　　　　　B. /*……*/　　　　　C. !　　　　　　　　D. #

19. 关于 Python 语言的变量,以下选项中说法正确的是
    A. 随时命名、随时赋值、随时变换类型　　　B. 随时声明、随时使用、随时释放
    C. 随时命名、随时赋值、随时使用　　　　　D. 随时声明、随时赋值、随时变换类型

20. Python 语言提供的 3 个基本数字类型是
    A. 整数类型、二进制类型、浮点数类型　　　B. 整数类型、浮点数类型、复数类型
    C. 十进制类型、二进制类型、十六进制类型　D. 整数类型、二进制类型、复数类型

21. 以下选项中,不属于 IPO 模式一部分的是
    A. Input（输入）　　B. Program（程序）　C. Process（处理）　D. Output（输出）

22. 以下选项中,属于 Python 语言中合法的二进制整数是
    A. 0b1708　　　　　B. 0B1010　　　　　　C. 0B1019　　　　　　D. 0bC3F

23. 关于 Python 语言的浮点数类型,以下选项中描述错误的是
    A. 浮点数类型与数学中实数的概念一致
    B. 浮点数类型表示带有小数的类型
    C. Python 语言要求所有浮点数必须带有小数部分
    D. 小数部分不可以为 0

24. 关于 Python 语言数值操作符,以下选项中描述错误的是
    A. x/y 表示 x 与 y 之商
    B. x//y 表示 x 与 y 之整数商,即不大于 x 与 y 之商的最大整数
    C. x**y 表示 x 的 y 次幂,其中,y 必须是整数
    D. x%y 表示 x 与 y 之商的余数,也称为模运算

25. 以下选项中,不是 Python 语言基本控制结构的是

A. 顺序结构　　　　　B. 程序异常　　　　　C. 循环结构　　　　　D. 跳转结构

26. 关于分支结构,以下选项中描述不正确的是
A. if 语句中语句块执行与否依赖于条件判断
B. if 语句中条件部分可以使用任何能够产生 True 和 False 的语句和函数
C. 二分支结构有一种紧凑形式,使用保留字 if 和 elif 实现
D. 多分支结构用于设置多个判断条件以及对应的多条执行路径

27. 关于 Python 函数,以下选项中描述错误的是
A. 函数是一段具有特定功能的语句组
B. 函数是一段可重用的语句组
C. 函数通过函数名进行调用
D. 每次使用函数需要提供相同的参数作为输入

28. 以下选项中,不是 Python 中用于开发用户界面的第三方库是
A. turtle　　　　　B. PyQt5　　　　　C. wxPython　　　　　D. PyGTK

29. 以下选项中,不是 Python 中用于进行数据分析及可视化处理的第三方库是
A. numpy　　　　　B. pandas　　　　　C. mayavi2　　　　　D. mxnet

30. 以下选项中,不是 Python 中用于进行 Web 开发的第三方库是
A. flask　　　　　B. Django　　　　　C. scrapy　　　　　D. pyramid

31. 下面代码的执行结果是

```
>>>1.23e-4+5.67e+8j.real
```

A. 0.000123　　　　　B. 1.23　　　　　C. 5.67e+8　　　　　D. 1.23e4

32. 下面代码的执行结果是

```
>>>s = "11+5in"
>>>eval(s[1:-2])
```

A. 16　　　　　B. 6　　　　　C. 11+5　　　　　D. 执行错误

33. 下面代码的执行结果是

```
>>>abs(-3+4j)
```

A. 3.0　　　　　B. 4.0　　　　　C. 5.0　　　　　D. 执行错误

34. 下面代码的执行结果是

```
>>>x = 2
>>>x *= 3 + 5 ** 2
>>>x
```

A. 13　　　　　　　B. 15　　　　　　　C. 56　　　　　　　D. 8192

35. 下面代码的执行结果是

```
ls=[[1,2,3],[[4,5],6],[7,8]]
print(len(ls))
```

A. 1　　　　　　　B. 3　　　　　　　C. 4　　　　　　　D. 8

36. 下面代码的执行结果是

```
a = "Python 等级考试"
b = "="
c = ">"
print("{0:{1}{3}{2}}".format(a, b, 25, c))
```

A. ===============Python 等级考试
B. Python 等级考试===============
C. >>>>>>>>>>>>>>>Python 等级考试
D. Python 等级考试>>>>>>>>>>>>>>>

37. 给出如下代码：

```
while True：
    guess = eval(input())
    if guess == 0x452//2：
        break
```

作为输入能够结束程序运行的是
A. break　　　　　B. 553　　　　　C. 0x452　　　　　D. "0x452//2"

38. 下面代码的执行结果是

```
ls = ["2020", "20.20", "Python"]
ls.append(2020)
ls.append([2020, "2020"])
print(ls)
```

A. ['2020', '20.20', 'Python', 2020, 2020, '2020']
B. ['2020', '20.20', 'Python', 2020]
C. ['2020', '20.20', 'Python', 2020, [2020, '2020']]

D. ['2020','20.20','Python ',2020,['2020']]

39. 设 city.csv 文件内容如下：

巴哈马,巴林,孟加拉国,巴巴多斯
白俄罗斯,比利时,伯利兹

下面代码的执行结果是

```
f = open("city.csv","r")
ls = f.read().split(",")
f.close()
print(ls)
```

A. ['巴哈马','巴林','孟加拉国','巴巴多斯','白俄罗斯','比利时','伯利兹']
B. ['巴哈马','巴林','孟加拉国','巴巴多斯\n白俄罗斯','比利时','伯利兹']
C. ['巴哈马,巴林,孟加拉国,巴巴多斯,白俄罗斯,比利时,伯利兹']
D. ['巴哈马','巴林','孟加拉国','巴巴多斯','\n','白俄罗斯','比利时','伯利兹']

40. 下面代码的执行结果是

```
d = {}
for i in range(26):
    d[chr(i+ord("a"))] = chr((i+13) % 26 + ord("a"))
for c in "Python":
    print(d.get(c, c), end="")
```

A. Plguba   B. Cabugl   C. Python   D. Pabugl

二、基本编程题(共 15 分)

1. 根据输入字符串 s,输出一个宽度为 15 字符,字符串 s 居中显示,以"="填充的格式。如果输入字符串超过 15 个字符,则输出字符串前 15 个字符。例如:输入字符串 s 为"PYTHON",则输出"=====PYTHON====" 。

```
s = input("请输入一个字符串:")
print(   ①   )
```

2. 根据斐波那契数列的定义,$F(0)=0, F(1)=1, F(n)=F(n-1)+F(n-2)(n \geq 2)$,输出不大于 100 的序列元素,请补充横线处的代码。

```
a,b = 0, 1
while   ①   :
    print(a, end=",")
    a, b =   ②
```

3. 如下是一个完整程序,请补充横线处代码,输出如"2020年10月10日10时10分10秒"样式的时间信息。

```
    ①
timestr = "2020-10-10 10:10:10"
t = time.strptime(timestr,"%Y-%m-%d %H:%M:%S")
print(time.strftime("   ②   ", t))
```

三、简单应用题(共 25 分)

1. 使用 turtle 库的 turtle.fd() 函数和 turtle.seth() 函数绘制一个等边三角形,边长为 200 像素,效果如下图所示。请结合程序整体框架,补充横线处代码。

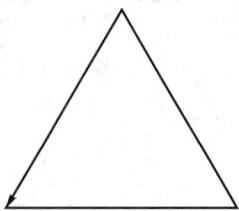

```
import turtle as    ①
for i in range(   ②   ):
    t.seth(   ③   )
    t.fd(200)
```

2. 编写代码完成如下功能:
(1) 建立字典 d,包含内容是:"数学":101,"语文":202,"英语":203,"物理":204,"生物":206。
(2) 向字典中添加键值对"化学":205。
(3) 修改"数学"对应的值为 201。
(4) 删除"生物"对应的键值对。
(5) 打印字典 d 全部信息,参考格式如下(注意,其中逗号为英文逗号,逐行打印):

201:数学
202:语文
(略)

四、综合应用题(共 20 分)

请编写程序,生成随机密码。具体要求如下:
(1) 使用 random 库,采用 0x1010 作为随机数种子。
(2) 密码由 26 个字母大小写、10 个数字字符和 !@#$%^&* 等 8 个特殊符号组成。
(3) 每个密码长度固定为 10 个字符。
(4) 程序运行每次产生 10 个密码,每个密码一行。

(5) 每次产生的 10 个密码首字符不能一样。

(6) 程序运行后产生的密码保存在"随机密码.txt"文件中。

5.2 试卷答案

全国计算机等级考试二级 Python 语言程序设计模拟试卷 C 卷试卷答案

一、单项选择题

1. B 2. D 3. D 4. D 5. C 6. B 7. A 8. D 9. B 10. B
11. D 12. A 13. B 14. B 15. A 16. C 17. D 18. D 19. C 20. B
21. B 22. B 23. D 24. C 25. D 26. C 27. D 28. A 29. D 30. C
31. A 32. B 33. C 34. C 35. B 36. A 37. B 38. C 39. B 40. A

二、基本编程题

1.

```
s = input("请输入一个字符串:")
print("{:=^15}".format(s))
```

2.

```
a, b = 0, 1
while a<=100:
    print(a, end=',')
    a, b = b, a + b
```

3.

```
import time
timestr = "2020-10-10 10:10:10"
t = time.strptime(timestr, "%Y-%m-%d %H:%M:%S")
print(time.strftime("%Y年%m月%d日%H时%M分%S秒", t))
```

三、简单应用题

1.

```
import turtle as t
for i in range(3):
```

```
        t.seth(i*120)
        t.fd(200)
```
2.（1）
```
d = {"数学":101,"语文":202,"英语":203,"物理":204,"生物":206}
```
（2）
```
d["化学"] = 205
```
（3）
```
d["数学"] = 201
```
（4）
```
del d["生物"]
```
（5）
```
for key in d:
    print("{}:{}".format(d[key], key))
```

四、综合应用题

```
import random
random.seed(0x1010)
s = "abcdefghijklmnopqrstuvwxyzABCDEFGHIJKLMNOPQRSTUVWXYZ\
1234567890!@#$%^&*"
ls = []
excludes = ""
while len(ls) < 10:
    pwd = ""
    for i in range(10):
        pwd += s[random.randint(0, len(s)-1)]
    if pwd[0] in excludes:
        continue
    else:
        ls.append(pwd)
        excludes += pwd[0]
fo = open("随机密码.txt", "w")
fo.write("\n".join(ls))
fo.close()
```

5.3 试卷讲解

一、单项选择题

1. B

【解析】栈是限定在一端进行插入与删除的线性表,允许插入与删除的一端称为栈顶,不允许插入与删除的另一端称为栈底。按照"先进后出"或"后进先出"的原则组织数据,栈具有记忆作用。用 top 表示栈顶位置,用 bottom 表示栈底。

2. D

【解析】队列是指允许在一端进行插入,而在另一端进行删除的线性表。按照"先进先出"或"后进后出"的原则组织数据。在队列中,队尾指针 rear 和队头指针 front 共同反映了队列中元素动态变化的情况。在实际应用中,队列的顺序存储结构一般采用循环队列的形式。循环队列就是将队列存储空间的最后一个位置绕到第一个位置,形成逻辑上的环状空间,供队列循环使用。

3. D

【解析】数据的逻辑结构反映数据元素之间的前后件关系,与它们在计算机中的存储位置无关。数据的逻辑结构包含:①表示数据元素的信息;②表示各数据元素之间的前后件关系。(逻辑关系,与在计算机内的存储位置无关)。一个数据结构中的各数据元素在计算机存储空间中的位置关系与逻辑关系有可能不同。

4. D

【解析】结构化程序设计方法的基本思想是将软件设计成相对独立、单一功能的模块组成的结构。结构化程序设计方法的 4 条原则是:①自顶向下;②逐步求精;③模块化;④限制使用 goto 语句。可封装是面向对象程序设计的特点之一。

5. C

【解析】软件维护不属于开发阶段的任务。软件生命周期包括定义阶段、开发阶段和维护阶段。定义阶段任务包括可行性研究、初步项目计划和需求分析;开发阶段任务包括概要设计、详细设计、实现、测试;维护阶段包括使用、维护、退役。

6. B

【解析】模块独立性是评价软件设计好坏的度量标准。衡量软件的模块独立性使用耦合性和内聚性两个定性的度量标准。优秀的软件设计,应尽量做到高内聚、低耦合。

7. A

【解析】将已交付的软件投入运行,在运行使用中不断进行维护,根据新提出的需要进行必要而且可能的扩充和删改。

8. D

【解析】数据独立性是数据与程序间的互不依赖性,及数据库中数据独立于应用程序而不依赖于应用程序。数据独立性一般分为物理独立性和逻辑独立性。

9. B

【解析】数据库管理系统是一种系统软件,负责数据库中的数据组织、数据操纵、数据维护、控制及保护和数据服务等,是数据库系统的核心。

10. B

【解析】两个实体集间的联系实际上是实体集之间的函数关系,可以有一对一、一对多和多对多。一个宿舍可以入住多个学生,一个学生只能入住一个宿舍。

11. D

【解析】Python 文件读操作方法中没有 readtext。

12. A

【解析】静态语言采用编译方式执行,脚本语言采用解释方式执行。

13. B

【解析】print 函数是 Python 解释器提供的内置函数。定义如下:
print(value, ..., sep=' ', end='\n', file=sys.stdout, flush=False)

14. B

【解析】Python 语言使用变量不需要先定义后使用。

15. A

【解析】exit()可实现退出。

16. C

【解析】Python 语言变量允许下画线出现在变量名的首位。

17. D

【解析】goto 不是 Python 语言保留字。

18. D

【解析】#是Python语言中代码注释使用的符号。

19. C
【解析】Python语言的变量随时命名、随时赋值、随时使用。

20. B
【解析】整数类型、浮点数类型、复数类型是Python语言提供的3个基本数字类型。

21. B
【解析】IPO模式指Input、Process、Output。

22. B
【解析】0B是整数类型二进制的引导符号,二进制数的数码只有0和1,A、C、D选项中出现了其他数码,所以是不合法的二进制整数。

23. D
【解析】Python语言的浮点数小数部分可以为0。

24. C
【解析】x ** y 表示x的y次幂,其中y可以是小数。

25. D
【解析】跳转结构不是Python语言的基本控制结构。

26. C
【解析】二分支结构有一种紧凑形式,使用保留字if和else实现。

27. D
【解析】每次调用函数的参数可以不同,这是函数很重要的特点。

28. A
【解析】turtle是Python的一个直观有趣的图形绘制函数库。

29. D
【解析】numpy、pandas是数据分析方向的第三方库,mayavi2是数据可视化方向的第三方库。

30. C
【解析】scrapy是网络爬虫方向的第三方库。

31. A

【解析】参考复数类型加法运算。

32. B

【解析】参考字符串切片操作。

33. C

【解析】abs(-3+4j)计算得到复数的模。

34. C

【解析】参考二元操作符 *= 的运算规则。

35. B

【解析】len( )函数是内置函数,本题中可求出列表的元素个数。

36. A

【解析】参考字符串格式化 format 方法。

37. B

【解析】0x452 对应十进制数为 1106,1106//2 的结果为 553。

38. C

【解析】列表的 append 方法实现在列表的最后增加一个元素。

39. B

【解析】以 split(",")方法从 CSV 文件中获得内容时,无法去除换行符。'巴巴多斯\n白俄罗斯'作为一个列表元素出现。

40. A

【解析】利用字典实现针对小写字母的一种移动 13 位循环加密方法。

二、基本编程题

1.【解析】

这是一个基本编程题,考查 Python 字符串格式化.format( )方法。重点在于理解槽在大括号{ }内格式控制符中的使用。宽度 15,表示为{:15};使用"="填充,表示为{:=},居中表示为{:^},综合后的完整代码如下:

```
s = input("请输入一个字符串:")
print("{:=^15}".format(s))
```

2.【解析】

这是一个基本编程题,计算斐波那契数列,考查 while 循环的使用方法。该程序重点在于确定 while 循环的判断条件,由于输出不大于 100 的序列元素,循环条件即判断数列产生各值与 100 的关系。最后,每次循环,要通过重新赋值,给出新的 a 和 b 值,用于计算数列后续内容。

综上,该问题参考代码如下:

```
a, b = 0, 1
while a<=100:
    print(a, end=',')
    a, b = b, a+b
```

3.【解析】

这是一个基本编程题,考核 time 库的使用。给定代码中出现了 time.strptime() 函数,因此首行需要引入 time 库。输出时间模式是输出如"2020 年 10 月 10 日 10 时 10 分 10 秒",参考给定代码中%Y-%m-%d %H:%M:%S 控制符信息,不难给出 strftime() 对应的格式字符串信息。该题目并不完全需要了解 time 库的使用,仅需要理解时间输出方式,属于考试范围。

综上,该问题参考代码如下:

```
import time
timestr = "2020-10-10 10:10:10"
t = time.strptime(timestr, "%Y-%m-%d %H:%M:%S")
print(time.strftime("%Y 年%m 月%d 日%H 时%M 分%S 秒", t))
```

三、简单应用题

1.【解析】

这是一个简单应用题,考核"海龟绘图体系",绘制简单的等边三角形。

给定部分代码采用了 import…as…形式,这是引入 turtle 库并赋予别名的方式,结合后续代码,首行应填写别名 t。由于题目要求使用 seth() 函数,因此,需要在绘制每条边时计算绝对绘制方位,可以利用循环变量 i 计算三个边的绝对角度。参考代码如下:

```
import turtle as t
for i in range(3):
    t.seth(i*120)
    t.fd(200)
```

2.【解析】

这是一个简单应用题,用来操作字典类型。

(1)建立字典采用{}。

```
d = {"数学":101,"语文":202,"英语":203,"物理":204,"生物":206}
```

（2）可以使用字典索引[ ]方式直接增加新的"键值对"。

```
d["化学"] = 205
```

（3）可以使用字典索引[ ]方式直接修改"键值对"信息。

```
d["数学"] = 201
```

（4）使用 del 及字典索引[ ]方式删除"键值对"信息。

```
del d["生物"]
```

（5）遍历字典时需要注意，循环变量并不是"键值对"，而只是键，可以通过循环变量索引字典中键和值的信息。

```
for key in d:
    print("{}:{}".format(d[key], key))
```

四、综合应用题

【解析】

这是一个综合应用题，考核随机数及文本操作能力。

本题目涉及产生 10 个随机密码，但要求随机密码首位不能相同，可以考虑随机生成密码并判断是否首位已经存在，如果存在则再次生成密码。因此，这种模式无法确定循环产生密码的总次数，程序框架应采用 while 语句实现。

题目规定了密码采用的字符信息，共 44 个，含字母、数字和特殊符号，可以将这些字符组织成字符串，便于后续根据其中字符生成密码。

程序主体逻辑包括：生成一个 10 字符长度密码，判断首位是否在已生成密码首位组成的排除字符串 excludes 中，如果存在，则再次生成密码，否则将生成密码的首位加入排除字符串 excludes 中。所生成密码存储在列表变量 ls 中，每个密码为列表中一个元素。最后，将密码输出到文件。

综上，参考代码及注释如下：

```
import random
random.seed(0x1010)     #设置随机数种子
s = "abcdefghijklmnopqrstuvwxyzABCDEFGHIJKLMNOPQRSTUVWXYZ\
1234567890!@#$%^&*"
ls = []         #保存生成的随机密码
excludes = ""
while len(ls) < 10:#程序主要的 while 循环
    pwd = ""
    for i in range(10):
        pwd += s[random.randint(0, len(s)-1)]
```

```
        if pwd[0] in excludes:
            continue        #首位存在,则继续循环再生成新的密码
        else:
            ls.append(pwd)
            excludes += pwd[0]      #生成的密码首位加入排除字符串 excludes
fo = open("随机密码.txt","w")
fo.write("\n".join(ls))
fo.close()
```

冲 刺 重 点

以模拟试卷 C 为代表,全国计算机等级考试二级 Python 语言程序设计考试科目"综合应用题"部分不仅考查组合数据类型的使用,还可能考查以 random 等为代表的计算生态使用。无论哪种考核内容方式,读写文件都是必须掌握的基础内容。一般情况下,综合应用题可能包含 1 至 2 个问题,只有完整答对一个问题才能给成绩,答案不正确没有过程分。请务必掌握文件读写尤其是 CSV 格式读写的方式。

CSV 格式读写、CSV 格式读写、CSV 格式读写!

第 6 章　Python 模拟试卷四及讲解

　　本章给出并讲解根据 Python 语言程序设计 2018 年版考纲设计的"全国计算机等级考试二级 Python 语言程序设计模拟试卷 D 卷",简称"模拟试卷 D"。

　　模拟试卷 D 包含客观题和编程题两部分,可以通过 Python123 平台进行考试练习。客观题部分可以通过扫描二维码采用手机答题,编程题部分建议采用计算机作答,链接地址如下,各编程题目答案可以随时通过手机查看。

　　　　　　　　https://python123.io/index/series/12

6.1 模拟试卷

全国计算机等级考试二级 Python 语言程序设计
模拟试卷 D 卷

姓名_____ 身份证号_____ 成绩_____

说明：
1. 本试卷适用于备考全国计算机等级考试二级 Python 科目的考生。
2. 考试时间为 120 分钟，闭卷考试。
3. 本试卷卷面共 100 分，其中，单项选择题 40 分，编程题 60 分。
4. 建议登录 https://python123.io 在线完成试卷，系统将提供自动评阅功能。

一、单项选择题（共 40 分）

1. 以下选项中，不属于需求分析阶段的任务是
   A. 制定软件集成测试计划　　　　　B. 需求规格说明书评审
   C. 确定软件系统的性能需求　　　　D. 确定软件系统的功能需求

2. 关于数据流图（DFD）的描述，以下选项中正确的是
   A. 软件概要设计的工具　　　　　　B. 软件详细设计的工具
   C. 结构化方法的需求分析工具　　　D. 面向对象需求分析工具

3. 在黑盒测试方法中，设计测试用例的主要根据是
   A. 程序外部功能　　B. 程序流程图　　C. 程序数据结构　　D. 程序内部逻辑

4. 一个教师讲授多门课程，一门课程由多个教师讲授。描述了实体教师和课程的联系的选项是
   A. 1∶1 联系　　　B. $m∶n$ 联系　　　C. $m∶1$ 联系　　　D. 1∶n 联系

5. 数据库设计中，反映用户对数据要求的模式是
   A. 概念模式　　　B. 内模式　　　　C. 设计模式　　　　D. 外模式

6. 在数据库设计中，用 E-R 图来描述信息结构但不涉及信息在计算机中的表示的阶段是
   A. 需求分析阶段　　B. 概念设计阶段　　C. 逻辑设计阶段　　D. 物理设计阶段

7. 以下选项中描述正确的是

A. 有一个以上根结点的数据结构不一定是非线性结构

B. 只有一个根结点的数据结构不一定是线性结构

C. 循环链表是非线性结构

D. 双向链表是非线性结构

8. 一棵二叉树共有 25 个结点,其中 5 个是叶子结点,则度为 1 的结点数是

A. 4　　　　　　　B. 6　　　　　　　C. 16　　　　　　　D. 10

9. 下图所示的二叉树进行前序遍历的序列是

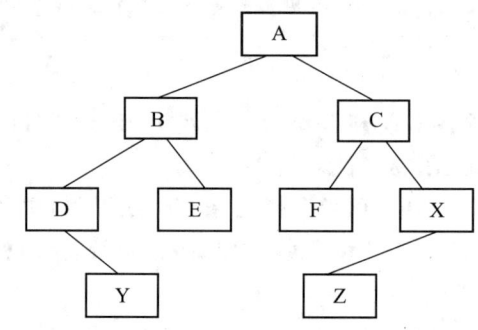

A. DYBEAFCZX　　B. YDEBFZXCA　　C. ABDYECFXZ　　D. ABCDEFXYZ

10. 以下选项中描述正确的是

A. 数据的逻辑结构与存储结构是一一对应的

B. 算法的时间复杂度与空间复杂度一定相关

C. 算法的时间复杂度是指执行算法所需要的计算工作量

D. 算法的效率只与问题的规模有关,而与数据的存储结构无关

11. Python 文件的后缀名是

A. py　　　　　　　B. pdf　　　　　　　C. png　　　　　　　D. ppt

12. 以下选项中,不是 Python 语言保留字的是

A. while　　　　　　B. except　　　　　　C. do　　　　　　　D. pass

13. 下面代码的输出结果是

```
print( 0.1 + 0.2 == 0.3)
```

A. True　　　　　　B. False　　　　　　C. -1　　　　　　　D. 0

14. 下面代码的执行结果是

```
a = 10.99
print(complex(a))
```

A.（10.99+0j）   B. 10.99+j   C. 10.99   D. 0.99

15. 关于 Python 字符编码，以下选项中描述错误的是
   A. Python 字符编码使用 ASCII 编码
   B. chr(x)和 ord(x)函数用于在单字符和 Unicode 编码值之间进行转换
   C. print(chr(65))输出 A
   D. print(ord('a'))输出 97

16. 关于 Python 循环结构，以下选项中描述错误的是
   A. Python 通过 for、while 等保留字构建循环结构
   B. 遍历循环中的遍历结构可以是字符串、文件、组合数据类型和 range()函数等
   C. break 用来结束当前当次语句，但不跳出当前的循环体
   D. continue 只结束本次循环

17. 给出如下代码：

```
import random
num = random.randint(1,10)
while True:
    if num >= 9:
        break
    else:
        num = random.randint(1,10)
```

以下选项中描述错误的是
   A. random.randint(1,10) 生成[1,10]之间的整数
   B. 这段代码的功能是程序自动猜数字
   C. import random 代码是可以省略的
   D. while True：创建了一个永远执行的循环

18. 关于 time 库的描述，以下选项中错误的是
   A. time 库是 Python 中处理时间的标准库
   B. time 库提供获取系统时间并格式化输出功能
   C. time.sleep(s)的作用是休眠 s 秒
   D. time.perf_counter()返回一个固定的时间计数值

19. 关于 jieba 库的描述，以下选项中错误的是
   A. jieba 是 Python 中一个重要的标准函数库
   B. jieba.cut(s)是精确模式，返回一个可迭代的数据类型
   C. jieba.lcut(s)是精确模式，返回列表类型

D. jieba.add_word(s)是向分词词典里增加新词 s

20. 对于列表 ls 的操作,以下选项中描述错误的是
A. ls.append(x):在 ls 最后增加一个元素
B. ls.clear():删除 ls 的最后一个元素
C. ls.copy():生成一个新列表,复制 ls 的所有元素
D. ls.reverse():列表 ls 的所有元素反转

21. 下面代码的输出结果是

```
listV = list(range(5))
print(2 in listV)
```

A. True B. False C. 0 D. −1

22. 给出如下代码:

```
import random as ran
listV = []
ran.seed(100)
for i in range(10):
    i = ran.randint(100,999)
    listV.append(i)
```

以下选项中能输出随机列表元素最大值的是
A. print(listV.reverse(i)) B. print(listV.max())
C. print(listV.pop(i)) D. print(max(listV))

23. 给出如下代码:

```
MonthandFlower={"1月":"梅花","2月":"杏花","3月":"桃花","4月":"牡丹花",\
"5月":"石榴花","6月":"莲花","7月":"玉簪花","8月":"桂花","9月":"菊花",\
"10月":"芙蓉花","11月":"山茶花","12月":"水仙花"}
n = input("请输入 1—12 的月份:")
print(n + "月份之代表花:" + MonthandFlower.get(str(n)+"月"))
```

以下选项中描述正确的是
A. MonthandFlower 是集合类型变量
B. 代码实现了获取一个整数(1—12)来表示月份,输出该月份对应的代表花名
C. MonthandFlower 是列表类型变量
D. MonthandFlower 是一个元组

24. 关于 Python 文件打开模式的描述,以下选项中错误的是

A. 只读模式 r   B. 覆盖写模式 w   C. 追加写模式 a   D. 创建写模式 n

25. 执行如下代码：

```
fname = input("请输入要写入的文件：")
fo = open(fname, "w+")
ls = ["清明时节雨纷纷,","路上行人欲断魂,","借问酒家何处有?",\
"牧童遥指杏花村。"]
fo.writelines(ls)
fo.seek(0)
for line in fo:
    print(line)
fo.close()
```

以下选项中描述错误的是
A. 执行代码时，从键盘输入"清明.txt"，则清明.txt 被创建
B. fo.writelines(ls)将元素全为字符串的 ls 列表写入文件
C. fo.seek(0)这行代码如果省略，也能打印输出文件内容
D. 代码主要功能为向文件写入一个列表类型，并打印输出结果

26. 关于 CSV 文件的描述，以下选项中错误的是
A. CSV 文件格式是一种通用的文件格式，应用于程序之间转移表格数据
B. CSV 文件的每一行是一维数据，可以使用 Python 中的列表类型表示
C. CSV 文件通过多种编码表示字符
D. 整个 CSV 文件是一个二维数据

27. 以下选项中，修改 turtle 画笔颜色的函数是
A. pencolor()   B. seth()   C. colormode()   D. bk()

28. 以下选项中，Python 网络爬虫方向的第三方库是
A. scrapy   B. numpy   C. openpyxl   D. PyQt5

29. 以下选项中，Python 数据分析方向的第三方库是
A. flask   B. PIL   C. Django   D. pandas

30. 以下选项中，Python 机器学习方向的第三方库是
A. requests   B. TensorFlow   C. scipy   D. PyQt5

31. 给出如下代码：

```
TempStr = "Hello World"
```

以下选项中可以输出"World"子串的是

A. print(TempStr[-5:]) B. print(TempStr[-5:-1])
C. print(TempStr[-5:0]) D. print(TempStr[-4:-1])

32. 下面代码的输出结果是

```
x = 12.34
print(type(x))
```

A. <class 'complex'> B. <class 'int'>
C. <class 'float'> D. <class 'bool'>

33. 下面代码的输出结果是

```
x = 10
y = 3
print(x%y, x ** y)
```

A. 1 1000 B. 3 1000 C. 1 30 D. 3 30

34. 执行如下代码:

```
import turtle as t
for i in range(1,5):
    t.fd(50)
    t.left(90)
```

在 Python Turtle Graphics 中,绘制的是

A. 正方形 B. 五边形 C. 三角形 D. 五角星

35. 设一年365天,第1天的能力值为基数记为1.0。当好好学习时能力值相比前一天会提高千分之五。以下选项中,不能获得持续努力1年后的能力值的是

A. pow(1.0 + 0.005, 365) B. 1.005 ** 365
C. pow((1.0 +0.005), 365) D. 1.005 // 365

36. 给出如下代码:

```
s = list("巴老爷有八十八棵芭蕉树,来了八十八个把式要在巴老爷八十八棵芭蕉树下\
住。老爷拔了八十八棵芭蕉树,不让八十八个把式在八十八棵芭蕉树下住。八十八\
个把式烧了八十八棵芭蕉树,巴老爷在八十八棵树边哭。")
```

以下选项中能输出字符"八"出现次数的是

A. print(s.count("八")) B. print(s.index("八"))
C. print(s.index("八"),6) D. print(s.index("八"),6,len(s))

37. 下面代码的输出结果是

```
vlist = list(range(5))
print(vlist)
```

　　A. [0, 1, 2, 3, 4]　　　　　　　　B. 0 1 2 3 4
　　C. 0,1,2,3,4,　　　　　　　　　D. 0;1;2;3;4;

38. 以下选项中,不是建立字典的方式是
　　A. d = {1:[1,2], 3:[3,4]}　　　　B. d = {[1,2]:1, [3,4]:3}
　　C. d = {(1,2):1, (3,4):3}　　　　D. d = {'张三':1, '李四':2}

39. 如果 name = "全国计算机等级考试二级 Python",以下选项中输出错误的是
　　A.

```
>>> print(name[0], name[8], name[-1])
全 试
```

　　B.

```
>>>print(name[:])
全国计算机等级考试二级 Python
```

　　C.

```
>>> print(name[11:])
Python
```

　　D.

```
>>> print(name[:11])
全国计算机等级考试二级
```

40. 下列程序的运行结果是

```
>>> s = 'PYTHON'
>>> "{0:3}".format(s)
```

　　A. 'PYT'　　　　B. 'PYTH'　　　　C. 'PYTHON'　　　　D. '   PYTHON'

二、基本编程题(共 15 分)

1. 根据输入正整数 n,作为财务数据,输出一个宽度为 20 字符, n 右对齐显示,带千位分隔符的效果,使用减号字符"-"填充。如果输入正整数超过 20 位,则按照真实长度输出。例如,输入正整数 n 为 1234,输出如下:----------------1,234。

```
n = input("请输入整数:")
   ①    #可以多行
```

2. PyInstaller 库可以对程序打包,给定一个 Python 源程序文件 a.py,图标文件为 a.ico,将其打包为在 Windows 平台上带有上述图标的单一可执行文件,使用什么样的命令?

3. 以 123 为随机数种子,随机生成 10 个在 1 到 999(含)之间的随机数,以逗号分隔,打印输出,请补充横线处代码。

```
import random
    ①
for i in range(   ②   ):
    print(   ③   , end = ",")
```

三、简单应用题(共 25 分)

1. 使用 turtle 库的 turtle.right( ) 函数和 turtle.fd( ) 函数绘制一个菱形四边形,边长为 200 像素,效果如下图所示。请勿修改已经给出的第一行代码,并完善程序。

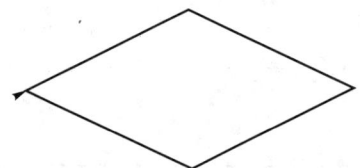

```
import turtle as t
```

(这里代码需要补全啦……)

2. 补充完善如下代码,使得程序能够计算 a 中各元素与 b 逐项乘积的累加和。

```
a = [[1,2,3],[4,5,6],[7,8,9]]
b = [3,6,9]
    ①
for c in a:
    for j in    ②   :
        s += c[j] * b[j]
print(s)
```

四、综合应用题(共 20 分)

《命运》和《寻梦》都是著名科幻作家倪匡的科幻作品。这里给出一个《命运》和《寻梦》的网络版本,文件名为"命运-网络版.txt"和"寻梦-网络版.txt"。

【手机下载文本文件】

问题1:请编写程序,对这两个文本中出现的字符进行统计,字符与出现次数之间用冒号:分隔,将两个文件前100个最常用字符分别输出保存到"命运-字符统计.txt"和"寻梦-字符统计.txt"文件中,该文件要求采用CSV格式存储,参考格式如下(注意,不统计回车字符):

命:90,运:80,寻:70,梦:60
(略)

问题2:请编写程序,对"命运-字符统计.txt"和"寻梦-字符统计.txt"中出现的相同字符打印输出。"相同字符.txt"文件中,字符间使用逗号分隔。

命,运,寻,梦
(略)

6.2 试卷答案

全国计算机等级考试二级 Python 语言程序设计模拟试卷 D 卷试卷答案

一、单项选择题

1. A   2. C   3. A   4. B   5. D   6. B   7. B   8. C   9. C   10. C
11. A 12. C 13. B 14. A 15. A 16. C 17. C 18. D 19. A 20. B
21. A 22. D 23. B 24. D 25. C 26. C 27. A 28. A 29. D 30. B
31. A 32. C 33. A 34. A 35. D 36. A 37. A 38. B 39. A 40. C

二、基本编程题

1.

```
n = input("请输入整数:")
print("{:->20,}".format(eval(n)))
```

2.

```
pyinstaller -i a.ico -F a.py
```

3.

```
import random
random.seed(123)
for i in range(10):
    print(random.randint(1,999), end=",")
```

三、简单应用题

1.

```
import turtle ast
t.right(-30)
for i in range(2):
    t.fd(200)
    t.right(60*(i+1))
for i in range(2):
    t.fd(200)
    t.right(60*(i+1))
```

2.

```
a = [[1,2,3],[4,5,6],[7,8,9]]
b = [3,6,9]
s = 0
for c in a:
    for j in range(3):
        s += c[j]*b[j]
print(s)
```

四、综合应用题

问题1答案如下：

```
names = ["命运","寻梦"]
for name in names:
    fi = open(name+"-网络版.txt", "r", encoding="utf-8")
    fo = open(name+"-字符统计.txt", "w", encoding="utf-8")
    txt = fi.read()
    d = {}
    for c in txt:
        d[c] = d.get(c, 0) + 1
    del d['\n']
    ls = list(d.items())
    ls.sort(key=lambda x:x[1], reverse=True)
    for i in range(100):
        ls[i] = "{}:{}".format(ls[i][0], ls[i][1])
    fo.write(",".join(ls[:100]))
    fi.close()
    fo.close()
```

问题 2 答案如下:

```python
def getList(name):
    f = open(name+"-字符统计.txt", "r", encoding="utf-8")
    words = f.read().split(',')
    for i in range(len(words)):
        words[i] = words[i].split(':')[0]
    f.close()
    return words
def main():
    fo = open("相同字符.txt", "w")
    ls1 = getList("命运")
    ls2 = getList("寻梦")
    ls3 = []
    for c in ls1:
        if c in ls2:
            ls3.append(c)
    fo.write(",".join(ls3))
    fo.close()
main()
```

6.3 试卷讲解

一、单项选择题

1. A

【解析】需求分析阶段需要对待开发软件提出的需求进行分析并给出详细定义,完成需求规格说明书。软件集成测试计划的制订是软件测试阶段需要完成的任务。

2. C

【解析】数据流图(DFD)是结构化分析的常用工具,是描述数据处理过程的工具,是需求理解的逻辑模型的图形表示,直接支持系统的功能建模。

3. A

【解析】黑盒测试也称为功能测试或数据驱动测试。黑盒测试是对软件已经实现的功能是否满足需求进行测试和验证。黑盒测试完全不考虑程序内部的逻辑结构和内部特性,只依据程序的需求和功能规格说明,检查程序的功能是否符合它的功能说明。

4. B

【解析】现实世界中事物间的关联称为联系。在概念世界中,联系主要反映了实体集间的一定关系。实体集间的联系可以是单个,也可以是多个。一位教师可以教授多个学生,而一个学生又可以受教于多个教师,教师与学生的联系是 $m:n$。

5. D

【解析】外模式,也称为子模式或用户模式,是用户的数据视图,也是用户所想见到的数据模式,由概念模式推导出来,反映了用户对数据要求的模式。以外模式为框架所组成的数据库叫用户数据库。

6. B

【解析】数据库设计包含概念设计和逻辑设计两个方面的内容。在概念设计阶段,用 E-R 图来描述信息结构但不涉及信息在计算机中的表示。

7. B

【解析】根据数据结构中各数据元素之间前后件关系的复杂程度,一般将数据结构分为线性结构和非线性结构。线性结构满足两个条件:① 有且只有一个根结点;② 每个结点最多有一个前件,也最多有一个后件。如果一个数据结构不是线性结构,则称之为非线性结构。有一个以上根结点的数据结构是非线性结构。只有一个根结点的数据结构不一定是线性结构。循环链表和双向链表都是线性结构。

8. C

【解析】二叉树的基本性质:在任意一棵二叉树中,度为 0 的结点(叶子结点)总是比度为 2 的结点多一个。本题中度为 2 的结点即为 4 个。二叉树只包含度为 0 的结点、度为 1 的结点和度为 2 的结点。度为 1 的结点个数等于总结点数减去度为 0 和 2 的结点数。25-5-4=16。

9. C

【解析】二叉树的前序遍历是指在访问根结点、遍历左子树、遍历右子树这三者中,首先访问根结点,然后遍历左子树,最后遍历右子树;并且,在遍历左右子树时,仍然先访问根结点,然后遍历左子树,最后遍历右子树。前序遍历二叉树是一个递归的过程。

10. C

【解析】数据的逻辑结构反映数据之间的逻辑关系,数据元素在计算机存储空间中的位置关系可能与逻辑关系不同。算法的时间复杂度指执行算法所需要的计算工作量。算法的空间复杂度指执行这个算法所需要的内存空间。算法在时间的高效性和空间的高效性之间通常是矛盾的,一般会取一个平衡点。

11. A

【解析】Python 文件的后缀名为 py。

12. C

【解析】do 不是 Python 的保留字。

13. B

【解析】浮点数间运算存在不确定尾数，不是 bug。0.1 无法精确转化为二进制小数，从而无法实现计算机中的精确计算。

```
>> 0.1 + 0.2
0.30000000000000004
>>> 0.1 + 0.2 == 0.3
False
```

14. A

【解析】complex(real[，imag])函数可生成一个复数。

15. A

【解析】Python 字符串中每一个字符都使用 Unicode 编码。

16. C

【解析】continue 用来结束当前当次语句，但不跳出当前的循环体。

17. C

【解析】import random 代码不可以省略的。random 是内置的随机运算标准函数库。

18. D

【解析】time.perf_counter()返回一个 CPU 级别的精确时间计数值，单位为秒。由于这个计数值起点不确定，连续调用差值才有意义。

19. A

【解析】jiaba 不是 Python 的标准函数库，是第三方中文分词函数库。

20. B

【解析】ls.clear()函数删除列表 ls 中的所有元素。

21. A

【解析】list()和 range()是 Python 的内置函数，list()可用于生成列表，range(5)可用于产生数字序列 0、1、2、3、4。

22. D

【解析】max()是 Python 的内置函数，用于输出列表元素的最大值。

23. B

【解析】Month&Flower 是字典类型变量。字典是集合类型的延续,各个元素并没有顺序之分。字典是存储可变数量键值对的数据结构,键和值可以是任意数据类型。字典的主要用法是通过索引符号来实现查找与特定键相对应的值。如果想保持一个集合中元素的顺序,需要使用列表,而不是元组。

24. D

【解析】Python 文件打开模式的创建写模式为 'x'。

25. C

【解析】fo.seek(0)这行代码如果省略,将不能打印输出文件内容。

26. C

【解析】CSV 文件采用纯文本格式,通过单一编码表示字符。以行为单位,开头不留空行,行之间没有空行。每行表示一个一维数据,多行表示多维数据。以逗号分隔每列数据,列数据为空也要保留逗号。

27. A

【解析】pencolor(color)函数给画笔设置颜色。

28. A

【解析】numpy 是数据分析方向的第三方库,openpyxl 是文本处理方向的第三方库,PyQt5 是用户图形界面方向的第三方库。

29. D

【解析】flask 和 Django 是 Web 开发的第三方库,PIL 是图像处理方面的第三方库。

30. B

【解析】TensorFlow 是 Python 机器学习方向的第三方库。

31. A

【解析】参考字符串切片操作。

32. C

【解析】type(x)函数可以获得 x 的类型。

33. A

【解析】参考 Python 内置的数值运算操作符。

34. A

【解析】参考 turtle 库函数。

35. D

【解析】参考 pow( ) 函数和 ** 数值运算操作符。

36. A

【解析】s.count(x) 函数可以获得 s 中出现 x 的总次数。

37. A

【解析】参考 21 题解析。

38. B

【解析】{[1,2]:1,[3,4]:3} 不能建立字典,字典要求键值对中的键是不可改变变量类型。

39. A

【解析】参考字符串索引与切片操作。

40. C

【解析】参考字符串格式化输出方法。

二、基本编程题

1.【解析】

这是一个基本编程题,考查 Python 字符串格式化.format( ) 方法。重点在于理解槽在大括号{ }内格式控制符的使用。对于数字,输出千位分隔符形式需要采用{:,},宽度20,表示为{:20};使用"-"填充,表示为{:-},右对齐表示为{:>}。综合后的完整代码如下(注意各控制符的顺序):

```
n = input("请输入整数:")
print("{:->20,}".format(eval(n)))
```

2.【解析】

这是一个基本编程题,考核 PyInstaller 库的使用。PyInstaller 用于将 Python 源代码转换成可执行文件,它属于命令行工具,不在 IDLE 环境下运行。

使用-i 参数增加对打包文件图标的引入,使用-F 参数用来生成单一的打包后可执行程序。综上,该问题参考代码如下:

```
pyinstaller -i a.ico -F a.py
```

3.【解析】
这是一个基本编程题,考核 random 库的使用。设置随机数种子使用 random.seed()函数,生成随机整数使用 random.randint()函数。参考代码如下:

```
import random
random.seed(123)
for i in range(10):
    print(random.randint(1,999), end=",")
```

三、简单应用题

1.【解析】
这是一个简单应用题,考核"海龟绘图体系",绘制菱形四边形。
给定部分代码采用了 import…as…形式,这是引入 turtle 库并赋予别名的方式。
该题目有两个方案:第一,逐条线绘制;第二,利用循环绘制。由于菱形有一定规则,为了降低编码难度,也可以部分使用循环。参考代码及注释如下:

```
import turtle as t
t.right(-30)  #改变出发角度
for i in range(2):
    t.fd(200)
    t.right(60*(i+1))
for i in range(2):      #在此循环中,i 取值为 0 和 1
    t.fd(200)
    t.right(60*(i+1))
```

2.【解析】
这是一个简单应用题,用来进行二维列表操作。由于题目要求进行求和,求和运算首先需要一个记录求和的变量,该变量初始值应该为 0,逐步累加。
因此,该题目最先需要补充的代码是给求和变量 s 赋值为 0。之后,通过两层循环遍历列表所有元素,进行乘积求和操作。参考代码及注释如下:

```
a = [[1,2,3],[4,5,6],[7,8,9]]
b = [3,6,9]
s = 0   #所有求和运算都要给予求和变量为 0 的初值
for c in a:
    for j in range(3):
        s += c[j]*b[j]    #累加乘积求和
print(s)
```

四、综合应用题

【解析】

这是一个综合应用题,考核文本处理能力。

问题1:程序的流程是分别从"命运-网络版.txt"和"寻梦-网络版.txt"两个文档中读入字符,统计各自所出现的次数、排序,并输出到文档。鉴于相似功能已经在其他模拟试卷中做过解析,这里不再赘述。参考代码及注释如下:

```python
names = ["命运","寻梦"]
for name in names:    # 遍历 names 列表,对两个文本进行处理
    fi = open(name+"-网络版.txt","r",encoding="utf-8")
    fo = open(name+"-字符统计.txt","w",encoding="utf-8")
    txt = fi.read()
    d = {}
    for c in txt:     # 统计字符出现的次数
        d[c] = d.get(c,0) + 1
    del d['\n']
    ls = list(d.items())
    ls.sort(key=lambda x:x[1], reverse=True)     # 排序
    for i in range(100):     # 整理写入文档
        ls[i] = "{}:{}".format(ls[i][0], ls[i][1])
    fo.write(",".join(ls[:100]))
    fi.close()
    fo.close()
```

问题2:判断两个文档中的相同字符,基本方法是逐一从文档中读入字符,判断该字符是否在另外一个文档中,如果存在,则统计输出。参考代码及注释如下:

```python
def getList(name):
    f = open(name+"-字符统计.txt","r",encoding="utf-8")
    words = f.read().split(',')
    for i in range(len(words)):
        words[i] = words[i].split(':')[0]
    f.close()
    return words
def main():
    fo = open("相同字符.txt","w")
    ls1 = getList("命运")
    ls2 = getList("寻梦")
    ls3 = []
```

```
    for c in ls1:        # 获得一篇文章的字符
        if c in ls2:     # 判断该字符是否在另外文章中
            ls3.append(c)    # 如果存在,则放入公共字符列表
    fo.write(",".join(ls3))
    fo.close()
main()
```

冲刺重点

全国计算机等级考试二级 Python 语言程序设计考试科目"简单应用题"一般以 1~2 个知识点为目标进行考核,内容涵盖考纲全部内容。简单应用题共 2 道,一道 10 分,一道 15 分。一般会包含一道简单的 turtle 绘图题或 Python 计算生态运用题目,考查计算生态编程思维。

简单应用题在全国计算机等级考试二级 Python 语言程序设计考试科目中表示平均水平难度,每套模拟试卷至少应正确答对 1 道题才具备平均水平。Python 是一门功能强大的编程语言,几行代码往往能完成较多功能。所谓"简单应用",其实并不"简单"。

第 7 章　Python 模拟试卷五及讲解

本章给出并讲解根据 Python 语言程序设计 2018 年版考纲设计的"全国计算机等级考试二级 Python 语言程序设计模拟试卷 E 卷",简称"模拟试卷 E"。

模拟试卷 E 包含客观题和编程题两部分,可以通过 Python123 平台进行考试练习。客观题部分可以通过扫描二维码采用手机答题,编程题部分建议采用计算机作答,链接地址如下,各编程题目答案可以随时通过手机查看。

https://python123.io/index/series/12

7.1 模拟试卷

全国计算机等级考试二级 Python 语言程序设计模拟试卷 E 卷

姓名_____ 身份证号_____ 成绩_____

说明：
1. 本试卷适用于备考全国计算机等级考试二级 Python 科目的考生。
2. 考试时间为 120 分钟，闭卷考试。
3. 本试卷卷面共 100 分，其中，单项选择题 40 分，编程题 60 分。
4. 建议登录 https://python123.io 在线完成试卷，系统将提供自动评阅功能。

一、单项选择题（共 40 分）

1. 关于二叉树的遍历，以下选项中描述错误的是
   A. 二叉树的遍历是指不重复地访问二叉树中的所有结点
   B. 二叉树的遍历可以分为三种：前序遍历、中序遍历、后序遍历
   C. 前序遍历是先遍历左子树，然后访问根结点，最后遍历右子树
   D. 后序遍历二叉树的过程是一个递归的过程

2. 关于二叉树的描述，以下选项中错误的是
   A. 二叉树是一种非线性结构
   B. 二叉树具有两个特点：非空二叉树只有一个根结点；每一个结点最多有两棵子树，且分别称为该结点的左子树与右子树
   C. 在任意一棵二叉树中，度为 0 的结点（叶子结点）比度为 2 的结点多一个
   D. 深度为 m 的二叉树最多有 2^m 个结点

3. 关于查找技术的描述，以下选项中错误的是
   A. 查找是指在一个给定的数据结构中查找某个特定的元素
   B. 如果采用链式存储结构的有序线性表，只能用顺序查找
   C. 二分查找只适用于顺序存储的有序表
   D. 顺序查找的效率很高

4. 关于排序技术的描述，以下选项中错误的是
   A. 简单插入排序在最坏的情况下需要比较 $n^{1.5}$ 次

B. 选择排序法在最坏的情况下需要比较 $n(n-1)/2$ 次

C. 快速排序法比冒泡排序法的速度快

D. 冒泡排序法是通过相邻数据元素的交换逐步将线性表变成有序

5. 关于面向对象的程序设计,以下选项中描述错误的是

A. 面向对象方法与人类习惯的思维方法一致

B. 面向对象方法可重用性好

C. Python 3.x 解释器内部采用完全面向对象的方式实现

D. 用面向对象方法开发的软件不容易理解

6. 在软件生命周期中,能准确地确定软件系统必须做什么和必须具备哪些功能的阶段是

  A. 概要设计   B. 需求分析   C. 详细设计   D. 可行性分析

7. 以下选项中,用于检测软件产品是否符合需求定义的是

  A. 系统测试   B. 集成测试   C. 验证测试   D. 验收测试

8. 在 PFD 图中用箭头表示

  A. 控制流   B. 数据流   C. 调用关系   D. 组成关系

9. 关于软件调试方法,以下选项中描述错误的是

A. 软件调试的关键在于推断程序内部的错误位置及原因

B. 软件调试可以分为静态调试和动态调试

C. 软件调试的主要方法有强行排错法、回溯法、原因排除法等

D. 软件调试的目的是发现错误

10. 关于数据库设计,以下选项中描述错误的是

A. 数据库设计的基本任务是根据用户对象的信息需求、处理需求和数据库的支持环境设计出数据模式

B. 数据库设计可以采用生命周期法

C. 数据库设计是数据库应用的核心

D. 数据库设计的四个阶段按顺序为概念设计、需求分析、逻辑设计、物理设计

11. 以下选项中值为 False 的是

  A. 'abcd'<'ad'   B. 'abc'<'abcd'   C. ''<'a'   D. 'Hello'>'hello'

12. Python 语言中用来定义函数的关键字是

  A. define   B. return   C. def   D. function

13. 以下选项中,对文件的描述错误的是
A. 文件是一个存储在辅助存储器上的数据序列
B. 文件中可以包含任何数据内容
C. 文本文件和二进制文件都是文件
D. 文本文件不能用二进制文件方式读入

14. ls = [3.5,"Python",[10,"LIST"],3.6],ls[2][-1][1]的运行结果是
A. L　　　　　　B. I　　　　　　C. P　　　　　　D. Y

15. 以下用于绘制弧形的函数是
A. turtle.fd( )　　B. turtle.seth( )　　C. turtle.right( )　　D. turtle.circle( )

16. 对于turtle绘图中颜色值的表示,以下选项中错误的是
A. "grey"　　B. (190,190,190)　　C. BEBEBE　　D. #BEBEBE

17. 以下选项中不属于组合数据类型的是
A. 序列类型　　B. 变体类型　　C. 字典类型　　D. 映射类型

18. 关于random库,以下选项中描述错误的是
A. 生成随机数之前必须要指定随机数种子
B. 设定相同种子,每次调用随机函数生成的随机数相同
C. 通过from random import * 可以引入random随机库
D. 通过import random 可以引入random随机库

19. 关于函数的可变参数,可变参数*args传入函数时存储的类型是
A. tuple　　B. list　　C. set　　D. dict

20. 关于局部变量和全局变量,以下选项中描述错误的是
A. 局部变量为组合数据类型且未创建,等同于全局变量
B. 局部变量和全局变量是不同的变量,但可以使用global保留字在函数内部使用全局变量
C. 局部变量是函数内部的占位符,与全局变量可能重名但不同
D. 函数运算结束后,局部变量不会被释放

21. 下面代码的输出结果是

```
ls = ["F","f"]
def fun(a):
    ls.append(a)
    return
```

```
fun("C")
print(ls)
```

  A. ['F','f','C'] B. ['F','f'] C. ['C'] D. 出错

22. 关于函数作用的描述,以下选项中错误的是
  A. 提高代码执行速度   B. 复用代码
  C. 增强代码的可读性   D. 降低编程复杂度

23. 假设函数中不包括 global 保留字,对于改变参数值的方法,以下选项中错误的是
  A. 参数是 list 类型时,改变原参数的值
  B. 参数是 int 类型时,不改变原参数的值
  C. 参数是组合类型(可变对象)时,改变原参数的值
  D. 参数的值是否改变与函数中对变量的操作有关,与参数类型无关

24. 关于形参和实参的描述,以下选项中正确的是
  A. 函数定义中参数列表里面的参数是实际参数,简称实参
  B. 参数列表中给出要传入函数内部的参数,这类参数称为形式参数,简称形参
  C. 函数调用时,实参默认采用按照位置顺序的方式传递给函数,Python 也提供了按照
    形参名称输入实参的方式
  D. 程序在调用时,将形参复制给函数的实参

25. 以下选项中,正确地描述了浮点数 0.0 和整数 0 相同性的是
  A. 它们使用相同的硬件执行单元 B. 它们使用相同的计算机指令处理方法
  C. 它们具有相同的数据类型   D. 它们具有相同的值

26. 关于 random.uniform(a,b)的作用描述,以下选项中正确的是
  A. 生成一个[a,b]之间的随机整数
  B. 生成一个[a,b]之间的随机小数
  C. 生成一个均值为 a,方差为 b 的正态分布
  D. 生成一个(a,b)之间的随机数

27. 关于 Python 语句 P = –P,以下选项中描述正确的是
  A. P 的值为 0   B. P 和 P 的负数相等
  C. P 的值为 P 的绝对值   D. 给 P 赋值为它的负数

28. 以下选项中,用于文本处理方向的第三方库是
  A. mayavi   B. pdfminer   C. TVTK   D. matplotlib

29. 以下选项中,用于机器学习方向的第三方库是
   A. TensorFlow   B. jieba   C. SnowNLP   D. loso

30. 以下选项中,用于 Web 开发方向的第三方库是
   A. Pygame   B. Panda3D   C. cocos2d   D. Django

31. 下面代码的输出结果是

```
x = 0x0101
print(x)
```

   A. 5   B. 101   C. 257   D. 65

32. 下面代码的输出结果是

```
sum = 1.0
for num in range(1,4):
    sum+=num
print(sum)
```

   A. 7   B. 6   C. 7.0   D. 1.0

33. 下面代码的输出结果是

```
a = 4.2e-1
b = 1.3e2
print(a+b)
```

   A. 5.5e3   B. 130.042   C. 5.5e1   D. 130.42

34. 下面代码的输出结果是

```
name ="Python 语言程序设计"
print(name[2:-2])
```

   A. ython 语言程序设   B. thon 语言程序
   C. thon 语言程序设   D. ython 语言程序

35. 下面代码的输出结果是

```
weekstr ="星期一星期二星期三星期四星期五星期六星期日"
weekid = 3
print(weekstr[weekid*3:weekid*3+3])
```

   A. 星期一   B. 星期二   C. 星期三   D. 星期四

36. 下面代码的输出结果是

```
a = [5,1,3,4]
print(sorted(a,reverse = True))
```

    A. [1, 3, 4, 5]   B. [5, 1, 3, 4]   C. [5, 4, 3, 1]   D. [4, 3, 1, 5]

37. 下面代码的输出结果是

```
for s in"abc":
    for i in range(3):
        print(s,end="")
        if s=="c":
            break
```

    A. aaabbbccc   B. aaabccc   C. aaabbbc   D. abbbccc

38. 下面代码的输出结果是

```
for i in range(10):
    if i%2==0:
        continue
    else:
        print(i, end=",")
```

    A. 1,3,5,7,9,   B. 2,4,6,8,   C. 0,2,4,6,8,   D. 0,2,4,6,8,10,

39. 下面代码的输出结果是

```
ls = list(range(1,4))
print(ls)
```

    A. [0,1,2,3]   B. {0,1,2,3}   C. [1,2,3]   D. {1,2,3}

40. 下面代码的输出结果是

```
def change(a,b):
    a = 10
    b += a
a = 4
b = 5
change(a,b)
print(a,b)
```

    A. 4 5   B. 10 5   C. 4 15   D. 10 15

二、基本编程题(共 15 分)

1. 编写程序,从键盘上获得用户连续输入且用逗号分隔的若干个数字(不必以逗号结尾),计算所有输入数字的和并输出,请补充横线处代码。

```
n = input("")
nums =    ①
s = 0
for i in nums:
       ②
print(s)
```

2. 编写程序,获得用户输入的数值 M 和 N,求 M 和 N 的最大公约数。请补充横线处代码。

```
def GreatCommonDivisor(a,b):
    if a > b:
        a,b = b,a
    r = 1
    while r != 0:
           ①
        a = b
        b = r
    return a
m = eval(input(""))
n = eval(input(""))
print(   ②   )
```

3. jieba 是一个中文分词库,一些句子可能存在多种分词结果,请补充横线处代码,产生字符串 s 可能的所有分词结果列表。

```
   ①
s = "世界冠军运动员的乒乓球拍卖完了"
ls = jieba.lcut(   ②   )
print(ls)
```

三、简单应用题(共 25 分)

1. 使用 turtle 库的 turtle.circle() 函数和 turtle.seth() 函数绘制一个四瓣花图形,效果如下图所示。请结合程序整体框架,补充横线处代码。

```
import turtle as t
for i in range(　①　):
    t.seth(　②　)
    t.circle(200,90)
    t.seth(　③　)
    t.circle(200,90)
```

2.编写程序,实现将列表 ls = [23,45,78,87,11,67,89,13,243,56,67,311,431,111,141]中的素数去除,并输出去除素数后列表 ls 的元素个数。请结合程序整体框架,补充横线处代码。

```
def is_prime(n):
    ①          #此处可为多行函数定义代码
ls = [23,45,78,87,11,67,89,13,243,56,67,311,431,111,141]
for i in ls.copy():
    if is_prime(i)==True:
        ②      #此处为一行代码
print(len(ls))
```

四、综合应用题(共 20 分)

古代航海人为了方便在航海时辨别方位和观测天象,将散布在天上的星星运用想象力将它们连接起来,有一半是在古时候已命名,另一半是近代开始命名的。两千多年前古希腊的天文学家希巴克斯命名十二星座,依次为白羊座、金牛座、双子座、巨蟹座、狮子座、处女座、天秤座、天蝎座、射手座、摩羯座、水瓶座和双鱼座。给出二维数据存储 CSV 文件(SunSign.csv),内容如下:

```
星座,开始月日,结束月日,Unicode
水瓶座,120,218,9810
双鱼座,219,320,9811
白羊座,321,419,9800
金牛座,420,520,9801
```

```
双子座,521,621,9802
巨蟹座,622,722,9803
狮子座,723,822,9804
处女座,823,922,9805
天秤座,923,1023,9806
天蝎座,1024,1122,9807
射手座,1123,1221,9808
摩羯座,1222,119,9809
```

【手机下载 CSV 文件】

请编写程序,读入 CSV 文件中数据,循环获得用户输入,直至用户直接输入回车退出。根据用户输入的星座名称,输出此星座的出生日期范围及对应字符形式。如果输入的星座名称有误,请输出"输入星座名称有误!"。

参考输入和输出如下所示:

```
>>>
请输入星座中文名称(例如,双子座):双子座
Ⅱ座的生日位于521—621之间。
请输入星座中文名称(例如,双子座):猎户座
输入星座名称有误!
请输入星座中文名称(例如,双子座):
>>>
```

7.2 试卷答案

全国计算机等级考试二级 Python 语言程序设计模拟试卷 E 卷试卷答案

一、单项选择题

1. C	2. D	3. D	4. A	5. D	6. B	7. D	8. A	9. D	10. D
11. D	12. C	13. D	14. B	15. D	16. C	17. B	18. A	19. A	20. D
21. A	22. A	23. D	24. C	25. D	26. B	27. D	28. B	29. A	30. D
31. C	32. C	33. D	34. B	35. D	36. C	37. C	38. A	39. C	40. A

第 7 章　Python 模拟试卷五及讲解

二、基本编程题

1.

```
n = input("")
nums = n.split(",")
s = 0
for i in nums:
    s += eval(i)
print(s)
```

2.

```
def GreatCommonDivisor(a,b):
    if a > b:
        a,b = b,a
    r = 1
    while r != 0:
        r = a % b
        a = b
        b = r
    return a
m = eval(input(""))
n = eval(input(""))
print(GreatCommonDivisor(m,n))
```

3.

```
import jieba
s = "世界冠军运动员的乒乓球拍卖完了"
ls = jieba.lcut(s,True)
print(ls)
```

三、简单应用题

1.

```
① 4
② 90 * (i+1)
③ (-90 + i * 90)
```

2.

```
① 
def is_prime(n): # 本行代码在题目中已给出,此处为了函数定义完整性
    for i in range(2,n):
        if n % i == 0:
            return False
    return True
② ls.remove(i)
```

四、综合应用题

```
fi = open("SunSign.csv","r")
ls = []
for line in fi:
    line = line.replace("\n","")
    ls.append(line.split(","))
fi.close()
iStr = input("请输入星座中文名称(例如,双子座):")
while iStr != "":
    flag = False
    for line in ls:
        if iStr == line[0]:
            print("{}座的生日位于{}-{}之间。".\
                format(chr(eval(line[3])),line[1],line[2]))
            flag = True
            break
    if flag == False:
        print("输入星座名称有误!")
    iStr = input("请输入星座中文名称(例如,双子座):")
```

7.3 试卷讲解

一、单项选择题

1. C

【解析】二叉树的前序遍历是指在访问根结点、遍历左子树和遍历右子树这三者中,首

先访问根结点,然后遍历左子树,最后遍历右子树;在遍历左右子树时,仍然先访问根结点,然后遍历左子树,最后遍历右子树。

2. D

【解析】在树结构中,一个结点所拥有的后件的个数称为该结点的度,所有结点中最大的度称为树的度。树的最大层次称为树的深度。深度为 m 的二叉树最多有 2^m-1 个结点。

3. D

【解析】对于大的线性表来说,顺序查找的效率是很低的。

4. A

【解析】在最坏的情况下,简单插入排序需要 $n(n-1)/2$ 次。

5. D

【解析】面向对象方法与人类习惯的思维方式一致,以对象为中心构建软件系统。面向对象方法把描述事物静态属性的数据结构和表示事物动态行为的操作放在一起构成一个整体,才能完整、自然地表示客观世界中的实体。

6. B

【解析】需求分析阶段对待开发软件提出的需求进行分析并给出了详细定义,编写软件规格说明书及初步的用户手册。

7. D

【解析】验收测试(也叫确认测试)的任务是验证软件的功能和性能及其他特性是否满足了需求规格说明中确定的各种需求,以及软件配置是否完全、正确。

8. A

【解析】PFD 图(程序流程图)中箭头表示的内容是控制流。程序流程图用一系列图形、流程线和文字说明描述程序的基本操作和控制流程。具有 7 种元素:起止框(圆角矩形)、判断框(菱形)、处理框(矩形)、输入输出框(平行四边形)、注释框、流向线(箭头)、连接点。

9. D

【解析】软件调试的关键在于推断程序内部的错误位置及原因。从是否跟踪和执行程序的角度,软件调试主要分为静态调试和动态调试。

10. D

【解析】数据库设计的四个阶段按顺序为需求分析、概念设计、逻辑设计、物理设计。

11. D

【解析】字符串比较规则:从第一个字符开始,位置一一对应比较编码大小,当一个字符串全部字符和另一个字符串的前部分字符相同时,长度长的字符串为大。

12. C

【解析】def 是 Python 语言中定义函数的关键字。

13. D

【解析】文本文件能用二进制文件方式读入。

14. B

【解析】列表是包含 0 个或多个对象引用的有序序列。多个对象可以包含数值、字符串、列表。列表支持分片[ ]操作。

15. D

【解析】turtle.circle( ) 函数用来绘制一个弧形。

16. C

【解析】在 Python 3.5.3 Shell 中逐条执行下列代码,感受 turtle 绘图中颜色值的表示的变化。

```
>>> import turtle
>>> turtle.colormode(255)
>>> turtle.color(253,45,90)
>>> turtle.fd(100)
>>> turtle.color("green")
>>> turtle.fd(100)
>>> turtle.color("#0F0E02")
>>> turtle.fd(100)
```

17. B

【解析】Python 语言没有变体类型数据。

18. A

【解析】生成随机数之前,不一定要指定随机数种子。在 Python 3.5.3 Shell 中逐条执行下列代码,理解随机库的使用。思考一下,如果使用 seed 函数设置随机种子,生成的随机序列是什么样的?

```
>>> import random
>>> random.random( )
0.5388260679264523
>>> random.randint(10,99)
27
>>> random.uniform(10,20)
11.013723828695332
>>> random.choice(["Alice",True,123,0xAB])
'Alice'
>>> random.choice(["Alice",True,123,0xAB])
171
>>> random.choice(["Alice",True,123,0xAB])
123
```

19. A

【解析】可变参数 * args 传入函数时存储的类型是元组(tuple)。

20. D

【解析】函数运算结束后,局部变量会被计算机释放。局部变量只用于函数内部运算。

21. A

【解析】局部变量为组合数据类型且未创建,等同于全局变量。在函数 fun 内部的 ls 列表会被增加一个元素。

22. A

【解析】提高代码执行速度不是函数的作用。

23. D

【解析】参数的值是否改变与函数中对变量的操作有关,与参数类型也有关。

24. C

【解析】函数定义中参数列表里面的参数是形式参数,简称形参。参数列表中给出要传入函数内部的参数,这类参数称为实际参数,简称实参。

25. D

【解析】浮点数 0.0 和整数 0 具有相同的值,硬件执行单元、计算机指令处理方法和数据类型均不同。

26. B

【解析】参考 18 题的解析。

27. D

【解析】P = -P 中的"="在程序设计语言中称为赋值符号,区别于数学中的等号。

28. B

【解析】mayavi、TVTK、matplotlib 均是数据可视化方向的第三方库。

29. A

【解析】jieba、SnowNLP、loso 均是自然语言处理方向的第三方库。

30. D

【解析】Pygame、Panda3D、cocos2d 均是游戏开发方向的第三方库。

31. C

【解析】0x 是十六进制数的引导符号。

32. C

【解析】sum 是浮点数类型,累加和得到 7.0。

33. D

【解析】科学计数法表示的浮点数相加,0.42+130 结果为 D 选项。

34. B

【解析】字符串切片[$m:n$],返回索引第 m 到第 n 的子串,其中不包含索引 n。

35. D

【解析】参考 34 题解析。

36. C

【解析】sorted 方法对一个序列进行排序,默认从小到大排序,增加 reverse = True 参数,则实现从大到小排列。

37. C

【解析】break 结束当前循环体。每个 break 语句只有能力跳出当前层次的循环。

38. A

【解析】continue 结束当前当次循环,继续执行当前下一次循环。输出了 0 至 10 以内的奇数。

39. C
【解析】list 是 Python 内置函数,可用于创建列表。

40. A
【解析】本题考查 int 类型的实参,不会被形式参数改变。

二、基本编程题

1.【解析】
这是一道基本编程题,①考查字符串的 split 方法,②考查 eval 函数及简单累加算法。
字符串的 split 方法描述如下:
str.split(sep=None, maxsplit=-1) -> list of strings

list 由 str 根据 sep 被分隔的部分构成,sep 默认为空格。本题中使用字符串的 split 方法可将从键盘输入的以逗号(sep)隔开的字符串转变成一个字符列表。

eval 函数描述如下:
eval(source, globals=None, locals=None, /)

eval 函数能够以 Python 表达式的方式解析并执行字符串,并将结果返回。简单来说,eval(<字符串>)的作用就是将字符串转变成 Python 语句,并执行该语句。

累加和算法是利用循环语句将数值进行累加。基本程序结构可以这样设计,先定义总和 s 和循环变量 i,在每一次的循环体中对 s 进行累加,循环结束后输出累加和 s。

下面给出参考程序:

```
n = input("")
nums = n.split(",")
s = 0
for i in nums:
    s += eval(i)
print(s)
```

2.【解析】
这是一道基本编程题,① 考查求两个数的最大公约数算法(欧几里得算法,别称辗转相除法),② 考查函数的调用。

欧几里得算法是用来求两个正整数的最大公约数的算法,由古希腊数学家欧几里得在其著作《The Elements》中最早进行了描述。算法描述如下:

(1) 若 a<b,则交换 a,b;
(2) 求 a 除以 b 的余数并赋值给 r,将 b 赋值给 a,将 r 赋值给 b;
(3) 判断 r 是否等于 0,如果 r 等于 0,则返回 a,a 当前的值为所求的最大公约数;如果 r 不等于 0,继续执行第(2)步。

下面给出参考程序：

```
def GreatCommonDivisor(a,b):
    if a > b:
        a,b = b,a
    r = 1
    while r != 0:
        r = a % b
        a = b
        b = r
    return a
m = eval(input(""))
n = eval(input(""))
print(GreatCommonDivisor(m,n))
```

函数调用和执行的一般形式如下：

<函数名>(<参数列表>)

函数调用是运行函数代码的方式，在参数列表中给出要传入函数内部的参数，这类参数称为实际参数，简称为实参。实际参数替换定义中的参数。函数调用后得到返回值。本题中 m、n 是实参，a、b 是形参。

3.【解析】

这是一道基本编程题，①考查 Python 第三方中文分词函数库 jieba 的导入语句，②考查 jieba.lcut() 函数的使用。

jieba 库是 Python 中一个重要的第三方中文分词函数库，需要通过 pip 指令安装。jieba 库的分词原理是利用一个中文词库，将待分词的内容与分词词库进行对比，通过图结构和动态规划方法找到最大概率的词组。jieba 库支持 3 种分词模式：精确模式、全模式和搜索引擎模式。jieba.lcut（s,cut_all=True）函数输出原始文本中所有可能情况的分词结果，属于全模式分词。

```
import jieba
s = "世界冠军运动员的乒乓球拍卖完了"
ls = jieba.lcut(s,True)
print(ls)
```

三、简单应用题

1.【解析】

这是一道简单应用题，考核"海龟绘图体系"，绘制四叶花瓣形状。

该问题可以采用两种思路解决：①逐一绘制每个花瓣，形成四叶花瓣；②鉴于该形状的规则性，也可采用画四个半圆构成四叶花瓣形状。这里给出思路②的参考代码如下：

```
import turtle as t
for i in range(4):
    t.seth(90 * (i+1))
    t.circle(200,90)
    t.seth(-90 + i * 90)
    t.circle(200,90)
```

特别观察循环体内 seth 方法内参数的变化过程。

2.【解析】

这是一道简单应用题,考查判断素数的函数定义及列表的 remove 方法。

参考代码如下:

```
def is_prime(n):
    for i in range(2,n):
        if n % i == 0:
            return False
    return True
ls = [23,45,78,87,11,67,89,13,243,56,67,311,431,111,141]
for i in ls:
    if is_prime(i)==True:
        ls.remove(i)
print(len(ls))
```

四、综合应用题

【解析】

本题主要考查导入 CSV 格式数据到列表中。需要注意的是,以 split(",") 方法从 CSV 文件中获得内容时,每行最后一个元素后面包含了一个换行符("\n"),这个换行符是多余的,可以使用字符串的 replace() 方法将其去除。

参考程序代码如下:

```
InputStr = input("")      #请输入星座名称,例如双子座
InputStr.strip()
fo = open("SunSign.csv","r")
ls = []
for line in fo:
    line = line.replace("\n","")
    ls.append(line.split(","))
fo.close()
```

```
flag = False
for line in ls:
    if InputStr == line[0]:
        print("{}座的生日位于{}-{}之间。".\
format(chr(eval(line[3])),line[1],line[2]))
        flag = True
if flag == False:
    print("输入星座名称有误!")
```

冲 刺 重 点

全国计算机等级考试二级 Python 语言程序设计考试科目"基本编程题"一般以单个知识点为目标进行考核,内容涵盖考纲全部内容,复习重点包括数值运算、字符串及格式化、循环控制结构、time 和 random 标准库等内容。基本编程题共 3 道,每题 5 分。由于这是编程题的第一部分,所以整体难度较低,更体现基本的编程水平。

基本编程题是全国计算机等级考试二级 Python 语言程序设计考试科目评测考生水平的晴雨表,每套模拟试卷至少正确答对 2 道题才具备通过考试的基本条件。程序设计是实践性很强的内容,请多实践、多练习、打牢基础,"不积小流,无以成江海",再加油!

第三部分　线上题库备考

根据 Python 语言程序设计 2018 年版考纲，第三部分提供了根据知识点和题目类型的备考题目及答案，合计共 720 道题目。

第 8 章公共基础知识题库，根据知识点分 5 个部分，共 155 道题目。

第 9 章 Python 单选题库，根据知识点分 8 个部分，每部分 60 道题，共 480 道题目。

第 10 章 Python 编程题库，根据类型分为 3 个部分，分别包含"基本编程题" 60 道、"简单应用题" 40 道、"综合应用题" 20 道，共 120 道题目。

第 11 章考前冲刺，根据已开考的题型、难度给出了 3 套高质量的试卷，共 138 道题目。

所有题目都适用于全国计算机等级考试二级 Python 语言科目。

第 8 章 公共基础知识题库

第 8 章内容词云效果

本章各节内容可以采用手机回答。

8.1 计算机系统

【手机来答题】

一、题库习题

1. 下列计算机中整数的表示法中,可以直接作加减运算的是
   A. 反码   B. 原码   C. 补码   D. 偏移码

2. 下列存储器中,访问速度最快的是
   A. 磁带   B. 磁盘   C. USB   D. 内存储器

3. 为了解决 CPU 和主存之间的速度匹配问题,应该
   A. 在主存储器和 CPU 之间增加高速缓冲存储器
   B. 提高主存储器访问速度
   C. 扩大 CPU 中通用寄存器的数量
   D. 扩大主存容量

4. 允许在一台主机上同时连接多台终端,且多个用户可以通过各自的终端同时交互地使用计算机的操作系统是
   A. 分时操作系统   B. 网络操作系统   C. 实时操作系统   D. 分布式操作系统

5. 多道程序设计技术是指
   A. 将多个程序用多个 CPU 同时运行
   B. 允许多个程序同时进入内存并运行
   C. 将一个程序分成多个小程序用多个 CPU 运行
   D. 将一个程序分成多个小程序用一个 CPU 分别运行

6. 操作系统管理进程所使用的数据结构是
   A. 进程控制块 PCB   B. 文件控制块 FCB   C. 设备控制块 DCB   D. 目录控制块

7. 操作系统提供了进程管理、设备管理、文件管理和
   A. 存储器管理   B. 通信管理   C. 用户管理   D. 数据管理

8. 文件系统中用于管理文件的是
   A. 目录   B. 指针   C. 页表   D. 堆栈结构

9. 度量计算机运算速度常用的单位是
   A. MIPS   B. MHz   C. MBps   D. Mbps

10. 计算机的系统总线是计算机各部件间传递信息的公共通道,它分为
    A. 数据总线和控制总线   B. 地址总线和数据总线
    C. 数据总线、控制总线和地址总线   D. 地址总线和控制总线

11. 关于计算机软件的描述,错误的是
    A. 软件系统是为运行、管理和维护计算机而编制的各种程序、数据和文档的总称
    B. 计算机软件按照面向应用对象的不同主要分为系统软件和应用软件
    C. 定制软件是指控制和协调计算机及外部设备,支持应用软件开发和运行的软件
    D. 系统软件主要包括操作系统、语言处理系统、数据库管理系统和系统辅助处理程序等

12. 下面描述错误的是
    A. 原始的冯·诺依曼计算机在结构上是以运算器为中心的
    B. 中央处理器主要包括运算器和存储器两个部件
    C. 运算器负责对数据进行算术运算和逻辑运算(即对数据进行加工处理)
    D. 存储器分为内存储器和外存储器

13. 总线是_____的电子数据线路。
    A. 在 CPU 内部以及在 CPU 和主板的其他部件之间传输信息
    B. 在内存和主板的其他部件之间传输信息
    C. 只在 CPU 和主板之间传输信息
    D. 只在 CPU 内部传输信息

14. 关于计算机指令,下列描述中错误的是
    A. 计算机指令是能够被计算机识别并执行的二进制代码
    B. 一条计算机指令通常由两部分组成:操作码和操作数(地址码)
    C. 指令中操作数的真实地址称为有效地址,它是由寻址方式和形式地址共同来决定的
    D. 不同类型的计算机,指令系统都是相同的

15. 计算机执行指令的一个指令周期基本过程是
    A. 取指令,分析指令,执行指令,修改程序计数器
    B. 取指令,分析指令,修改程序计数器,执行指令
    C. 取指令,修改程序计数器,分析指令,执行指令
    D. 取指令,修改程序计数器,执行指令,分析指令

16. 关于 RAM 存储器,描述错误的是

A. RAM 存储器分为 SRAM 和 DRAM
B. 静态存储单元保存的信息比较稳定,并且这些信息为非破坏性读出,故不需要重写或者刷新操作
C. 动态 RAM 具有集成度更高、功耗更低等特点,目前被各类计算机广泛使用
D. 静态存储单元具有结构简单、可靠性高、速度较快、集成度很高的特点

17. 字长为 16 位的无符号数的表示范围为 0 至
A. 65535　　　　　B. 4294967295　　　　C. 2^{16}　　　　D. 65536

18. 关于带符号数的表示,描述错误的是
A. 带符号数是指在计算机中将数的符号数码化
B. 根据符号位和数值位的编码方法不同,机器数有原码、补码和反码三种表示
C. 在数的原码表示中,机器数的最高位为符号位,0 表示正数,1 表示负数,数值跟随其后,并以绝对值形式给出
D. 一个数的反码的反码不是原码本身

19. 关于总线的描述,错误的是
A. 总线上信息的传送方式是只能并行传输
B. 总线仲裁逻辑可分为集中式和分布式两种,前者将控制逻辑集中在一处(如在 CPU 中),后者将控制逻辑分散在总线的各个部件之上
C. 总线依据功能和实现方式的不同可分为片内总线、系统总线和通信总线等
D. 总线的结构通常分为单总线结构和多总线结构

20. I/O 方式包括程序查询、程序中断、DMA 和
A. 请求　　　　　B. 通道　　　　　C. 应答　　　　　D. 控制

21. 裸机指的是
A. 没有软件系统的计算机　　　　　B. 没有应用软件的计算机系统
C. 放在露天的计算机　　　　　　　D. 缺少外部设备的计算机

22. Android 是一种基于_____的操作系统,主要应用于移动设备。
A. iOS　　　　　B. Google　　　　　C. Hongmeng　　　　　D. Linux

23. 铁路订票系统是一种_____系统。
A. 实时　　　　　B. 分时　　　　　C. 分布式　　　　　D. 嵌入式

24. 嵌入式系统的重要特点是
A. 健壮性强　　　　　　　　B. 微型化
C. 足够快的速度处理和响应　　D. 通信透明性

25. 关于并发程序的执行过程,描述错误的是
A. 程序与其执行过程不是一一对应的关系
B. 程序并发执行可以互相制约
C. 并发程序具有并行性和共享性
D. 并发程序具有封闭性

26. 关于进程与程序,描述错误的是
A. 进程是程序在处理机上的一次执行过程,它是动态的概念
B. 一个程序只能对应一个进程
C. 进程的存在是暂时的,程序是可以作为一种软件资源长期保存的,它的存在是永久的
D. 进程的组成应包括程序和数据

27. 关于进程的组织,描述错误的是
A. 对进程的物理组织方式通常有线性表和链接表两种
B. 在线性表组织方式中,将所有不同状态进程的PCB组织在一个表中,适用于系统中进程数目很多的情况
C. 线性表形式的组织方法之一是分别把具有相同状态进程的PCB组织在同一个表中
D. 链接表组织形式是按照进程的不同状态将相应的PCB放入不同的带链队列中

28. 关于进程调度,描述错误的是
A. 基本的进程调度方式是抢占方式和非抢占方式
B. 最基本的进程调度算法有先来先服务调度算法、时间片轮转调度算法、优先级调度算法
C. 进程调度亦可称为高级调度
D. 高级调度是作业调度,作业调度负责对CPU之外的系统资源进行调度,其中包含不可抢占资源(如打印机)的分配

29. 在多道程序系统中,存储管理功能不包括
A. 进程控制　　　　B. 内存分配　　　　C. 存储共享与保护　　D. 存储器扩充

30. 关于虚拟存储器管理,描述错误的是
A. 虚拟存储器是对外存的逻辑扩展
B. 虚拟存储器使存储系统既具有相当于外存的容量又有接近于主存的访问速度
C. 用于支持虚拟存储器的外存称为后备存储器
D. 虚拟存储器管理有请求页式存储管理、请求段式存储管理

二、参考答案

1. C　　2. D　　3. A　　4. A　　5. B　　6. A　　7. A　　8. A　　9. A　　10. C

11. C 12. B 13. A 14. D 15. A 16. D 17. A 18. D 19. A 20. B
21. A 22. D 23. A 24. B 25. D 26. B 27. B 28. C 29. A 30. A

8.2 数据结构与算法

【手机来答题】

一、题库习题

1. 关于算法的描述,以下选项中正确的是
A. 算法的执行效率与数据的存储结构无关
B. 算法的空间复杂度是指算法程序中指令(或语句)的条数
C. 算法的有穷性是指算法必须能在执行有限个步骤之后终止
D. 算法具有不确定性

2. 下列叙述中正确的是
A. 算法的优化主要通过程序的编制技巧来实现
B. 算法的复杂度与问题的规模无关
C. 数值型算法只需考虑计算结果的可靠性
D. 对数据进行压缩存储会降低算法的空间复杂度

3. 在数据结构中,从逻辑上可以把数据结构分成
A. 内部结构和外部结构 B. 线性结构和非线性结构
C. 紧凑结构和非紧凑结构 D. 动态结构和静态结构

4. 在数据结构中,与所使用的计算机无关的是
A. 数据的存储结构 B. 数据的物理结构
C. 数据的逻辑结构 D. 数据的物理结构和存储结构

5. 线性链表的优点是
A. 便于插入和删除操作 B. 数据元素的物理结构与逻辑结构相同
C. 花费的存储空间较顺序存储少 D. 便于随机存取

6. 关于栈的描述,以下选项中正确的是
A. 在栈中只能插入数据 B. 在栈中只能删除数据
C. 栈是先进先出的线性表 D. 栈是先进后出的线性表

7. 一些重要的程序语言(如 C 语言和 Pascal 语言)允许过程的递归调用,而实现递归调

用的存储分配通常用的是

  A. 栈   B. 堆   C. 数组   D. 链表

  8. 从栈底至栈顶依次存放元素 A、B、C、D,在第 5 个元素 E 入栈前,栈中元素可以出栈,可能的出栈序列是

  A. ABCED   B. DBCEA   C. CDABE   D. DCBEA

  9. 关于队列的描述,以下选项中正确的是

  A. 在队列中只能插入数据   B. 在队列中只能删除数据

  C. 队列是先进后出的线性表   D. 队列是先进先出的线性表

  10. 循环队列的存储空间为 Q(1∶50),初始状态为 front = rear = 50。经过一系列正常的入队与退队操作后,front = rear = 25,此后又插入一个元素,则循环队列中的元素个数为

  A. 1,或 50 且产生上溢错误   B. 51

  C. 26   D. 2

  11. 某带链栈的初始状态为 top = bottom = null。经过一系列正常的入栈与退栈操作后,top = 10,bottom = 20,该栈中的元素个数为

  A. 10   B. 不确定   C. 0   D. 1

  12. 某带链栈的初始状态为 top = bottom = null,经过一系列正常的入栈与退栈操作后,top = bottom = 10,该栈中的元素个数为

  A. 10   B. 不确定   C. 0   D. 1

  13. 某带链的队列初始状态为 front = rear = null。经过一系列正常的入队与退队操作后,front = rear = 10,该队列中的元素个数为

  A. 0 或 1   B. 不确定   C. 0   D. 1

  14. 某带链的队列初始状态为 front = rear = null。经过一系列正常的入队与退队操作后,front = 10,rear = 5,该队列中的元素个数为

  A. 5   B. 不确定   C. 4   D. 6

  15. 设数据结构 B = (D,R),其中 D = {a,b,c,d,e,f},R = {(a,b),(b,c),(c,d),(d,e),(e,f),(f,a)},该数据结构为

  A. 线性结构   B. 循环队列   C. 循环链表   D. 非线性结构

  16. 设数据结构 B = (D,R),其中 D = {a,b,c,d,e,f},R = {(f,a),(d,b),(e,d),(c,e),(a,c)},该数据结构为

  A. 线性结构   B. 循环队列   C. 循环链表   D. 非线性结构

17. 下列数据结构中,不能采用顺序存储结构的是
   A. 非完全二叉树　　　B. 堆　　　　　　　C. 队列　　　　　　　D. 栈

18. 设栈的顺序存储空间为 S(1:m),初始状态为 top=0。现经过一系列正常的入栈和退栈操作后,top=m+1,则栈中的元素个数为
   A. 0　　　　　　　　B. m　　　　　　　C. 不确定　　　　　　D. m+1

19. 设栈的存储空间为 S(1:m),初始状态为 top=m+1。经过一系列正常的入栈和退栈操作后,top=m,然后又在栈中退出一个元素,则栈顶指针 top 值为
   A. 0　　　　　　　　B. m−1　　　　　　C. 不确定　　　　　　D. m+1

20. 设栈的存储空间为 S(1:50),初始状态为 top=51。经过一系列正常的入栈和退栈操作后,top=20,则栈中的元素个数为
   A. 31　　　　　　　　B. 30　　　　　　　C. 21　　　　　　　　D. 20

21. 设循环队列的存储空间为 Q(1:50),初始状态为 front=rear=50。经过一系列正常的入队与退队操作后,front=rear=1,此后又正常地插入了两个元素,最后该队列中的元素个数为
   A. 3　　　　　　　　B. 51　　　　　　　C. 1　　　　　　　　D. 2

22. 设循环队列的存储空间为 Q(1:40),初始状态为 front=rear=40。经过一系列正常的入队与退队操作后,front=rear=15,此后又退出了一个元素,最后该循环队列中的元素个数为
   A. 14
   C. 40
   B. 15
   D. 39,或 0 且产生下溢错误

23. 设循环队列的存储空间为 Q(1:m),初始状态为空。经过一系列正常的入队与退队操作后,front=m,rear=m−1,此后从该循环队列中删除一个元素,则该队列中的元素个数为
   A. m−1　　　　　　　B. m−2　　　　　　C. 0　　　　　　　　D. 1

24. 某棵树中共有 25 个结点,且只有度为 3 的结点和叶子结点,其中叶子结点有 7 个,则该树中度为 3 的结点数为
   A. 18　　　　　　　　B. 6　　　　　　　　C. 8　　　　　　　　D. 不存在这样的树

25. 某棵二叉树上第 5 层的最大结点数是
   A. 8　　　　　　　　B. 16　　　　　　　C. 32　　　　　　　D. 15

26. 设一棵完全二叉树共有 699 个结点,则该二叉树中的叶子结点数是

A. 349　　　　　B. 350　　　　　C. 255　　　　　D. 351

27. 设某棵树的度为3,其中度为2、1、0的结点数分别为3、4、15,则该树中总结点数为
A. 22　　　　　　　　　　　　　　　B. 35
C. 30　　　　　　　　　　　　　　　D. 不可能有这样的树

28. 设某棵树的度为3,其中度为3、1、0的结点数分别为3、4、15,则该树中总结点数为
A. 22　　　　　　　　　　　　　　　B. 31
C. 30　　　　　　　　　　　　　　　D. 不可能有这样的树

29. 有二叉树如下图所示:

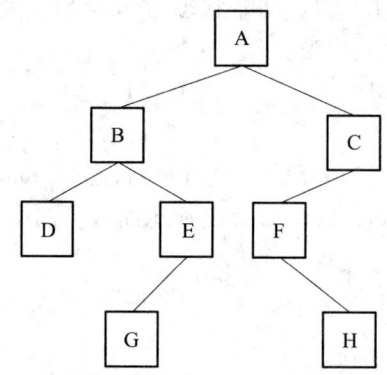

则前序序列为
A. ABDEGCFH　　B. DBGEAFHC　　C. DGEBHFCA　　D. ABCDEFGH

30. 某二叉树的前序序列为 ABDEGHCFIJ,中序序列为 DBGEHACIFJ,则后序序列为
A. JIHGFEDCBA　　B. DGHEBIJFCA　　C. GHIJDEFBCA　　D. ABCDEFGHIJ

31. 设非空二叉树的所有子树中,其左子树上的结点值均小于根结点值,而右子树上的结点值均不小于根结点值,则称该二叉树为排序二叉树。对排序二叉树的遍历结果为有序序列的是
A. 后序序列　　　　　　　　　　　B. 前序序列或者后序序列
C. 中序序列　　　　　　　　　　　D. 前序序列

32. 在最坏的情况下,堆排序的时间复杂度是
A. $O(n^2)$　　　B. $O(\log_2 n)$　　　C. $O(n^{1.5})$　　　D. $O(n\log_2 n)$

33. 已知数据表 A 中每个元素距其最终位置不远,为节省时间,应采用的算法是
A. 堆排序　　　　　　　　　　　B. 直接插入排序
C. 快速排序　　　　　　　　　　D. 直接选择排序

34. 设有一个已按各元素的值排好序的线性表(长度大于2),对给定的值k,分别用顺序查找法和二分查找法查找一个与k相等的元素,比较的次数分别是s和b,在查找不成功的情况下,s和b的关系是_____。
   A. s=b　　　　　　B. s>b　　　　　　C. s≤b　　　　　　D. s<b

35. 关于希尔排序法的描述,以下选项中正确的是
   A. 希尔排序法属于交换类排序法　　　　B. 希尔排序法属于插入类排序法
   C. 希尔排序法属于选择类排序法　　　　D. 希尔排序法属于建堆排序法

二、参考答案

1. C   2. D   3. B   4. C   5. A   6. D   7. A   8. D   9. D   10. A
11. B   12. D   13. D   14. B   15. D   16. A   17. A   18. C   19. D   20. A
21. D   22. D   23. B   24. D   25. B   26. B   27. D   28. C   29. A   30. B
31. C   32. D   33. B   34. D   35. B

8.3　程序设计基础

【手机来答题】

一、题库习题

1. 关于结构化程序设计风格,以下选项中描述正确的是
   A. 使用顺序、选择和重复(循环)3种基本控制结构表示程序的控制逻辑
   B. 模块只有一个入口,可以有多个出口
   C. 注重提高程序的执行效率
   D. 不使用 goto 语句

2. 以下选项中,不属于面向对象方法概念的是
   A. 对象　　　　　　B. 继承　　　　　　C. 类　　　　　　D. 过程调用

3. 结构化程序设计主要强调的是
   A. 程序的规模　　　B. 程序的易读性　　C. 程序的执行效率　D. 程序的可移植性

4. 下面描述中错误的是
   A. 对象一定有标识
   B. 对象一定有属性和方法(或操作)
   C. 对象具有封装性
   D. 不同对象的同一属性一定有相同的属性值

5. 对于建立良好的程序设计风格,以下选项中描述正确的是
   A. 程序应简单、清晰、可读性好
   B. 符号名的命名要符合语法
   C. 充分考虑程序的执行效率
   D. 程序的注释可有可无

6. 关于面向对象的描述,以下选项中错误的是
   A. 任何对象都必须有继承性
   B. 对象是属性和方法的封装体
   C. 对象间的信息交换靠消息传递
   D. 操作是对象的动态性属性

7. 在面向对象方法中,一个对象请求另一对象为其服务的方式是通过哪个选项发送的?
   A. 调用语句
   B. 命令
   C. 口令
   D. 消息

8. 面向对象的设计方法与传统的面向过程的方法有本质不同,它的基本原理是
   A. 模拟现实世界中不同事物之间的联系
   B. 强调算法
   C. 使用现实世界的概念抽象地思考问题从而自然地解决问题
   D. 不强调模拟现实世界中的概念

9. 在结构化方法的软件开发阶段中,软件功能分解所处的阶段是
   A. 详细设计
   B. 需求分析
   C. 编程调试
   D. 总体设计

10. 在设计程序时,应采纳的原则之一是
    A. 程序结构应有助于读者理解
    B. 不限制 goto 语句的使用
    C. 减少或取消注解行
    D. 程序越短越好

11. 下列工具中,不属于结构化分析常用的是
    A. 数据流图
    B. 数据字典
    C. 判定树
    D. N-S 图

12. 面向对象方法中,实现对象的数据和操作结合于统一体中的是
    A. 结合
    B. 封装
    C. 隐藏
    D. 抽象

13. 下列选项中不属于结构化程序设计方法的是
    A. 可复用
    B. 逐步求精
    C. 自顶向下
    D. 模块化

14. 以下选项中,不属于面向对象程序设计特征的是
    A. 类比性
    B. 继承性
    C. 多态性
    D. 封装性

15. 下面对"对象"概念描述正确的是
    A. 属性就是对象
    B. 任何对象都必须有继承性

C. 操作是对象的动态属性　　　　　　D. 对象是对象名和方法的封装体

16. 源程序的文档化不包括
A. 符号名的命名要有实际意义　　　　B. 正确的文档格式
C. 良好的视觉组织　　　　　　　　　D. 正确的程序注释

17. 以下选项中,不符合良好程序设计风格的是
A. 源程序要文档化　　　　　　　　　B. 数据说明的次序要规范化
C. 避免滥用 goto 语句　　　　　　　D. 模块设计要保证高耦合、高内聚

18. 采用面向对象技术开发的应用系统的特点是
A. 重用性强　　　　　　　　　　　　B. 运行速度更快
C. 占用存储量小　　　　　　　　　　D. 维护更复杂

19. 在面向对象方法中,类之间共享属性和操作的机制是
A. 继承　　　　B. 封装　　　　C. 多态　　　　D. 对象

20. 在面向对象方法中,类的实例称为
A. 对象　　　　B. 多重继承　　　C. 信息隐蔽　　　D. 父类

21. 在结构化设计方法生成的结构图中,带有箭头的连线表示
A. 模块之间的调用关系　　　　　　　B. 程序的组成成分
C. 控制程序的执行顺序　　　　　　　D. 数据的流向

22. 下列叙述中正确的是
A. 在面向对象的程序设计中,各个对象之间具有密切的联系
B. 在面向对象的程序设计中,各个对象都是公用的
C. 在面向对象的程序设计中,各个对象之间相对独立,相互依赖性小
D. 上述 3 种说法都不对

23. 下面概念中,不属于面向对象方法的是
A. 过程调用　　　B. 对象、消息　　　C. 继承、多态　　　D. 类、封装

24. 以下关于面向对象方法中继承的叙述,错误的是
A. 继承仅仅允许单重继承,即不允许一个子类有多个父类
B. 继承是父类和子类之间共享数据和方法的机制
C. 继承定义了一种类与类之间的关系
D. 继承关系中的子类将拥有父类的全部属性和方法

25. 以下关于面向对象方法的叙述中,正确的是
   A. 类是对象的抽象
   B. 问题空间与解决问题的方法空间不一致
   C. 数据和功能相割裂
   D. 继承是组织结构的重要特征

26. 在结构化程序设计的具体实施中,不属于需要注意的要素是
   A. 使用程序设计语言中的顺序、选择、循环等有限的控制结构表示程序的控制逻辑
   B. 选用的控制结构只准许一个入口和一个出口
   C. 程序语句组成容易识别的块,每块只有一个入口和一个出口
   D. 语言中所没有的控制结构,可以采用前后不一致的方法来模拟

27. 根据设定的条件,判断应该选择哪一条分支来执行相应的语句序列,这属于
   A. 选择结构   B. 顺序结构   C. 循环结构   D. 以上选项都不对

28. 根据给定的条件,判断是否重复执行某一相同的程序段,这属于
   A. 顺序结构   B. 选择结构   C. 循环结构   D. 以上选项都不对

29. 对于面向对象方法中的对象,下面选项中描述错误的是
   A. 对象具有标识唯一性
   B. 可以将具有相同属性的操作的对象抽象为类
   C. 同一个操作可以是不同对象的行为
   D. 从外面能直接使用对象的处理能力,直接修改其内部状态

30. 对于面向对象方法中的类,下面选项中描述错误的是
   A. 类是具有共同属性、共同方法的对象的集合
   B. 类是对象的抽象
   C. 类包括一组数据属性和在数据上的一组合法操作
   D. 一个类是其对应对象的一个实例

二、参考答案

1. A　2. D　3. B　4. D　5. A　6. A　7. D　8. C　9. D　10. A
11. D　12. B　13. A　14. A　15. C　16. B　17. D　18. A　19. A　20. A
21. A　22. C　23. A　24. A　25. C　26. D　27. A　28. C　29. D　30. D

8.4 软件工程基础

【手机来答题】

一、题库习题

1. 下面描述中正确的是
   A. 软件测试是软件调试的一部分　　　　B. 软件测试是证明软件正确的方法
   C. 软件测试的目的是发现程序中的错误　D. 软件测试是保障软件质量的唯一方法

2. 对软件系统总体结构图描述正确的是
   A. 深度等于控制的层数　　　　　　　　B. 扇入是一个模块直接调用的其他模块数
   C. 结构图是描述软件系统功能的　　　　D. 从属模块一定是原子模块

3. 下面属于黑盒测试方法的是
   A. 错误推断法　　B. 基本路径测试　　C. 判定覆盖　　D. 条件覆盖

4. 软件调试的目的是
   A. 发现错误　　　B. 改正错误　　　　C. 改善软件的性能　D. 挖掘软件的潜能

5. 以下选项中,不属于软件调试技术的是
   A. 强行排错法　　B. 集成测试法　　　C. 回溯法　　　　　D. 原因排除法

6. 软件需求规格说明书的作用不包括
   A. 便于用户、开发人员进行理解和交流
   B. 反映出用户问题的结构,可以作为软件开发工作的基础和依据
   C. 作为确认测试和验收的依据
   D. 只便于开发人员进行需求分析

7. 下面描述中不属于软件需求分析阶段任务的是
   A. 撰写软件需求规格说明书　　　　　　B. 软件的总体结构设计
   C. 软件的需求分析　　　　　　　　　　D. 软件的需求评审

8. 下面对软件特点的描述中正确的是
   A. 软件是一种逻辑实体而不是物理实体　B. 软件不具有抽象性
   C. 软件具有明显的制作过程　　　　　　D. 软件的运行存在磨损和老化问题

9. 下面属于白盒测试方法的是
   A. 等价类划分法　　　　　　　　　B. 逻辑覆盖
   C. 因果图法　　　　　　　　　　　D. 错误推测法（猜错法）

10. 为了避免流程图在描述程序逻辑时的灵活性，提出了用方框图来代替传统的程序流程图，这种图的名称是
    A. PAD 图　　　　B. N-S 图　　　　C. 结构图　　　　D. 数据流图

11. 软件集成测试不采用
    A. 一次性组装　　　　　　　　　　B. 自顶向下增量组装
    C. 自底向上增量组装　　　　　　　D. 迭代式组装

12. 在软件工程中，白盒测试法可用于测试程序的内部结构。下列选项中描述正确的是
    A. 白盒测试法将程序看作循环的集合　　B. 白盒测试法将程序看作地址的集合
    C. 白盒测试法将程序看作路径的集合　　D. 白盒测试法将程序看作目标的集合

13. 对软件系统结构图描述正确的是
    A. 原子模块是位于中间结点的模块　　　B. 结构图是描述软件系统功能的
    C. 深度越深宽度越宽说明系统越复杂　　D. 扇出是调用了一个给定模块的模块数

14. 软件系统总体结构图的作用是
    A. 描述软件系统的控制流　　　　　　　B. 描述软件系统的数据结构
    C. 描述软件系统结构的图形工具　　　　D. 描述软件系统的数据流

15. 在软件开发中，需求分析阶段产生的主要文档是
    A. 用户手册　　　　　　　　　　　　　B. 软件需求规格说明书
    C. 软件集成测试计划　　　　　　　　　D. 软件详细设计说明书

16. 下面描述中正确的是
    A. 内聚性和耦合性无关
    B. 内聚性是指多个模块间相互连接的紧密程度
    C. 耦合性是指一个模块内部各部分彼此结合的紧密程度
    D. 好的软件设计应是高内聚低耦合

17. 软件按功能可以分为应用软件、系统软件和支撑软件（或工具软件）。以下选项中属于应用软件的是
    A. Oracle 数据库管理系统　　　　　　B. C++编译系统
    C. 操作系统　　　　　　　　　　　　D. 人事管理系统

18. 以下选项中描述正确的是
A. 程序就是软件　　　　　　　　B. 软件开发不受计算机系统的限制
C. 软件既是逻辑实体又是物理实体　　D. 软件是程序、数据与相关文档的集合

19. 以下选项中描述正确的是
A. 软件工程知识解决软件项目的管理问题
B. 软件工程主要解决软件产品的生产率问题
C. 软件工程的主要思想是强调软件开发过程中需要应用工程化原则
D. 软件工程只是解决软件开发中的技术问题

20. 在结构化程序设计中,模块划分的原则是
A. 各模块应包括尽量多的功能　　　　B. 各模块的规模应尽量大
C. 各模块之间的联系应尽量紧密　　　D. 模块内具有高内聚、模块间具有低耦合

21. 模块独立性是软件模块化所提出的要求,衡量模块独立性的度量标准则是模块的
A. 抽象和信息隐蔽　　　　　　　　B. 局部化和封装化
C. 内聚性和耦合性　　　　　　　　D. 激活机制和控制方法

22. 需求分析阶段的任务是确定
A. 软件开发方法　　B. 软件开发工具　　C. 软件开发费用　　D. 软件系统功能

23. 软件测试的实施步骤是
A. 单元测试、集成测试、确认测试　　B. 单元测试、集成测试、回归测试
C. 集成测试、确认测试、系统测试　　D. 确认测试、集成测试、单元测试

24. 软件开发的结构化生命周期方法将软件生命周期划分成
A. 定义、开发、运行维护　　　　　B. 设计阶段、编程阶段、测试阶段
C. 总体设计、详细设计、编程调试　　D. 需求分析、功能定义、系统设计

25. 某系统总体结构如下图所示

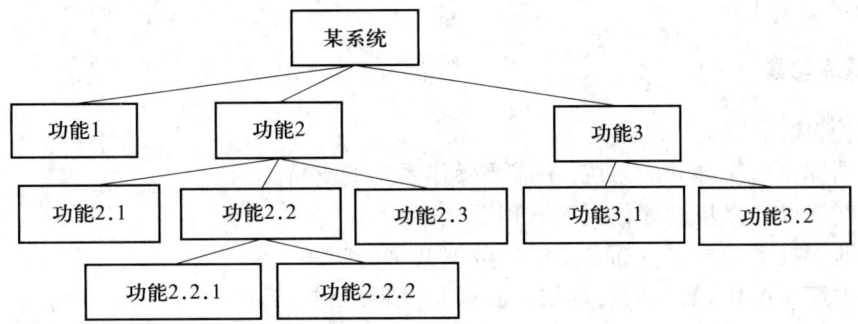

该系统结构图的最大扇入数是

A. 2　　　　　　B. 3　　　　　　C. 4　　　　　　D. 5

26. 完全不考虑程序的内部结构和内部特征,而只是根据程序功能导出测试用例的测试方法是

A. 黑箱测试法　　B. 白箱测试法　　C. 错误推测法　　D. 安装测试法

27. 软件开发离不开系统环境资源的支持,其中必要的测试数据属于

A. 硬件资源　　　B. 通信资源　　　C. 支持软件　　　D. 辅助资源

28. 下面软件系统结构图的宽度是

A. 3　　　　　　B. 2

C. 1　　　　　　D. 4

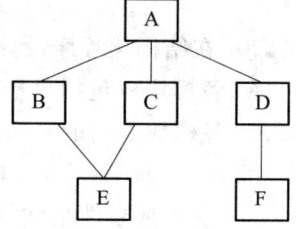

29. 下面选项中属于软件设计建模工具的是

A. DFD 图(数据流程图)　　　　　　B. 程序流程图(PFD 图)

C. 用例图(USE_CASE 图)　　　　　D. 网络工程图

30. 软件设计包括软件的结构、数据接口和过程设计,其中软件的过程设计是指

A. 模块间的关系　　　　　　　　　　B. 系统结构部件转换成软件的过程描述

C. 软件层次结构　　　　　　　　　　D. 软件开发过程

二、参考答案

1. C　2. A　3. A　4. B　5. B　6. D　7. B　8. A　9. B　10. B
11. D　12. C　13. C　14. C　15. B　16. D　17. D　18. D　19. C　20. D
21. C　22. D　23. A　24. A　25. A　26. A　27. D　28. A　29. B　30. B

8.5　数据库设计基础

【手机来答题】

一、题库习题

1. 以下选项中描述正确的是

A. 数据库是一个独立的系统,不需要操作系统的支持

B. 数据库设计是指设计数据库管理系统

C. 数据库技术的根本目标是要解决数据共享的问题

D. 数据库系统中,数据的物理结构必须与逻辑结构一致

2. 当对关系 R 和 S 进行自然连接时,要求 R 和 S 含有一个或者多个共有的
   A. 行　　　　　　　B. 属性　　　　　　　C. 元组　　　　　　　D. 记录

3. 数据库系统的数据独立性是
   A. 不会因为系统数据存储结构与数据逻辑结构的变化而影响应用程序
   B. 不会因为数据的变化而影响应用程序
   C. 不会因为存储策略的变化而影响存储结构
   D. 不会因为某些存储结构的变化而影响其他的存储结构

4. 关于数据库系统的叙述,以下选项中正确的是
   A. 数据库系统减少了数据冗余
   B. 网状模型数据库系统避免了一切冗余
   C. 数据库系统中数据的一致性是指数据类型的一致
   D. 数据库系统比文件系统能管理更多的数据

5. 数据库设计内容的两个方面包括
   A. 概念设计和逻辑设计　　　　　　　B. 模式设计和内模式设计
   C. 内模式设计和物理设计　　　　　　D. 结构特性设计和行为特性设计

6. 下列选项中,不是关系数据库基本特征的是
   A. 不同的列应有不同的数据类型　　　B. 不同的列应有不同的列名
   C. 与行的次序无关　　　　　　　　　D. 与列的次序无关

7. 概念模型是
   A. 用于现实世界的建模,与具体的 DBMS 无关
   B. 用于现实世界的建模,与具体的 DBMS 有关
   C. 用于信息世界的建模,与具体的 DBMS 有关
   D. 用于信息世界的建模,与具体的 DBMS 无关

8. 关系数据库管理系统能实现的专门关系运算是
   A. 排序、索引、统计　　　　　　　　B. 选择、投影、连接
   C. 关联、更新、排序　　　　　　　　D. 显示、打印、制表

9. 设关系 R 是 4 元关系,关系 S 是一个 5 元关系,关系 T 是 R 与 S 的笛卡儿积,即 T=R×S。以下选项中描述正确的是
   A. T 是 9 元关系　　B. T 是 11 元关系　　C. T 是 20 元关系　　D. T 是 40 元关系

10. 在数据库中,索引属于
    A. 模式　　　　　　B. 内模式　　　　　　C. 外模式　　　　　　D. 概念模式

11. 在数据库的三级模式中,可以有任意多个
    A. 外模式(用户模式)　　　　　　　　　B. 模式
    C. 内模式(物理模式)　　　　　　　　　D. 概念模式

12. 第二范式是在第一范式的基础上消除了
    A. 非主属性对键的部分函数依赖　　　　B. 非主属性对键的传递函数依赖
    C. 非主属性对键的完全函数依赖　　　　D. 多值依赖

13. 关于数据库的描述,以下选项中正确的是
    A. 数据库是一个 DBF 文件　　　　　　　B. 数据库是一个关系
    C. 数据库是一个结构化的数据集合　　　D. 数据库是一组文件

14. 某图书集团数据库中有关系模式 R(书店编号,书籍编号,库存数量,部门编号,部门负责人),其中要求:
    (1) 每个书店的每种书籍只在该书店的一个部门销售;
    (2) 每个书店的每个部门只有一个负责人
    (3) 每个书店的每种书籍只有一个库存数量
    则关系模式 R 最高是
    A. BCNF　　　　B. 3NF　　　　C. 1NF　　　　D. 2NF

15. 关系的实体完整性要求关系中不能为空的属性是
    A. 外键属性　　　B. 主键属性　　　C. 全部属性　　　D. 候选键属性

16. 数据模型包括数据结构、数据完整性约束和
    A. 数据类型　　　B. 关系运算　　　C. 查询　　　D. 数据操作

17. 学生和课程的关系模式定义为:
    S(S#,Sn,Sd,Dc,Sa)(其属性分别为学号、姓名、所在系、所在系的系主任、年龄);
    C(C#,Cn,P#)(其属性分别为课程号、课程名、先选课);
    SC(S#,C#,G)(其属性分别为学号、课程号、成绩)。
    关系中,包含对主属性传递依赖的是
    A. S#->Sd,Sd->Dc　　　　　　　　　　B. S#->Sd
    C. S#->Sd,(S#,C#)->G　　　　　　　　D. C#->P#,(S#,C#)->G

18. 有表示公司和职员及工作的 3 张表,职员可在多家公司兼职。其中公司 c(公司号,公司名,地址,注册资本,法人代表,员工数),职员 s(职员号,姓名,性别,年龄,学历),工作 w(公司号,职员号,工资)。表 w 的键(码)是
    A. 公司号,职员号　　　　　　　　　　B. 公司号,职员号,工资
    C. 职员号　　　　　　　　　　　　　　D. 职员号,工资

19. 一个工作人员可使用多台计算机,而一台计算机被多个人使用。则实体工作人员与实体计算机之间的联系是
    A. 一对多　　　　B. 多对一　　　　C. 多对多　　　　D. 一对一

20. 以下选项中,正确地描述了软件生命周期的是
    A. 软件生命周期是指软件的开发过程
    B. 软件生命周期是指软件的运行维护过程
    C. 软件生命周期是指软件从需求分析、设计、实现到测试完成的过程
    D. 软件生命周期是指软件产品从提出、实现、使用维护到停止使用退役的过程

21. 层次型、网状型和关系型数据库划分的原则是
    A. 联系的复杂程度　　　　　　　　B. 数据之间的联系方式
    C. 文件的大小　　　　　　　　　　D. 记录长度

22. 定义学生选修课的关系模式如下:
    SC(S#,C#,Cn,G,Cr)(其属性分别为学号、姓名、课程号、课程名、成绩、学分)
    该关系可进一步归范化为
    A. S(S#,Sn,C#,Cn,Cr),SC(S#,C#,G)
    B. C(C#,Cn,Cr),SC(S#,Sn,C#,G)
    C. S(S#,Sn),C(C#,Cn),SC(S#,C#,Cr,G)
    D. S(S#,Sn),C(C#,Cn,Cr),SC(S#,C#,G)

23. 在一个关系中,如果存在多个属性(或属性组)都能用来唯一标识该关系的元组,且其任何子集都不具有这一特性。该关系的这些属性(或属性组)被定义为
    A. 连接码　　　　B. 候选码　　　　C. 外码　　　　D. 主码

24. 某个数据约束规则为:设属性 A 是关系 R 的主属性,则属性 A 不能取空值。则该数据约束规则的名称是
    A. 实体完整性规则　　　　　　　　B. 参照完整性规则
    C. 用户定义完整性规则　　　　　　D. 域完整性规则

25. 在数据库的数据模型中,面向数据在计算机中物理表示的是
    A. 数据模型　　B. 概念模型　　C. 面向对象的模型　　D. 物理模型

26. 在下面列出的数据模型中,属于概念数据模型的是
    A. 关系模型　　B. 层次模型　　C. 实体-联系模型　　D. 网状模型

27. 关于关系的数据结构,以下选项中描述错误的是
    A. 关系模型采用二维表来表示

B. 二维表由表框架及表的元组组成

C. 表框架由 N 个命名的属性组成的,每个属性有一个取值范围称为值域

D. 在表框架中,可以按列存储数据,每列数据称为元组

28. 软件开发公司中实体项目与实体工程师间的联系是
    A. m∶n　　　　　B. 1∶n　　　　　C. 1∶1　　　　　D. n∶1

29. 现有表示患者和医疗的关系如下:P(P#,Pn,Pg,By),其中 P#为患者编号,Pn 为患者姓名,Pg 为性别,By 为出生日期,Tr(P#,D#,Date,Rt),其中 D#为医生编号,Date 为就诊日期,Rt 为诊断结果。检索在 1 号医生处就诊的男性病人姓名的表达式是

　　A. $\pi_{P\#}(\sigma_{D\#=1}(Tr) \bowtie \sigma_{Pg='男'}(P))$

　　B. $\pi_{Pn}(\pi_{P\#}(\sigma_{D\#=1}(Tr)) \bowtie P)$

　　C. $\sigma_{Pg='男'}(P)$

　　D. $\pi_{Pn}(\pi_{P\#}(\sigma_{D\#=1}(Tr)) \bowtie \sigma_{Pg='男'}(P))$

30. 学生选课成绩表的关系模式是 SC(S#,C#,G),其中 S#是学号,C#为课号,G 为成绩,学号为 20 的学生所选课程中成绩及格的全部课号为

　　A. $\pi_{C\#}(\sigma_{S\#=20}(SC))$

　　B. $\sigma_{S\#=20 \wedge G \geq 60}(SC)$

　　C. $\sigma_{G \geq 60}(SC)$

　　D. $\pi_{C\#}(\sigma_{S\#=20 \wedge G \geq 60}(SC))$

二、参考答案

1. C　2. B　3. A　4. A　5. A　6. A　7. A　8. B　9. A　10. B
11. A　12. A　13. C　14. D　15. B　16. D　17. A　18. A　19. C　20. D
21. B　22. D　23. B　24. A　25. D　26. C　27. A　28. A　29. D　30. D

冲刺重点

全国计算机等级考试二级 Python 语言程序设计考试科目"公共基础知识"包含二级考生需要了解的计算机基础知识,覆盖计算机系统、数据结构与算法、程序设计基础、软件工程基础、数据库设计基础等内容,共 10 道题目,全部以单选题形式考核。这部分内容与 Python 语言无关,"宽泛"又"局促",对于备考来说,认真做好本章155 道题,在考试中应该能够至少答对 6 道以上题目,可以对这部分内容放心了!

第 9 章　Python 单选题库

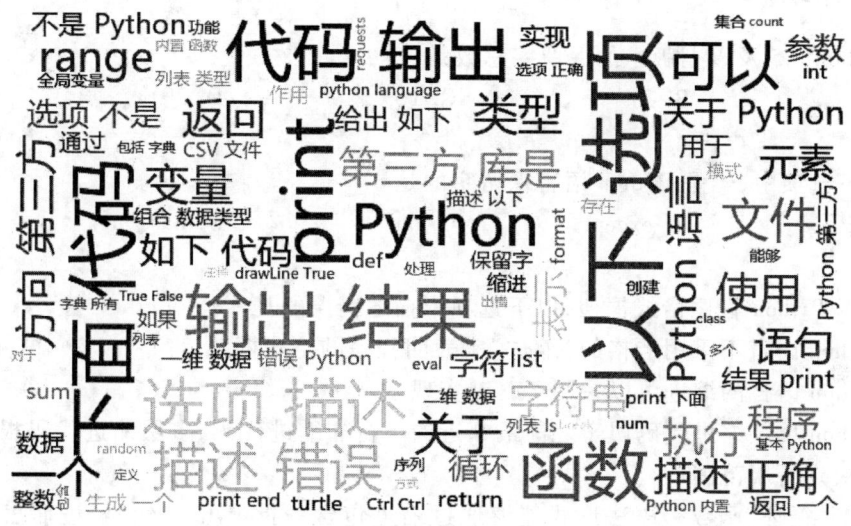

第 9 章内容词云效果

本章各节内容可以采用手机回答。

9.1　Python 语法基础

【手机来答题】

一、题库习题

1. Python 3.5 及以上版本的保留字总数是
   A. 35　　　　　　B. 27　　　　　　C. 16　　　　　　D. 29

2. 以下选项中,不是 Python 语言保留字的是
   A. while　　　　　B. except　　　　C. do　　　　　　D. pass

3. 关于 Python 程序格式框架,以下选项中描述错误的是
   A. Python 语言不采用严格的"缩进"来表明程序的格式框架
   B. Python 语言的缩进可以采用 Tab 键实现
   C. Python 单层缩进代码属于之前最邻近的一行非缩进代码,多层缩进代码根据缩进关系决定所属范围
   D. 判断、循环、函数等语法形式能够通过缩进包含一批 Python 代码,进而表达对应的语义

4. 下列选项中不符合 Python 语言变量命名规则的是
   A. TempStr　　　　B. I　　　　　　C. 3_1　　　　　　D. _AI

5. 以下选项中,关于 Python 字符串的描述错误的是
   A. 字符串是用一对双引号""或者一对单引号 '' 括起来的零个或者多个字符
   B. 字符串是字符的序列,也是序列类型的一种
   C. 字符串使用[ ]进行索引和切片
   D. Python 字符串的切片方式是[N,M],不包括 M

6. 给出如下代码:

```
TempStr ="Hello World"
```

   可以输出"World"子串的是
   A. print(TempStr[-5:])　　　　　　B. print(TempStr[-5:-1])
   C. print(TempStr[-5:0])　　　　　　D. print(TempStr[-4:-1])

7. 关于赋值语句,以下选项中描述错误的是
   A. 赋值语句采用符号"="表示

B. 赋值与二元操作符可以组合,例如 &=
C. a, b = b, a 可以实现 a 和 b 值的互换
D. a, b, c = b, c, a 是不合法的

8. 关于 eval 函数,以下选项中描述错误的是
   A. eval 函数的定义为:eval(source, globals=None, locals=None, /)
   B. eval 函数的作用是将输入的字符串转为 Python 语句,并执行该语句
   C. 如果用户希望输入一个数字,并用程序对这个数字进行计算,可以采用 eval(input(<输入提示字符串>))组合
   D. 执行">>> eval("Hello")"和执行">>> eval("'Hello'")"得到相同的结果

9. 关于 Python 语言的注释,以下选项中描述错误的是
   A. Python 语言有两种注释方式:单行注释和多行注释
   B. Python 语言的单行注释以#开头
   C. Python 语言的单行注释以单引号 '开头
   D. Python 语言的多行注释以'''(三个单引号)开头和结尾

10. 关于 Python 语言的特点,以下选项中描述错误的是
    A. Python 语言是脚本语言　　　　B. Python 语言是非开源语言
    C. Python 语言是跨平台语言　　　D. Python 语言是多模型语言

11. 关于 import 引用,以下选项中描述错误的是
    A. import 保留字用于导入模块或者模块中的对象
    B. 使用 import turtle 引入 turtle 库
    C. 可以使用 from turtle import setup 引入 turtle 库
    D. 使用 import turtle as t 引入 turtle 库,取别名为 t

12. 下面代码的输出结果是

```
print( 0.1 + 0.2 == 0.3)
```

    A. True　　　　B. False　　　　C. true　　　　D. false

13. 下面代码的输出结果是

```
print( round(0.1 + 0.2,1) == 0.3)
```

    A. True　　　　B. False　　　　C. 0　　　　D. 1

14. 在一行上写多条 Python 语句使用的符号是
    A. 分号　　　　B. 冒号　　　　C. 逗号　　　　D. 点号

15. 给出如下代码：

```
s = 'Python is beautiful!'
```

可以输出"python"的是
A. print(s[0:6])
B. print(s[0:6].lower())
C. print(s[-21:-14].lower)
D. print(s[:-14])

16. 给出如下代码：

```
s = 'Python is Open Source!'
print(s[0:].upper())
```

上述代码的输出结果是
A. PYTHON IS OPEN SOURCE!
B. PYTHON
C. Python is Open Source!
D. PYTHON IS OPEN SOURCE

17. 以下选项中，符合 Python 语言变量命名规则的是
A. Templist
B. ！i
C. 5_1
D. (VR)

18. 下列选项中可以查看 Python 代码的语言版本（例如 3.5.3）的是
A.
```
import sys
sys.version
```
B.
```
import sys
sys.path
```
C.
```
import sys
sys.version_info
```
D.
```
import sys
sys.exc_info()
```

19. 下列选项中可以获取 Python 整数类型帮助的是
A.
```
help(int)
```
B.

dir(int)

C.

help(float)

D.

dir(str)

20. 给出如下代码：

x = 3.14
eval('x + 10')

上述代码的输出结果是

A. 系统报错　　　　　　　　　　B. 13.14

C. 3.1410　　　　　　　　　　　D. TypeError：must be str, not int

21. Python 语言的主网站网址是

A. https://www.python.org/　　　　B. https://www.python123.io/

C. https://pypi.python.org/pypi　　　D. https://www.python123.org/

22. 下列 Python 保留字中，用于异常处理结构中捕获特定类型异常的是

A. def　　　　B. except　　　　C. do　　　　D. pass

23. 关于 Python 注释，以下选项中描述错误的是

A. Python 注释语句不被解释器过滤掉，也不被执行

B. 注释可用于标明作者和版权信息

C. 注释用于解释代码原理或者用途

D. 注释可以辅助程序调试

24. 以下选项中，不是 Python 数据类型的是

A. 实数　　　　B. 整数　　　　C. 字符串　　　　D. 列表

25. 下列 Python 保留字中，不用于表示分支结构的是

A. if　　　　B. elif　　　　C. else　　　　D. in

26. 以下选项中，不属于 Python 保留字的是

A. def　　　　B. elif　　　　C. type　　　　D. import

27. 以下选项中，对程序的描述错误的是

A. 程序是由一系列函数组成的
B. 程序是由一系列代码组成的
C. 可以利用函数对程序进行模块化设计
D. 通过封装可以实现代码复用

28. 利用 print() 格式化输出,能够控制浮点数的小数点后两位输出的是
A. {.2}　　　　B. {:.2}　　　　C. {.2f}　　　　D. {:.2f}

29. 以下选项中可用作 Python 标识符的是
A. 3B9909　　　B. __　　　　　C. class　　　　D. it's

30. 关于 Python 赋值语句,以下选项中不合法的是
A. x,y=y,x　　　B. x=y=1　　　C. x=(y=1)　　　D. x=1;y=1

31. 以下选项中,不是 Python 语言保留字的是
A. try　　　　　B. None　　　　C. int　　　　　D. del

32. 关于 Python 程序中与"缩进"有关的说法中,以下选项中正确的是
A. 缩进统一为 4 个空格
B. 缩进是非强制的,仅为了提高代码可读性
C. 缩进可以用在任何语句之后,表示语句间的包含关系
D. 缩进在程序中长度统一且强制使用

33. 以下选项中可访问字符串 s 从右侧向左第三个字符的是
A. s[3]　　　　B. s[-3]　　　　C. s[0:-3]　　　D. s[:-3]

34. Python 3.0 正式发布的年份是
A. 1990　　　　B. 2018　　　　C. 2002　　　　D. 2008

35. 以下选项中,不是 IPO 模型一部分的是
A. Input　　　　B. Program　　　C. Output　　　D. Process

36. 以下选项中,不是 Python 语言合法命名的是
A. MyGod5　　　B. _MyGod_　　　C. MyGod　　　　D. 5MyGod

37. 在 Python 函数中,用于获取用户输入的是
A. get()　　　　B. eval()　　　　C. input()　　　D. print()

38. 给标识符关联名字的过程是

A. 生成语句　　　　B. 表达　　　　　C. 赋值语句　　　　D. 命名

39. IDLE 菜单中创建新文件的快捷键是
A. Ctrl+N　　　　B. Ctrl+F　　　　C. Ctrl+]　　　　D. Ctrl+[

40. IDLE 菜单中将选中区域缩进的快捷键是
A. Ctrl+C　　　　B. Ctrl+]　　　　C. Ctrl+A　　　　D. Ctrl+S

41. IDLE 菜单中将选中区域取消缩进的快捷键是
A. Alt+C　　　　B. Ctrl+[　　　　C. Ctrl+V　　　　D. Ctrl+O

42. IDLE 菜单中将选中区域注释的快捷键是
A. Alt+3　　　　B. Alt+4　　　　C. Ctrl+Z　　　　D. Ctrl+G

43. IDLE 菜单中将选中区域取消注释的快捷键是
A. Alt+3　　　　B. Alt+4　　　　C. Ctrl+V　　　　D. Ctrl+P

44. IDLE 菜单将选中区域的空格替换为 Tab 的快捷键是
A. Alt+5　　　　B. Alt+6　　　　C. Ctrl+V　　　　D. Ctrl+C

45. IDLE 菜单将选中区域的 Tab 替换为空格的快捷键是
A. Alt+5　　　　B. Alt+6　　　　C. Ctrl+C　　　　D. Ctrl+O

46. 以下选项中,不是 Python 打开方式的是
A. Office
B. Windows 系统的命令行工具
C. 带图形界面的 Python Shell-IDLE
D. 命令行版本的 Python Shell-Python 3.x

47. 查看 Python 是否安装成功的命令是
A. Win + R　　　B. exit( )　　　　C. PyCharm　　　D. python3.4 -v

48. 以下选项中,不是 Python IDE 的是
A. PyCharm　　　B. Spyder　　　　C. R studio　　　D. Jupyter Notebook

49. Python 为源文件指定系统默认字符编码的声明是
A. #coding:utf-8　　B. #coding:GB2312　　C. #coding:GBK　　D. #coding:cp936

50. 下面代码的语法错误显示是

```
print "Hello World!"
```

A. NameError: name.'raw_print'is not defined
B. SyntaxError: Missing parentheses in call to 'print
C. SyntaxError: invalid character in identifier
D. <built-in function print>

51. Python 语言中,以下表达式输出结果为 11 的选项是
   A. print(eval("1" + "1"))   B. print(eval("1" + 1))
   C. print(1+1)   D. print(eval("1+1"))

52. 以下 Python 语言关键字在异常处理结构中用来捕获特定类型异常的选项是
   A. for   B. except   C. lambda   D. in

53. 运行以下程序,

```
x = eval(input())
y = eval(input())
print(abs(x+y))
```

从键盘输入 1+2 与 4j,则输出结果是
   A. 5.0   B. 5   C. <class 'complex'>   D. <class 'float'>

54. 以下选项中不符合 Python 语言变量命名规则的是
   A. 人生苦短   B. Python_is_good   C. _is_it_a_question   D. 35Python

55. 关于 Python 赋值语句,下列选项中描述正确的是
   A. 执行以下代码后,互换 x 与 y 的值

```
>>> x = 10
>>> y = 20
>>> x,y = y,x
```

   B. 在 Python 语言中,表示赋值,<变量> == <表达式>,将"=="右边的表达式计算后的结果值赋给左侧变量
   C. 对变量进行赋值的一行代码被称为赋值语句,使用"=="表达
   D. 执行以下代码后,出现错误,无法对变量 a,b,c,d 赋值

```
>>> a,b,c,d = 10,20,"alice",True
```

56. 关于 Python 基本输入输出函数,描述错误的是
   A. eval()函数也称为评估函数,可以去掉字符串最外侧的引号
   B. print 函数用于输出运算结果
   C. 以下代码输出为 3.14

```
>>> a = eval("3.14")
>>> print(a)
```

　　D. input 函数从控制台获得用户的输入,可以按照多种数据类型输出,例如浮点型、字符型、列表型等

57. 下面选项中,描述错误的是
　　A. Python 使用缩进来表示代码块,缩进的空格数固定为 4 个
　　B. Python 是强面向对象的语言,程序中任何内容统称为对象,包括数字、字符串、函数等
　　C. Python 通常是一行写完一条语句。但如果语句很长,可以使用反斜杠\来实现一条语句多行
　　D. Python 可以在同一行中使用多条语句,语句之间使用分号;分割

58. 在 Python 中用 import 或者 from…import 来导入相应的模块。模块名为 module_name,函数名为 func1。下面选项中描述错误的是
　　A. 将整个模块导入,格式为:import module_name
　　B. 从某个模块中导入多个函数,格式如:from module_name import func1, func2, func3
　　C. 从某个模块中导入某个函数,格式为:from func1 import module_name
　　D. 将某个模块中的全部函数导入,格式为:from module_name import *

59. 关于变量的描述,下面选项中描述正确的是
　　A. 变量在使用前可以不赋值即使用
　　B. 1_1 可以作为一个变量名
　　C. is 可以作为一个变量名
　　D. 以下代码中,a 是一个变量,但执行 a +"34" 会出错,错误类型为 TypeError: unsupported operand type(s) for +: 'int' and 'str'

```
>>> a = 12
>>> a + "34"
```

60. 以下代码的输出结果是

```
print("{1}:{0.6f}".format(3.1415926,"π"))
```

　　A. π:3.141593　　B. 3.141593:π　　C. 3.14159:π　　D. π:3.14159

二、参考答案

1. A	2. C	3. A	4. C	5. D	6. A	7. D	8. D	9. C	10. B
11. C	12. B	13. A	14. A	15. B	16. A	17. A	18. A	19. A	20. B
21. A	22. B	23. A	24. A	25. D	26. C	27. A	28. D	29. B	30. C

31. C　32. D　33. B　34. D　35. B　36. D　37. C　38. D　39. A　40. B
41. B　42. A　43. B　44. A　45. B　46. A　47. D　48. C　49. A　50. B
51. A　52. B　53. A　54. D　55. A　56. D　57. A　58. C　59. D　60. A

9.2　基本数据类型

【手机来答题】

一、题库习题

1. 关于 Python 的数字类型，以下选项中描述错误的是
   A. 1.0 是浮点数，不是整数
   B. 浮点数也有十进制、二进制、八进制和十六进制等表示方式
   C. 整数类型的数值一定不会出现小数点
   D. 复数类型虚部为 0 时，表示为 1+0j

2. 下面代码的输出结果是

```
x = 12.34
print(type(x))
```

   A. <class 'complex'>　　B. <class 'int'>　　C. <class 'float'>　　D. <class 'bool'>

3. 下面代码的输出结果是

```
print(pow(2,10))
```

   A. 1024　　　　　　B. 20　　　　　　C. 100　　　　　　D. 12

4. 下面代码的输出结果是

```
x = 0b1010
print(x)
```

   A. 10　　　　　　　B. 16　　　　　　C. 256　　　　　　D. 1024

5. 下面代码的输出结果是

```
x = 0o1010
print(x)
```

   A. 10　　　　　　　B. 520　　　　　C. 1024　　　　　D. 32768

6. 下面代码的输出结果是

```
x = 0x1010
print(x)
```

  A. 4112   B. 520   C. 10   D. 1024

7. 关于 Python 的浮点数类型,以下选项中描述错误的是

 A. 浮点数类型与数学中实数的概念一致,表示带有小数的数值

 B. 浮点数类型有两种表示方法:十进制表示和科学计数法

 C. Python 语言的浮点数可以不带小数部分

 D. sys.float_info 可以详细列出 Python 解释器所运行系统的浮点数各项参数

8. 关于 Python 的复数类型,以下选项中描述错误的是

 A. 复数类型表示数学中的复数

 B. 复数的虚数部分通过后缀"J"或者"j"来表示

 C. 对于复数 z,可以用 z.real 获得它的实数部分

 D. 对于复数 z,可以用 z.imag 获得它的实数部分

9. 下面代码的输出结果是

```
z = 12.12 + 34j
print(z.real)
```

  A. 12.12   B. 34   C. 12   D. 34.0

10. 下面代码的输出结果是

```
z = 12.34 + 34j
print(z.imag)
```

  A. 12.12   B. 34   C. 12   D. 34.0

11. 下面代码的输出结果是

```
x = 10
y = -1+2j
print(x+y)
```

  A. (9+2j)   B. 9   C. 2j   D. 11

12. 下面代码的输出结果是

```
x = 10
y = 3
print(x%y, x ** y)
```

A. 1 1000　　　　B. 3 1000　　　　C. 1 30　　　　D. 3 30

13. 下面代码的输出结果是

```
x = 10
y = 4
print(x/y,x//y)
```

A. 2 2.5　　　　B. 2.5 2　　　　C. 2 2　　　　D. 2.5 2.5

14. 下面代码的输出结果是

```
x = 10
y = 3
print(divmod(x,y))
```

A.（3，1）　　　　B.（1，3）　　　　C. 3,1　　　　D. 1,3

15. 下面代码的输出结果是

```
x = 3.1415926
print(round(x,2),round(x))
```

A. 3.14 3　　　　B. 3 3.14　　　　C. 2 2　　　　D. 6.28 3

16. 下面代码的输出结果是

```
a = 5
b = 6
c = 7
print(pow(b,2) -4*a*c)
```

A. 104　　　　B. -104　　　　C. 36　　　　D. 系统报错

17. 关于 Python 字符串,以下选项中描述错误的是
A. 字符串可以保存在变量中,也可以单独存在
B. 可以使用 datatype( ) 测试字符串的类型
C. 输出带有引号的字符串,可以使用转义字符 \
D. 字符串是一个字符序列,字符串中的编号叫"索引"

18. 下面代码的执行结果是

```
a = 123456789
b = " * "
print("{0:{2}>{1},}\n{0:{2}^{1},}\n{0:{2}<{1},}".format(a,20,b))
```

A. ********* 123,456,789
　　**** 123,456,789 *****
　　123,456,789 *********

B. **** 123,456,789 *****
　　********* 123,456,789
　　123,456,789 *********

C. **** 123,456,789 *****
　　123,456,789 *********
　　********* 123,456,789

D. ********* 123,456,789
　　123,456,789 *********
　　**** 123,456,789 *****

19. 下面代码的执行结果是

```
a = 10.99
print(complex(a))
```

A.（10.99+0j)　　B. 10.99+0j　　C. 10.99　　D. 0.99

20. 下面代码的输出结果是

```
>>> x = "Happy Birthday to you!"
>>> x * 3
```

A. 系统报错

B. 'Happy Birthday to you! Happy Birthday to you! Happy Birthday to you!'

C. Happy Birthday to you!
　　Happy Birthday to you!
　　Happy Birthday to you!

D. Happy Birthday to you!

21. 关于 Python 字符编码，以下选项中描述错误的是
A. Python 可以处理任何字符编码文本　　B. chr(x)将字符转换为 Unicode 编码
C. ord(x)和 chr(x)是一对函数　　D. Python 默认采用 Unicode 字符编码

22. 给出如下代码：

```
s = "Alice"
print(s[::-1])
```

上述代码的输出结果是
A. ALICE　　　　B. Alice　　　　C. Alic　　　　D. ecilA

23. 给出如下代码：

```
s= "abcdefghijklmn"
print(s[1:10:3])
```

上述代码的输出结果是

A. beh B. adgj C. adg D. behk

24. 给出如下代码,

```
for i in range(12):
    print(chr(ord("♈")+i),end="")
```

以下选项中描述错误的是
A. ord("♈")返回"♈"字符对应的 Unicode 编码
B. 输出结果为♈♉♊♋♌♍♎♏♐♑♒♓
C. chr(x)函数返回 Unicode 编码对应的字符
D. 系统报错

25. 下面代码的输出结果是

```
>>> hex(255)
```

A. '0off' B. '0xff' C. '0bff' D. '0eff'

26. 下面代码的输出结果是

```
>>> oct(-255)
```

A. '-0o377' B. '0o-377' C. '-0d377' D. '0d-377'

27. 下面代码的输出结果是

```
>>> bin(10)
```

A. '0b1010' B. '0x1010' C. '0o1010' D. '0d1010'

28. 给出如下代码:

```
for i in range(6):
    print(chr(ord(9801)+i),end="")
```

以下选项中描述正确的是
A. chr("a")返回"a"字符对应的 Unicode 编码
B. 输出结果为♈♉♊♋♌♍
C. ord(x)函数返回 x 的 Unicode 编码对应的字符
D. 系统报错

29. 给出如下代码:

```
for i in range(10):
    print(chr(ord("!")+i),end="")
```

以下选项中描述错误的是

A. ord("!")返回"!"字符对应的 Unicode 编码　　B. 输出结果为!"#$%&'()*

C. chr(x)函数返回 Unicode 编码对应的字符　　D. 系统报错

30. 下列选项中输出结果是 True 的是

A.
```
>>> isinstance(255,int)
```

B.
```
>>> chr(13).isprintable()
```

C.
```
>>> "Python".islower()
```

D.
```
>>> chr(10).isnumeric()
```

31. 下面代码的输出结果是

```
s1 = "The python language is a scripting language."
s1.replace('scripting','general')
print(s1)
```

A. The python language is a scripting language.

B. The python language is a general language.

C. ['The', 'python', 'language', 'is', 'a', 'scripting', 'language.']

D. 系统报错

32. 下面代码的输出结果是

```
s1 = "The python language is a scripting language."
s2 = s1.replace('scripting','general')
print(s2)
```

A. The python language is a scripting language.

B. The python language is a general language.

C. ['The', 'python', 'language', 'is', 'a', 'scripting', 'language.']

D. 系统报错

33. 下面代码的输出结果是

```
s = "The python language is a cross platform language."
print(s.find('language',30))
```

A. 11　　　　　　B. 40　　　　　　C. 10　　　　　　D. 系统出错

34. 下面代码的输出结果是

```
s = "The python language is a multimodel language."
print(s.split(''))
```

A. ['The', 'python', 'language', 'is', 'a', 'multimodel', 'language.']

B. Thepythonlanguageisamultimodellanguage.

C. The python language is a multimodel language.

D. 系统报错

35. 下面代码的输出结果是

```
a ="Python"
b = "A Superlanguage"
print("{:->10}:{:-<19}".format(a,b))
```

A. ----Python:A Superlanguage----

B. Python----:----A Superlanguage

C. The python language is a multimodel language.

D. ----Python:----A Superlanguage

36. 以下选项中,输出结果为 False 的是

A.
```
>>> 5 is 5
```

B.
```
>>> 5 is not 4
```

C.
```
>>> 5 != 4
```

D.
```
>>> False != 0
```

37. 下面代码的输出结果是

```
>>> True - False
```

A. 1　　　　　　B. -1　　　　　　C. 0　　　　　　D. True

38. 下面代码的输出结果是

```
a = 2
b = 2
c = 2.0
print(a == b, a is b, a is c)
```

  A. True False True   B. False False True
  C. True True False   D. True False False

39. 以下选项中,输出结果为 False 的是

  A.
```
>>> 'python123'> 'python'
```
  B.
```
>>> 'python' < 'pypi'
```
  C.
```
>>> ''<'a'
```
  D.
```
>>> 'ABCD' == 'abcd'.upper()
```

40. 下面代码的输出结果是
```
>>> a,b,c,d,e,f = 'Python'
>>> b
```
  A. 'y'   B. 0   C. 1   D. 出错

41. 下面代码的输出结果是
```
a = b = c = 123
print(a,b,c)
```
  A. 0 0 123   B. 1 1 123   C. 123 123 123   D. 出错

42. 下面代码的输出结果是
```
>>> True / False
```
  A. True   B. -1   C. 0   D. 系统报错

43. 下面代码的输出结果是
```
x = 1
x *= 3+5**2
print(x)
```

A. 28   B. 29   C. 13   D. 14

44. 下面代码的输出结果是

```
a = 5/3+5//3
print(a)
```

A. 2.666666666666667   B. 3.333333   C. 2   D. 14

45. 下面代码的输出结果是

```
a = "alex"
b = a.capitalize()
print(a,end=",")
print(b)
```

A. alex,Alex   B. Alex,Alex   C. alex,ALEX   D. ALEX,alex

46. 下面代码的输出结果是

```
a = 20
b = a | 3
a &= 7
print(b,end=",")
print(a)
```

A. 23,4   B. 4,23   C. 6.66667,4   D. 4,6.66667

47. 下面代码的输出结果是

```
a = "ac"
b = "bd"
c = a + b
print(c)
```

A. acbd   B. abcd   C. bdac   D. dbca

48. 下面代码的输出结果是

```
str1 = "mysqlsqlserverPostgresQL"
str2 = "sql"
ncount = str1.count(str2)
print(ncount)
```

A. 3   B. 2   C. 4   D. 5

49. 下面代码的输出结果是

```
>>> True / False
```

　　A. 1　　　　　　　　B. True　　　　　　C. 0　　　　　　　D. 出错

50. 下面代码的输出结果是

```
str1 = "mysqlsqlserverPostgresQL"
str2 = "sql"
ncount = str1.count(str2,10)
print(ncount)
```

　　A. 3　　　　　　　　B. 2　　　　　　　　C. 4　　　　　　　D. 0

51. 以下对数值运算操作符描述错误的是

　　A. Python 提供了 9 个基本的数值运算操作符

　　B. Python 数值运算操作符也叫内置操作符

　　C. Python 二元数学操作符都有与之对应的增强赋值操作符

　　D. Python 数值运算操作符需要引用第三方库 math

52. str = "Python 语言程序设计"，表达式 str.isnumeric( ) 的值是

　　A. False　　　　　　　　　　　　　　　B. True<class 'int'>

　　C. 1　　　　　　　　　　　　　　　　　D. 0

53. 以下程序的输出结果是

```
s1 ="袋鼠"
print("{0}生活在主要由母{0}和小{0}组成的较小的群体里。".format(s1))
```

　　A. TypeError：tuple index out of range

　　B. 袋鼠生活在主要由母袋鼠和小袋鼠组成的较小的群体里。

　　C. {0}生活在主要由母{0}和小{0}组成的较小的群体里。

　　D. IndexError：tuple index out of range

54. 对以下代码的执行结果，描述正确的是

```
>>> (255 > 55) = = true
```

　　A. 输出 true

　　B. 输出 False

　　C. 输出 True

　　D. 出现错误：NameError：name 'true' is not defined

55. 关于 Python 整数类型的说明，描述错误的是

A. 不同进制的整数之间可直接运算
B. 以下代码中 x 的赋值结果有错

```
x = 0x3f2/1010
```

C. 整数类型有 4 种进制表示,十进制、二进制(0b)、八进制(0o)、十六进制(0x)
D. 整数类型与数学中整数的概念一致

56. 表达式 3+5%6*2//8 的值是：
A. 4   B. 5   C. 6   D. 7

57. 关于字符串的 join 方法,描述错误的是
A. 以下代码的执行结果为'1,2,3,4,5'

```
>>> ",".join([1,2,3,4,5])
```

B. join 方法能够在一组数据中增加分隔字符
C. 以下代码的执行结果为'P,Y,T,H,O,N'

```
>>> ",".join("PYTHON")
```

D. 以下代码的执行结果为>>> '1*2*3*1*2*3*1*2*3'

```
>>> "*".join("123"*3)
```

58. 关于 python 字符串的操作方法,index(str)函数的功能是
A. 检测字符串中是否全是字母和数字,并至少有一个字符
B. 检测字符串中是否全是空白字符,并至少有一个字符
C. 检测字符串中是否包含子字符串 str,可指定范围
D. 检测字符串中是否是首字母大写的

59. s = "0123456789",以下表示"0123"的选项是
A. s[0:4]   B. s[0:3]   C. s[-10:-5] D. s[1:5]

60. 表达式 len("譬如朝霞,去日苦多。") > len("Hello world!")的结果是
A. False   B. True   C. 0   D. 1

二、参考答案

1. B	2. C	3. A	4. A	5. B	6. A	7. C	8. D	9. A	10. D
11. A	12. A	13. B	14. A	15. A	16. B	17. B	18. A	19. A	20. B
21. B	22. D	23. A	24. D	25. B	26. A	27. A	28. D	29. D	30. A
31. A	32. B	33. B	34. A	35. A	36. D	37. A	38. C	39. B	40. A
41. C	42. D	43. A	44. A	45. A	46. A	47. A	48. B	49. D	50. D

51. D   52. A   53. B   54. D   55. B   56. A   57. A   58. C   59. A   60. A

9.3 程序的控制结构

【手机来答题】

一、题库习题

1. 关于 Python 的分支结构,以下选项中描述错误的是
A. 分支结构可以向已经执行过的语句部分跳转
B. 分支结构使用 if 保留字
C. Python 中 if-else 语句用来形成二分支结构
D. Python 中 if-elif-else 语句描述多分支结构

2. 关于 Python 循环结构,以下选项中描述错误的是
A. Python 通过 for、while 等保留字提供遍历循环和无限循环结构
B. 遍历循环中的遍历结构可以是字符串、文件、组合数据类型和 range() 函数等
C. break 用来跳出最内层 for 或者 while 循环,脱离该循环后程序从循环代码后继续执行
D. 每个 continue 语句只有能力跳出当前层次的循环

3. 关于 Python 循环结构,以下选项中描述错误的是
A. Python 通过 for、while 等保留字构建循环结构
B. 遍历循环中的遍历结构可以是字符串、文件、组合数据类型和 range() 函数等
C. continue 用来结束当前当次语句,但不跳出当前的循环体
D. continue 结束整个循环过程,不再判断循环的执行条件

4. 下面代码的输出结果是

```
for s in "HelloWorld":
    if s=="W":
        continue
    print(s,end="")
```

A. Helloorld   B. Hello   C. World   D. HelloWorld

5. 下面代码的输出结果是

```
for s in "HelloWorld":
    if s=="W":
        break
    print(s,end="")
```

A. Helloorld　　　B. Hello　　　C. World　　　D. HelloWorld

6. 关于程序的异常处理,以下选项中描述错误的是
A. Python 通过 try、except 等保留字提供异常处理功能
B. 程序异常发生后经过妥善处理可以继续执行
C. 异常语句可以与 else 和 finally 保留字配合使用
D. 编程语言中的异常和错误是完全相同的概念

7. 关于 Python 遍历循环,以下选项中描述错误的是
A. 遍历循环通过 for 实现
B. 遍历循环中的遍历结构可以是字符串、文件、组合数据类型和 range( ) 函数等
C. 遍历循环可以理解为从遍历结构中逐一提取元素,放在循环变量中,对于所提取的每个元素只执行一次语句块
D. 无限循环无法实现遍历循环的功能

8. 关于 Python 的无限循环,以下选项中描述错误的是
A. 无限循环通过 while 保留字构建
B. 无限循环需要提前确定循环次数
C. 无限循环一直保持循环操作,直到循环条件不满足才结束
D. 无限循环也称为条件循环

9. 下面代码的输出结果是

```
for i in "Python":
    print(i,end=" ")
```

A. P y t h o n　　　　　　　　B. Python
C. P y t h o n　　　　　　　　D. P,y,t,h,o,n,

10. 给出如下代码:

```
import random
num = random.randint(1,10)
while True:
    guess = input()
    i = int(guess)
    if i == num:
        print("你猜对了")
        break
    elif i < num:
        print("小了")
```

```
    elif i > num:
        print("大了")
```

以下选项中描述错误的是
A. random.randint(1,10) 生成[1,10]之间的整数
B. 这段代码实现了简单的猜数字游戏
C. "import random"这行代码是可以省略的
D. "while True:"创建了一个无限循环

11. 给出如下代码：

```
a = 3
while a > 0:
    a -= 1
    print(a, end=" ")
```

以下选项中描述错误的是
A. a -= 1 可由 a = a - 1 实现
B. 这段代码的输出内容为 2 1 0
C. 条件 a > 0 如果修改为 a < 0 程序执行会进入死循环
D. 使用 while 保留字可创建无限循环

12. 下列快捷键中能够中断(Interrupt Execution) Python 程序运行的是
A. F6   B. Ctrl + F6   C. Ctrl + Q   D. Ctrl + C

13. 给出如下代码：

```
sum = 0
for i in range(1,11):
    sum += i
    print(sum)
```

以下选项中描述正确的是
A. 循环内语句块执行了 11 次
B. 如果 print(sum) 语句完全左对齐,输出结果不变
C. 输出的最后一个数字是 55
D. sum += i 可以写为 sum + = i

14. 关于 break 语句与 continue 语句的说法中,以下选项中不正确的是
A. 当存在多层循环时,break 语句只作用于语句所在层循环
B. continue 语句类似于 break 语句,也必须在 for、while 循环中使用
C. continue 语句结束循环,继续执行循环语句的后续语句

D. break 语句结束循环,继续执行循环语句的后续语句

15. random.uniform(a,b)的作用是

A. 生成一个[a,b]之间的随机整数

B. 生成一个[a,b]之间的随机小数

C. 生成一个均值为a,方差为b的正态分布

D. 生成一个(a,b)之间的随机数

16. 实现多路分支的最佳控制结构是

A. if   B. if-elif-else   C. try   D. if-else

17. 给出下面代码:

```
age = 23
start = 2
if age%2!=0:
    start = 1
for x in range(start,age+2,2):
    print(x)
```

上述程序输出值的个数是

A. 10   B. 12   C. 14   D. 16

18. 下面代码的执行结果是

```
print(pow(3,0.5) * pow(3,0.5)==3)
```

A. True   B. False

C. 3   D. pow(3,0.5) * pow(3,0.5)==3

19. 给出下面代码:

```
k = 10000
while k>1:
    print(k)
    k = k/2
```

上述程序的运行次数是

A. 1000   B. 15   C. 14   D. 13

20. 关于Python语句P=-P,以下选项中描述正确的是

A. P=0   B. P 等于它的相反数

C. P 等于 P 的绝对值   D. 给 P 赋值为它的相反数

21. 以下选项中能够实现 Python 循环结构的是
    A. loop   B. while   C. if   D. do…for

22. 用来判断当前 Python 语句在分支结构中的是
    A. 引号   B. 冒号   C. 缩进   D. 大括号

23. 以下选项中描述正确的是
    A. 条件 35<＝45<75 是合法的,且输出为 False
    B. 条件 24<＝28<25 是合法的,且输出为 False
    C. 条件 24<＝28<25 是不合法的
    D. 条件 24<＝28<25 是合法的,且输出为 True

24. 关于 while 保留字,以下选项中描述正确的是
    A. 使用 while 必须提供循环次数
    B. 所有 while 循环功能都可以用 for 循环替代
    C. while True：构成死循环,程序要禁止使用
    D. 使用 while 能够实现循环计数

25. random 库中用于生成随机小数的函数是
    A. random( )   B. randint( )   C. getrandbits( ) D. randrange( )

26. 以下选项中能够最简单地在列表['apple','pear','peach','orange']中随机选取一个元素的是
    A. shuffle( )   B. choice( )   C. sample( )   D. random( )

27. Python 异常处理中不会用到的关键字是
    A. try   B. else   C. if   D. finally

28. 下面代码的输出结果是

```
for i in range(1,6)：
    if i%3 == 0：
        break
    else：
        print(i,end =",")
```

    A. 1,2,   B. 1,2,3,   C. 1,2,3,4,5,   D. 1,2,3,4,5,6,

29. 下面代码的输出结果是

```
for i in range(1,6)：
    if i/3 == 0：
        break
```

```
        else:
            print(i,end = ",")
```

A. 1,2,　　　　B. 1,2,3,　　　　C. 1,2,3,4,　　　　D. 1,2,3,4,5,

30. 下面代码的输出结果是

```
sum = 0
for i in range(2,101):
    if i % 2 == 0:
        sum += i
    else:
        sum -= i
print(sum)
```

A. 51　　　　B. 50　　　　C. 49　　　　D. -50

31. 下面代码的输出结果是

```
sum = 0
for i in range(0,100):
    if i%2==0:
        sum-=i
    else:
        sum+=i
print(sum)
```

A. -49　　　　B. 49　　　　C. 50　　　　D. -50

32. 下面代码的输出结果是

```
for i in range(1,10,2):
    print(i,end=",")
```

A. 1,3,5,7,9,　　　　B. 1,3,　　　　C. 1,4,　　　　D. 1,4,7,

33. 下面代码的输出结果是

```
sum = 1
for i in range(1,101):
    sum += i
print(sum)
```

A. 5049　　　　B. 5050　　　　C. 5051　　　　D. 5052

34. 下面代码的输出结果是

```
a = [ ]
for i in range(2,10):
    count = 0
    for x in range(2,i-1):
        if i % x == 0:
            count += 1
    if count != 0:
        a.append(i)
print(a)
```

  A. [3,5,7,9]　　　　　　　　B. [4,6,8,9,10]
  C. [2,3,5,7]　　　　　　　　D. [4,6,8,9]

35. 下面代码的输出结果是

```
x2 = 1
for day in range(4,0,-1):
    x1 = (x2 + 1) * 2
    x2 = x1
print(x1)
```

  A. 46　　　　B. 94　　　　C. 190　　　　D. 23

36. 下面代码的输出结果是

```
for num in range(2,10):
    if num > 1:
        for i in range(2,num):
            if (num % i) == 0:
                break
        else:
            print(num,end=",")
```

  A. 2,4,6,8,10　　B. 2,4,6,8　　C. 2,3,5,7　　D. 4,6,8,9

37. 下面代码的输出结果是

```
for n in range(100,200):
    i = n // 100
    j = n // 10 % 10
    k = n % 10
    if n == i ** 3 + j ** 3 + k ** 3:
```

print(n)

A. 152　　　　　B. 153　　　　　C. 157　　　　　D. 159

38. 下面代码的输出结果是

```
a = 2.0
b = 1.0
s = 0
for n in range(1,4):
    s += a / b
    t = a
    a = a + b
    b = t
print(round(s,2))
```

A. 5.17　　　　B. 3.5　　　　C. 6.77　　　　D. 8.39

39. 下面代码的输出结果是

```
for a in ["torch","soap","bath"]:
    print(a)
```

A. torch　　　　B. torch soap bath　　C. torch,soap,bath　　D. torch,soap,bath
　soap
　bath

40. 下面代码的输出结果是

```
for a in 'mirror':
    print(a, end="")
    if a == 'r':
        break
```

A. mi　　　　B. mir　　　　C. mirro　　　　D. mirror

41. 下面代码的输出结果是

```
s = 0
while(s<=1):
    print('计数:',s)
    s = s + 1
```

A. 计数:0　　　　B. 计数:0　　　　C. 计数:1　　　　D. 出错
　计数:1

42. 下面代码的输出结果是

```
s = 1
while(s<=1):
    print('计数:',s)
    s = s + 1
```

A. 计数:0 B. 计数:0 C. 计数:1 D. 出错
　　计数:1

43. 下面代码的输出结果是

```
for i in ["pop star"]:
    pass
    print(i,end = "")
```

A. pop star B. 出错 C. 无输出 D. popstar

44. 给出下面代码:

```
i = 1
while i < 6:
    j = 0
    while j < i:
        print("*",end='')
        j += 1
    print("\n")
    i += 1
```

以下选项中描述错误的是
A. 执行代码出错   B. 输出 5 行
C. 第 i 行有 i 个星号 *   D. 内层循环 j 用于控制每行打印的 * 的个数

45. 给出下面代码:

```
for i in range(1,10):
    for j in range(1,i+1):
        print("{}*{}={}\t".format(j,i,i*j),end = '')
    print(" ")
```

以下选项中描述错误的是
A. 执行代码,输出九九乘法表
B. 可使用 While 嵌套循环实现上面程序的功能
C. 执行代码出错

D. 内层循环 j 用于控制一共打印 9 行

46. 下面代码的输出结果是

```
a = 1.0
if isinstance(a,int):
    print("{} is int".format(a))
else:
    print("{} is not int".format(a))
```

A. 1.0 is not int   B. 出错   C. 无输出   D. 1.0 is int

47. 下面代码的输出结果是

```
a = {}
if isinstance(a,list):
    print("{} is list".format(a))
else:
    print("{} is {}".format("a",type(a)))
```

A. 出错   B. a is <class 'dict'>
C. 无输出   D. a is list

48. 下面代码的输出结果是

```
a = [1,2,3]
if isinstance(a,float):
    print("{} is float".format(a))
else:
    print("{} is not float".format(a))
```

A. 执行代码出错   B. a is <class 'float t'>
C. [1, 2, 3] is not float   D. a is float

49. 给出下面代码：

```
a = input("").split(",")
if isinstance(a,list):
    print("{} is list".format(a))
else:
    print("{} is not list".format(a))
```

代码执行时，从键盘获得 1,2,3，则代码的输出结果是

A. 1,2,3 is list   B. 1,2,3 is not list

C. 执行代码出错   D. ['1', '2', '3'] is list

50. 给出下面代码：

```
a = input("").split(",")
x = 0
while x < len(a):
    print(a[x],end="")
    x += 1
```

代码执行时，从键盘获得 a,b,c,d,则代码的输出结果是
A. a,b,c,d   B. abcd   C. 执行代码出错   D. 无输出

51. 以下程序的输出结果是

```
for num in range(1,4):
    sum *= num
print(sum)
```

A. 6   B. TypeError 出错   C. 7   D. 7.0

52. 以下程序的输出结果是

```
lcat =["狮子","猎豹","虎猫","花豹","孟加拉虎","美洲豹","雪豹"]
for s in lcat:
    if "豹" in s:
        print(s,end="")
        continue
```

A. 猎豹花豹美洲豹雪豹   B. 猎豹
                                    花豹
                                    美洲豹
                                    雪豹
C. 猎豹   D. 雪豹

53. 当从键盘输入 1,2,3 后，以下程序的输出结果是

```
try:
    num = eval(input("请输入一个列表:"))
    num.reverse()
    print(num)
except:
    print("输入的不是列表")
```

A. 运算错误　　　B. [1,2,3]　　　C. [3,2,1]　　　D. 输入的不是列表

54. 以下程序的输出结果是

```
for i in "Summer":
    if i == "m":
        break
    print(i)
```

A. 无输出　　　B. m　　　C. mm　　　D. mmer

55. 给出以下代码，以下选项中描述错误的是

```
PM = eval(input("请输入目前PM2.5值："))
if PM > 75:
    print("空气质量等级为轻度污染!")
if PM < 35:
    print("空气质量等级为优!")
```

A. 分支语句的作用是在某些条件控制下有选择地执行实现一定功能的语句块
B. 输入25，无法得到"空气质量等级为优"
C. if分支语句则是当if后的条件满足时，if下的语句块被执行
D. 输入85，获得输出"空气质量等级为轻度污染!"

56. 以下程序的输出结果是

```
a = 0
b = 1
if (a > 0) or (b / a > 2):
    print("yes")
else:
    print("no")
```

A. 报错:ZeroDivisionError: division by zero　　　B. 不会报错
C. yes　　　D. no

57. 以下程序的输出结果是

```
sites = ["BIT","NJN","NJNU","HYIT"]
for site in sites:
    if site == "NJN":
        print("南京大学")
        break
    print("循环数据" + site)
```

```
else:
    print("没有循环数据!")
print("完成循环!")
```

A. 循环数据 BIT
   南京大学
   完成循环!
B. 南京大学
   完成循环!
C. 循环数据 BIT
   完成循环!
D. 没有循环数据
   完成循环!

58. 关于程序的控制结构,下列描述中正确的是
    A. 循环结构有两个辅助循环控制的保留字 break 和 goto
    B. Python 使用 While 实现无限循环
    C. 单分支结构的使用方式为

```
if<条件>
    <语句块>
```

    D. 双分支结构的使用方式为

```
if<条件>
    <语句块>
else
    <语句块>
```

59. 下面代码的执行结果是

```
knights = {'gallahad':'the pure', 'robin':'the brave'}
for k, v in knights.items():
    print(k, v)
```

A. gallahad the pure
   robin the brave
B. gallahad, the pure
   robin, the brave
C. the pure, gallahad
   the brave, robin
D. the pure gallahad
   the brave robin

60. 下面代码的执行结果是

```
desserts = ['ice cream', 'chocolate', 'apple crisp', 'cookies']
favorite_dessert = 'apple crisp'
for dessert in desserts:
    if dessert == favorite_dessert:
        print("%s is my favorite dessert!" % dessert.title())
```

A. chocolate is my favorite dessert!
B. ice cream is my favorite dessert!
C. apple Crisp is my favorite dessert!
D. Apple Crisp is my favorite dessert!

二、参考答案

1. A   2. D   3. D   4. A   5. B   6. D   7. D   8. B   9. A   10. C
11. C   12. D   13. C   14. C   15. B   16. B   17. B   18. B   19. C   20. D
21. B   22. C   23. B   24. D   25. A   26. B   27. C   28. A   29. D   30. A
31. C   32. A   33. C   34. D   35. A   36. C   37. B   38. A   39. A   40. B
41. A   42. C   43. A   44. A   45. C   46. A   47. B   48. C   49. D   50. B
51. B   52. A   53. D   54. A   55. B   56. A   57. A   58. B   59. A   60. D

9.4　函数和代码复用

【手机来答题】

一、题库习题

1. 关于递归函数的描述，以下选项中正确的是
   A. 包含一个循环结构　　　　　　　　B. 函数比较复杂
   C. 函数内部包含对本函数的再次调用　　D. 函数名称作为返回值

2. 关于递归函数基例的说明，以下选项中错误的是
   A. 递归函数必须有基例　　　　　　　B. 递归函数的基例不再进行递归
   C. 每个递归函数都只能有一个基例　　D. 递归函数的基例决定递归的深度

3. 以下选项中，不属于函数的作用的是
   A. 提高代码执行速度　　B. 复用代码　　C. 增强代码可读性　　D. 降低编程复杂度

4. 假设函数中不包括 global 保留字，对于改变参数值的方法，以下选项中错误的是
   A. 参数是列表类型时，改变原参数的值
   B. 参数是整数类型时，不改变原参数的值
   C. 参数是组合类型(可变对象)时，改变原参数的值
   D. 参数的值是否改变与函数中对变量的操作有关，与参数类型无关

5. 在 Python 中，关于函数的描述，以下选项中正确的是
   A. 一个函数中只允许有一条 return 语句
   B. Python 中，def 和 return 是函数必须使用的保留字
   C. Python 函数定义中没有对参数指定类型，这说明，参数在函数中可以当作任意类型使用
   D. 函数 eval() 可以用于数值表达式求值，例如 eval("2*3+1")

6. 给出如下代码:

```
def func(a,b):
    c=a**2+b
    b=a
    return c
a=10
b=100
c=func(a,b)+a
```

以下选项中描述错误的是

A. 执行该函数后,变量 c 的值为 200　　B. 该函数名称为 func

C. 执行该函数后,变量 b 的值为 100　　D. 执行该函数后,变量 a 的值为 10

7. 在 Python 中,关于全局变量和局部变量,以下选项中描述不正确的是

A. 一个程序中的变量包含两类:全局变量和局部变量

B. 全局变量一般没有缩进

C. 全局变量在程序执行的全过程有效

D. 全局变量不能和局部变量重名

8. 关于面向对象和面向过程编程描述,以下选项中正确的是

A. 面向对象编程比面向过程编程更为高级

B. 面向对象和面向过程是编程语言的分类依据

C. 模块化设计就是面向对象的设计

D. 所有面向对象编程能实现的功能采用面向过程同样能完成

9. 以下选项中,对于递归程序的描述错误的是

A. 书写简单　　　　　　　　　　B. 执行效率高

C. 一定要有基例　　　　　　　　D. 递归程序都可以有非递归编写方法

10. 下面代码的输出结果是

```
>>>f=lambda x,y:y+x
>>>f(10,10)
```

A. 10　　　　　B. 20　　　　　C. 10,10　　　　　D. 100

11. 关于形参和实参的描述,以下选项中正确的是

A. 函数定义中参数列表里面的参数是实际参数,简称实参

B. 参数列表中给出要传入函数内部的参数,这类参数称为形式参数,简称形参

C. 程序在调用时,将实参复制给函数的形参

D. 程序在调用时,将形参复制给函数的实参

12. 关于 lambda 函数,以下选项中描述错误的是
   A. lambda 函数也称为匿名函数
   B. lambda 函数将函数名作为函数结果返回
   C. 定义了一种特殊的函数
   D. lambda 不是 Python 的保留字

13. 以下选项中,对于函数的定义错误的是
   A. def vfunc(a,b=2):
   B. def vfunc(a,b):
   C. def vfunc(a,*b):
   D. def vfunc(*a,b):

14. 关于函数的参数,以下选项中描述错误的是
   A. 在定义函数时,如果有些参数存在默认值,可以在定义函数时直接为这些参数指定默认值
   B. 在定义函数时,可以设计可变数量参数,通过在参数前增加星号(*)实现
   C. 可选参数可以定义在非可选参数的前面
   D. 一个元组可以传递给带有星号的可变参数

15. 关于 return 语句,以下选项中描述正确的是
   A. 函数中最多只有一个 return 语句
   B. 函数必须有一个 return 语句
   C. return 只能返回一个值
   D. 函数可以没有 return 语句

16. 关于函数,以下选项中描述错误的是
   A. 函数是一段具有特定功能的、可重用的语句组
   B. 函数能完成特定的功能,对函数的使用不需要了解函数内部实现原理,只要了解函数的输入输出方式即可
   C. 使用函数的主要目的是降低编程难度和代码重用
   D. Python 使用 del 保留字定义一个函数

17. 关于 Python 的全局变量和局部变量,以下选项中描述错误的是
   A. 全局变量指在函数之外定义的变量,一般没有缩进,在程序执行全过程有效
   B. 局部变量指在函数内部使用的变量,当函数退出时,变量依然存在,下次函数调用可以继续使用
   C. 使用 global 保留字声明简单数据类型变量后,该变量作为全局变量使用
   D. 简单数据类型变量无论是否与全局变量重名,仅在函数内部创建和使用,函数退出后变量被释放

18. 关于 Python 的 lambda 函数,以下选项中描述错误的是
   A. lambda 用于定义简单的、能够在一行内表示的函数
   B. 可以使用 lambda 函数定义列表的排序原则
   C. f = lambda x,y:x+y 执行后,f 的类型为数字类型
   D. lambda 函数将函数名作为函数结果返回

19. 下面代码实现的功能描述为

```
def fact(n):
    if n==0:
        return 1
    else:
        return n * fact(n-1)
num = eval(input("请输入一个整数:"))
print(fact(abs(int(num))))
```

  A. 接受用户输入的整数 N,输出 N 的阶乘值
  B. 接受用户输入的整数 N,判断 N 是否是素数并输出结论
  C. 接受用户输入的整数 N,判断 N 是否是整数并输出结论
  D. 接受用户输入的整数 N,判断 N 是否是水仙花数

20. 给出如下代码:

```
def fact(n):
    s = 1
    for i in range(1,n+1):
        s *= i
    return s
```

以下选项中描述错误的是
  A. 代码中 n 是可选参数   B. fact(n)函数功能为求 n 的阶乘
  C. s 是局部变量   D. range()函数是 Python 内置函数

21. 给出如下代码:

```
ls = ["car","truck"]
def funC(a):
    ls.append(a)
    return
funC("bus")
print(ls)
```

以下选项中描述错误的是
  A. ls.append(a) 代码中的 ls 是全局变量   B. 执行代码输出结果为['car','truck']
  C. ls.append(a) 代码中的 ls 是列表类型   D. funC(a)中的 a 为非可选参数

22. 给出如下代码:

```
ls = ["car","truck"]
def funC(a):
```

```
    ls = [ ]
    ls.append(a)
    return
funC("bus")
print(ls)
```

以下选项中描述错误的是

A. 代码函数定义中, ls.append(a)中的 ls 是局部变量
B. 执行代码输出结果为['car', 'truck']
C. ls.append(a)代码中的 ls 是列表类型
D. 执行代码输出结果为['car', 'truck', 'bus']

23. 给出如下代码：

```
import turtle
def drawLine(draw):
    turtle.pendown() if draw else turtle.penup()
    turtle.fd(50)
    turtle.right(90)
drawLine(True)
drawLine(True)
drawLine(True)
drawLine(True)
```

以下选项中描述错误的是

A. 运行代码, 在 Python Turtle Graphics 中, 绘制一个正方形
B. 代码 def drawLine(draw)中的 draw 可取值 True 或者 False
C. 代码 drawLine(True)中 True 替换为-1, 运行代码结果不变
D. 代码 drawLine(True)中 True 替换为0, 运行代码结果不变

24. 给出如下代码：

```
import turtle
def drawLine(draw):
    turtle.pendown() if draw else turtle.penup()
    turtle.fd(50)
    turtle.right(90)
drawLine(True)
drawLine(0)
drawLine(True)
drawLine(True)
turtle.left(90)
```

```
drawLine(0)
drawLine(True)
drawLine(True)
```

以下选项中描述错误的是

A. 运行代码,在 Python Turtle Graphics 中,绘制一个数码管数字 2

B. 代码 drawLine(True) 中 True 替换为 0,运行代码结果不变

C. 代码 drawLine(True) 中 True 替换为 -1,运行代码结果不变

D. 代码 def drawLine(draw) 中的 draw 可取数值 0、1、-1 等

25. 下面代码的运行结果是

```
def func(num):
    num += 1
a = 10
func(a)
print(a)
```

A. 10   B. 11   C. 出错   D. int

26. 下面代码的输出结果是

```
def func(a,b):
    return a>>b
s = func(5,2)
print(s)
```

A. 20   B. 6   C. 1   D. 12

27. 下面代码的输出结果是

```
def func(a,b):
    a *= b
    return a
s = func(5,2)
print(s)
```

A. 20   B. 10   C. 1   D. 12

28. 下面代码的输出结果是

```
def f2(a):
    if a > 33:
        return True
```

```
li = [11, 22, 33, 44, 55]
res = filter(f2, li)
print(list(res))
```

  A. [44,55]   B. [33,44,55]   C. [22,33,44]   D. [11,33,55]

29. 下面代码的输出结果是

```
def fib(n):
    a,b = 1,1
    for i in range(n-1):
        a,b = b,a+b
    return a
print(fib(7))
```

  A. 5   B. 8   C. 13   D. 21

30. 下面代码的输出结果是

```
def hello_world():
    print('ST',end=" * ")
def three_hellos():
    for i in range(3):
        hello_world()
three_hellos()
```

  A. ST * ST * ST *   B. ST * ST *   C. ST *   D. ***

31. 下面代码的输出结果是

```
def exchange(a,b):
    a,b = b,a
    return (a,b)
x = 10
y = 20
x,y = exchange(x,y)
print(x,y)
```

  A. 20 10   B. 20,10   C. 10 10   D. 20 20

32. 下面代码的输出结果是

```
MA = lambda x,y: (x > y) * x + (x < y) * y
MI = lambda x,y: (x > y) * y + (x < y) * x
```

```
a = 10
b = 20
print(MA(a,b))
print(MI(a,b))
```

    A. 20,10   B. 10,20   C. 10,10   D. 20,20

33. 关于下面的代码，以下选项中描述正确的是

```
>>> list(range(0,10,2))
```

    A. 执行结果为 0,2,4,6,8   B. 按位置参数调用
    C. 按关键字参数调用   D. 按可变参数调用

34. 关于下面代码，以下选项中描述正确的是

```
def fact(n, m=1):
    s = 1
    for i in range(1, n+1):
        s *= i
    return s//m
print(fact(m=5,n=10))
```

    A. 参数按照名称传递   B. 按位置参数调用
    C. 执行结果为 10886400   D. 按可变参数调用

35. 关于函数的返回值，以下选项中描述错误的是
    A. 函数可以返回 0 个或多个结果
    B. 函数必须有返回值
    C. 函数可以有 return，也可以没有
    D. return 可以传递 0 个返回值，也可以传递任意多个返回值

36. 关于函数局部变量和全局变量的使用规则，以下选项中描述错误的是
    A. 对于基本数据类型的变量，无论是否重名，局部变量与全局变量不同
    B. 可以通过 global 保留字在函数内部声明全局变量
    C. 对于组合数据类型的变量，如果局部变量未真实创建，则是全局变量
    D. return 不可以传递任意多个函数局部变量返回值

37. 关于函数，以下选项中描述错误的是
    A. 函数使用时需要了解函数内部实现细节
    B. 函数：具有特定功能的可重用代码片段，实现解决某个特定问题的算法
    C. 函数在需要时被调用，其代码被执行

D. 函数主要通过接口(interface)与外界通信,传递信息

38. 关于函数的目的与意义,以下选项中描述错误的是
   A. 程序功能抽象,以支持代码重用
   B. 函数能调用未实现的函数
   C. 使用时无须了解函数内部实现细节
   D. 有助于采用分而治之的策略编写大型复杂程序

39. 关于函数,以下选项中描述错误的是
   A. 函数也是数据
   B. 函数定义语句可执行
   C. 函数名称不可赋给其他变量
   D. 一条函数定义定义一个用户自定义函数对象

40. 关于函数的参数传递(parameter passing),以下选项中描述错误的是
   A. 形式参数是函数定义时提供的参数
   B. 实际参数是函数调用时提供的参数
   C. Python参数传递时不构造新数据对象,而是让形式参数和实际参数共享同一对象
   D. 函数调用时,需要将形式参数传递给实际参数

41. 关于函数的关键字参数使用限制,以下选项中描述错误的是
   A. 关键字参数必须位于位置参数之前   B. 关键字参数必须位于位置参数之后
   C. 不得重复提供实际参数   D. 关键字参数顺序无限制

42. 下面代码的输出结果是

```
a = 4
a ^= 3
b = a ^ 2
print(a, end = ",")
print(b)
```

   A. 7,5   B. 64,4096   C. 5,7   D. 4,3

43. 执行下面代码,运行错误的是

```
def f(x, y = 0, z = 0): pass
```

   A. f(1, 2, 3)   B. f(1, 2)   C. f(1, , 3)   D. f(1)

44. 执行下面代码,运行错误的是

```
def f(x, y = 0, z = 0): pass
```

A. f(1, y = 2, z = 3) B. f(1, z = 3)
C. f(z = 3, x = 1, y = 2) D. f(1, x = 1, z = 3)

45. 执行下面的代码,运行正确的是

```
def f(x, y = 0, z = 0): pass
```

A. f(1, x = 1, z = 3) B. f(x = 1, 2)
C. f(x = 1, y = 2, z = 3) D. f(1, y = 2, t = 3)

46. 关于嵌套函数,以下选项中描述错误的是

A. 嵌套函数是在函数内部定义函数
B. 内层函数仅供外层函数调用,外层函数之外不得调用
C.
```
def f():
    print("Outer function f")
    def g():
        print("Inner function g")
    g()
f()
```
D.
```
def f():
    print("Outer function f")
    def g():
        print("Inner function g")
    g()
f.g()
```

47. 下面代码的执行结果是

```
>>> def area(r, pi = 3.14159):
        return pi * r * r
>>> area(pi = 3.14, r = 4)
```

A. 出错 B. 无输出 C. 39.4384 D. 50.24

48. 下面代码的执行结果是

```
>>> def area(r, pi = 3.14159):
        return pi * r * r
>>> area(3.14, 4)
```

A. 出错　　　　　B. 无输出　　　　C. 39.4384　　　　D. 50.24

49. 下面代码的执行结果是

```
def greeting(args1, *tupleArgs, **dictArgs):
    print(args1)
    print(tupleArgs)
    print(dictArgs)
names = ['HTY', 'LFF', 'ZH']
info = {'schoolName': 'NJRU', 'City': 'Nanjing'}
greeting('Hello,', *names, **info)
```

A. 出错　　　　　　　　　　　　B. 无输出
C. ['HTY', 'LFF', 'ZH']　　　　D. Hello,
　　　　　　　　　　　　　　　　　('HTY', 'LFF', 'ZH')
　　　　　　　　　　　　　　　　　{'schoolName': 'NJRU', 'City': 'Nanjing'}

50. 下面代码的执行结果是

```
def greeting(args1, *tupleArgs, **dictArgs):
    print(args1)
    print(tupleArgs)
    print(dictArgs)
names = ['HTY', 'LFF', 'ZH']
info = {'schoolName': 'NJRU', 'City': 'Nanjing'}
greeting(*names, 'Hello,', **info)
```

A. 出错　　　　　　　　　　　　B. 无输出
C. ['HTY', 'LFF', 'ZH']　　　　D. HTY
　　　　　　　　　　　　　　　　　('LFF', 'ZH', 'Hello,')
　　　　　　　　　　　　　　　　　{'schoolName': 'NJRU', 'City': 'Nanjing'}

51. 以下代码的输出结果是

```
>>> def f(x, y=0, z=0): pass
>>> f(1, , 3)
```

A. 出错　　　　B. pass　　　　C. None　　　　D. not

52. 以下代码的输出结果是

```
def fun1(a, b, *args):
    print(a)
    print(b)
```

```
    print(args)
fun1(1,2,3,4,5,6)
```

    A. 1   B. 1   C. 1,2,3,4,5,6   D. 1
        2   2   2
        [3, 4, 5, 6]   (3, 4, 5, 6)   3, 4, 5, 6

53. 函数表达式 all([1,True,True]) 的结果是
    A. 无输出   B. False   C. True   D. 出错

54. 以下关于 Python 函数对变量的作用,错误的是
    A. 对于组合数据类型的全局变量,如果在函数内部没有被真实创建的同名变量,则函数内部不可以直接使用并修改全局变量的值
    B. 简单数据类型在函数内部用 global 保留字声明后,函数退出后该变量保留
    C. 全局变量指在函数之外定义的变量,在程序执行全过程有效
    D. 简单数据类型变量仅在函数内部创建和使用,函数退出后变量被释放

55. 关于函数的描述,错误的是
    A. 函数是一段具有特定功能的、可重用的语句组
    B. 函数包括两个部分:函数的定义和函数的使用
    C. 函数定义后,可以直接运行,不需要经过调用
    D. 使用函数主要有两个目的:降低编程难度和增加代码复用

56. 关于函数的参数传递,描述错误的是
    A. 函数定义时,可选参数可以放在非可选参数前面
    B. 函数的参数在定义时可以指定默认值,当函数被调研时,如果没有传入对应的参数值,则使用函数定义时的默认值代替
    C. 函数调用时,默认采用按照位置顺序的方式传递给函数
    D. 函数调用时,也支持按照参数名称方式传递参数,不需要保持参数传递的顺序,参数之间的顺序可以任意调整,只需要对每个必要参数赋予实际值即可

57. 以下程序的输出结果是

```
n = 2
def multiply(x,y = 10):
    global n
    return x * y * n
s = multiply(99,2)
print(s)
```

    A. 3960   B. 198   C. 1980   D. 396

58. 以下程序的输出结果是

```
def func(num):
    num *= 2
m = 1000
print(func(m))
```

  A. None   B. Null   C. 1000000   D. 出错

59. 关于下面代码的描述,错误的选项是

```
a = [1,2,3]
a = "Runoob"
```

  A. 修改代码为:

```
a = [1,2,3]
print(id(a))
a = "Runoob"
print(id(a))
```

执行时,输出2行内容相同

  B. 在 Python 中,类型属于对象,变量是没有类型的

  C. 以上代码中,[1,2,3] 是 List 类型,"Runoob" 是 Str 类型

  D. 变量 a 没有类型,它仅仅是一个对象的引用(一个指针),可以是指向 List 类型对象,也可以是指向 Str 型对象

60. 以下代码执行的输出结果是

```
n = 2
def multiply(x, y = 10):
    global n
    return x * y * n
s = multiply(10,2)
print(s)
```

  A. 1024   B. 40   C. 200   D. 400

二、参考答案

1. C	2. C	3. A	4. D	5. D	6. A	7. D	8. D	9. B	10. B
11. C	12. D	13. D	14. C	15. D	16. D	17. B	18. C	19. A	20. A
21. B	22. D	23. C	24. B	25. A	26. C	27. B	28. A	29. C	30. A
31. A	32. A	33. B	34. A	35. D	36. D	37. A	38. B	39. C	40. D
41. A	42. A	43. C	44. D	45. C	46. D	47. D	48. C	49. D	50. D

51. A 52. B 53. C 54. A 55. C 56. A 57. D 58. A 59. A 60. B

9.5　组合数据类型

【手机来答题】

一、题库习题

1. 字典 d={'abc':123,'def':456,'ghi':789},len(d)的结果是
A. 3　　　　　　B. 6　　　　　　　C. 9　　　　　　　D. 12

2. 关于 Python 的元组类型,以下选项中描述错误的是
A. 元组一旦创建就不能被修改
B. Python 中元组采用逗号和圆括号(可选)来表示
C. 元组中元素不可以是不同类型
D. 一个元组可以作为另一个元组的元素,可以采用多级索引获取信息

3. S 和 T 是两个集合,对 S&T 的描述正确的是
A. S 和 T 的并运算,包括在集合 S 和 T 中的所有元素
B. S 和 T 的差运算,包括在集合 S 但不在 T 中的元素
C. S 和 T 的交运算,包括同时在集合 S 和 T 中的元素
D. S 和 T 的补运算,包括集合 S 和 T 中的非相同元素

4. S 和 T 是两个集合,对 S|T 的描述正确的是
A. S 和 T 的并运算,包括在集合 S 和 T 中的所有元素
B. S 和 T 的差运算,包括在集合 S 但不在 T 中的元素
C. S 和 T 的交运算,包括同时在集合 S 和 T 中的元素
D. S 和 T 的补运算,包括集合 S 和 T 中的非相同元素

5. 以下选项中,不是具体的 Python 序列类型的是
A. 字符串类型　　B. 元组类型　　　C. 数组类型　　　D. 列表类型

6. 对于序列 s,能够返回序列 s 中第 i 到 j 以 k 为步长的元素子序列的表达是
A. s[i, j, k]　　B. s[i; j; k]　　C. s[i:j:k]　　D. s(i, j, k)

7. 设序列 s,以下选项中对 max(s)的描述正确的是
A. 一定能够返回序列 s 的最大元素
B. 返回序列 s 的最大元素,但要求 s 中元素之间可比较

C. 返回序列 s 的最大元素,如果有多个相同,则返回一个元组类型

D. 返回序列 s 的最大元素,如果有多个相同,则返回一个列表类型

8. 元组变量 t=("cat","dog","tiger","human"),t[::-1]的结果是

A. ('human','tiger','dog','cat')　　B. ['human','tiger','dog','cat']

C. {'human','tiger','dog','cat'}　　D. 运行出错

9. 以下选项中不能生成一个空字典的是

A. { }　　　　　B. dict( )　　　　C. dict([ ])　　　　D. {[ ]}

10. 给定字典 d,以下选项中对 d.keys( )的描述正确的是

A. 返回一种 dict_keys 类型,包括字典 d 中所有键

B. 返回一个列表类型,包括字典 d 中所有键

C. 返回一个元组类型,包括字典 d 中所有键

D. 返回一个集合类型,包括字典 d 中所有键

11. 给定字典 d,以下选项中对 d.values( )的描述正确的是

A. 返回一种 dict_values 类型,包括字典 d 中所有值

B. 返回一个列表类型,包括字典 d 中所有值

C. 返回一个元组类型,包括字典 d 中所有值

D. 返回一个集合类型,包括字典 d 中所有值

12. 给定字典 d,以下选项中对 d.items( )的描述正确的是

A. 返回一种 dict_items 类型,包括字典 d 中所有键值对

B. 返回一个列表类型,每个元素是一个二元元组,包括字典 d 中所有键值对

C. 返回一个元组类型,每个元素是一个二元元组,包括字典 d 中所有键值对

D. 返回一个集合类型,每个元素是一个二元元组,包括字典 d 中所有键值对

13. 给定字典 d,以下选项中对 d.get(x, y)的描述正确的是

A. 返回字典 d 中键值对为 x:y 的值

B. 返回字典 d 中键为 x 的值,如果不存在,则返回 y

C. 返回字典 d 中键为 x 的值,如果不存在,则返回空

D. 返回字典 d 中值为 y 的值,如果不存在,则返回 x

14. 给定字典 d,以下选项中对 x in d 的描述正确的是

A. x 是一个二元元组,判断 x 是否是字典 d 中的键值对

B. 判断 x 是否是字典 d 中的键

C. 判断 x 是否是字典 d 中的值

D. 判断 x 是否是在字典 d 中以键或值方式存在

15. 给定字典 d,以下选项中可以清空该字典并保留变量的是
A. d.remove( )　　B. d.pop( )　　C. d.clear( )　　D. del d

16. 关于 Python 组合数据类型,以下选项中描述错误的是
A. Python 组合数据类型能够将多个同类型或不同类型的数据组织起来,通过单一的表示使数据操作更有序、更容易
B. 组合数据类型可以分为 3 类:序列类型、集合类型和映射类型
C. 序列类型是二维元素向量,元素之间存在先后关系,通过序号访问
D. Python 的 str、tuple 和 list 类型都属于序列类型

17. 关于 Python 的元组类型,以下选项中描述错误的是
A. 元组一旦创建就不能被修改
B. Python 中元组采用逗号和圆括号(可选)来表示
C. 元组中元素不可以是不同类型
D. 一个元组可以作为另一个元组的元素,可以采用多级索引获取信息

18. 关于 Python 的列表,以下选项中描述错误的是
A. Python 列表是一个可以修改数据项的序列类型
B. Python 列表是包含 0 个或者多个对象引用的有序序列
C. Python 列表的长度不可变
D. Python 列表用中括号[ ]表示

19. 关于 Python 序列类型的通用操作符和函数,以下选项中描述错误的是
A. 如果 s 是一个序列,x 是 s 的元素,x in s 返回 True
B. 如果 s 是一个序列,x 不是 s 的元素,x not in s 返回 True
C. 如果 s 是一个序列,s =[1,"kate",True],s[3] 返回 True
D. 如果 s 是一个序列,s =[1,"kate",True],s[-1] 返回 True

20. 下面代码的输出结果是

```
s =["seashell","gold","pink","brown","purple","tomato"]
print(s[1:4:2])
```

A. ['gold', 'brown']
B. ['gold', 'pink', 'brown']
C. ['gold', 'pink']
D. ['gold', 'pink', 'brown', 'purple', 'tomato']

21. 下面代码的输出结果是

```
s =["seashell","gold","pink","brown","purple","tomato"]
print(s[4:])
```

A. ['purple', 'tomato']
B. ['purple']
C. ['seashell', 'gold', 'pink', 'brown']
D. ['gold', 'pink', 'brown', 'purple', 'tomato']

22. 下面代码的输出结果是

```
s = ["seashell","gold","pink","brown","purple","tomato"]
print(len(s),min(s),max(s))
```

A. 6 seashell gold   B. 6 brown tomato   C. 5 pink brown   D. 5 purple tomato

23. 给出如下代码：

```
s = list("巴老爷有八十八棵芭蕉树,来了八十八个把式要在巴老爷八十八棵芭蕉树下\
住。老爷拔了八十八棵芭蕉树,不让八十八个把式在八十八棵芭蕉树下住。八十八个\
把式烧了八十八棵芭蕉树,巴老爷在八十八棵树边哭。")
```

以下选项中能输出 s 中字符个数的是

A. print(s.count())   B. print(s.sum())
C. print(s.index())   D. print(len(s))

24. 给出如下代码：

```
s = list("巴老爷有八十八棵芭蕉树,来了八十八个把式要在巴老爷八十八棵芭蕉树下\
住。老爷拔了八十八棵芭蕉树,不让八十八个把式在八十八棵芭蕉树下住。八十八个把\
式烧了八十八棵芭蕉树,巴老爷在八十八棵树边哭。")
```

以下选项中能输出字符"八"第一次出现的索引位置的是

A. print(s.count("八"))   B. print(s.index("八"))
C. print(s.index("八"),6)   D. print(s.index("八"),6,len(s))

25. 下面代码的输出结果是

```
vlist = list(range(5))
print(vlist)
```

A. [0, 1, 2, 3, 4]   B. 0 1 2 3 4
C. 0,1,2,3,4,   D. 0;1;2;3;4;

26. 下面代码的输出结果是

```
vlist = list(range(5))
for e in vlist:
    print(e,end=",")
```

A. [0,1,2,3,4]   B. 0 1 2 3 4
C. 0,1,2,3,4,   D. 0;1;2;3;4;

27. 关于 Python 字典，以下选项中描述错误的是
A. Python 字典是包含 0 个或多个键值对，没有长度限制，可以根据"键"索引"值"内容
B. Python 语言通过字典实现映射
C. 字典中对某个键值的修改可以采用中括号[ ]访问和赋值实现
D. 如果想保持一个集合中元素的顺序，可以使用字典类型

28. 给出如下代码：

```
DictColor = {"seashell":"海贝色","gold":"金色","pink":"粉红色",\
"brown":"棕色","purple":"紫色","tomato":"西红柿色"}
```

以下选项中能输出"海贝色"的是
A. print(DictColor["seashell"])   B. print(DictColor.keys())
C. print(DictColor["海贝色"])   D. print(DictColor.values())

29. 给出如下代码：

```
import random as ran
listV = []
ran.seed(100)
for i in range(10):
    i = ran.randint(100,999)
    listV.append(i)
```

以下选项中能输出随机列表元素最大值的是
A. print(listV.reverse(i))   B. print(listV.max())
C. print(listV.pop(i))   D. print(max(listV))

30. 给出如下代码：

```
MonthandFlower={"1月":"梅花","2月":"杏花","3月":"桃花","4月":"牡丹花",\
    "5月":"石榴花","6月":"莲花","7月":"玉簪花","8月":"桂\
    花","9月":"菊花","10月":"芙蓉花","11月":"山茶花","12\
    月":"水仙花"}
n = input("请输入1—12的月份:")
print(n + "月份之代表花:" + MonthandFlower.get(str(n)+"月"))
```

以下选项中描述正确的是
A. MonthandFlower 是一个集合
B. MonthandFlower 是一个字典

C. MonthandFlower 是一个列表

D. MonthandFlower 是一个元组

31. 下面代码的输出结果是

```
list1 = [ ]
for i in range(1,11):
    list1.append(i**2)
print(list1)
```

A. [1, 4, 9, 16, 25, 36, 49, 64, 81, 100]

B. [2, 4, 6, 8, 10, 12, 14, 16, 18, 20]

C. 错误

D. 1,4,9,16,25,36,49,64,81,100

32. 下面代码的输出结果是

```
list1 = [i*2 for i in 'Python']
print(list1)
```

A. ['PP', 'yy', 'tt', 'hh', 'oo', 'nn']

B. [2, 4, 6, 8, 10, 12]

C. 错误

D. Python Python

33. 下面代码的输出结果是

```
list1 = [m+n for m in 'AB' for n in 'CD']
print(list1)
```

A. ['AC', 'AD', 'BC', 'BD']   B. AABBCCDD

C. 错误   D. ABCD

34. 下面代码的输出结果是

```
list1 = [(m,n) for m in 'AB' for n in 'CD']
print(list1)
```

A. ['AC', 'AD', 'BC', 'BD']

B. [('A', 'C'), ('A', 'D'), ('B', 'C'), ('B', 'D')]

C. 错误

D. ['A','B','C','D']

35. 下面代码的输出结果是

```
list1 = [(m,n) for m in 'ABC' for n in 'ABC' if m!=n]
print(list1)
```

    A. ['AC','AD','BC','BD']
    B. [('A','C'),('A','D'),('B','C'),('B','D')]
    C. 错误
    D. [('A','B'),('A','C'),('B','A'),('B','C'),('C','A'),('C','B')]

36. 下面代码的输出结果是

```
d = {'a': 1, 'b': 2, 'c': '3'}
print(d['c'])
```

    A. 1   B. 2   C. 3   D. {'c':3}

37. 下面代码的输出结果是

```
list1 = [1,2,3]
list2 = [4,5,6]
print(list1+list2)
```

    A. [5,7,9]   B. [1,2,3]   C. [1,2,3,4,5,6]   D. [4,5,6]

38. 下面代码的输出结果是

```
str1 = "k:1|k1:2|k2:3|k3:4"
str_list = str1.split('|')
d = {}
for l in str_list:
    key,value = l.split(':')
    d[key] = value
print(d)
```

    A. [k:1,k1:2,k2:3,k3:4]
    B. {'k': '1', 'k1': '2', 'k2': '3', 'k3': '4'}
    C. ['k':'1','k1':'2','k2':'3','k3':'4']
    D. {k:1,k1:2,k2:3,k3:4}

39. 下面代码的输出结果是

```
li = ['alex','eric','rain']
s = "_".join(li)
print(s)
```

    A. _alex_eric_rain   B. alex_eric_rain_   C. alex_eric_rain   D. _alex_eric_rain_

40. 下面代码的输出结果是

```
li = ["hello",'se',[["m","n"],["h","kelly"],'all'],123,446]
print(li[2][1][1])
```

  A. h   B. n   C. kelly   D. m

41. 下面代码的输出结果是

```
a = []
for i in range(2,10):
    count = 0
    for x in range(2,i-1):
        if i % x == 0:
            count += 1
    if count == 0:
        a.append(i)
print(a)
```

  A. [3,5,7,9]   B. [2,4,6,8]   C. [2,3,5,7]   D. [4,6,8,9,10]

42. 下面代码的输出结果是

```
l1 = [1,2,3,2]
l2 = ['aa','bb','cc','dd','ee']
d = {}
for index in range(len(l1)):
    d[l1[index]] = l2[index]
print(d)
```

  A. {1: 'aa', 2: 'dd', 3: 'cc'}
  B. {1: 'aa', 2: 'bb', 3: 'cc'}
  C. {1: 'aa', 2: 'bb', 3: 'cc',2:'dd'}
  D. {1: 'aa', 2: 'bb', 3: 'cc',2:'bb'}

43. 下面代码的输出结果是

```
i = ['a','b','c']
l = [1,2,3]
b = dict(zip(i,l))
print(b)
```

  A. {'a': 1, 'b': 2, 'c': 3}   B. {1: 'a', 2: 'd', 3: 'c'}
  C. 报出异常   D. 不确定

44. 下面代码的输出结果是

```
a = [1, 2, 3]
for i in a[::-1]:
    print(i,end=",")
```

    A. 3,2,1,　　　　B. 1,2,3　　　　C. 2,1,3　　　　D. 3,1,2

45. 下面代码的输出结果是

```
L = [1,2,3,4,5]
s1 = ','.join(str(n) for n in L)
print(s1)
```

    A. [1,2,3,4,5]　　　　　　　　　B. 1,2,3,4,5
    C. [1,,2,,3,,4,,5]　　　　　　　D. 1,,2,,3,,4,,5

46. 下面代码的输出结果是

```
a = [9,6,4,5]
N = len(a)
for i in range(int(len(a) / 2)):
    a[i],a[N-i-1] = a[N-i-1],a[i]
print(a)
```

    A. [9,6,5,4]　　B. [5,6,9,4]　　C. [5,4,6,9]　　D. [9,4,6,5]

47. 下面代码的输出结果是

```
a = [1, 2, 3]
b = a[:]
print(b)
```

    A. [ ]　　　　B. [1, 2, 3]　　　　C. [3,2,1]　　　　D. 0xF0A9

48. 下面代码的输出结果是

```
a = [1,3]
b = [2,4]
a.extend(b)
print(a)
```

    A. [1,3,2,4]　　B. [1,2,3,4]　　C. [4,2,3,1]　　D. [4,3,2,1]

49. 下面代码的输出结果是

```
>>> s = {}
```

```
>>> type(s)
```

A. <class 'dict'>   B. <class 'set'>   C. <class 'list'>   D. <class 'tuple'>

50. 下面代码的输出结果是

```
>>> s = set()
>>> type(s)
```

A. <class 'dict'>   B. <class 'set'>   C. <class 'list'>   D. <class 'tuple'>

51. 以下关于列表和字符串的描述,错误的是
    A. 字符串是单一字符的无序组合
    B. 列表使用正向递增序号和反向递减序号的索引体系
    C. 列表是一个可以修改数据项的序列类型
    D. 字符和列表均支持成员关系操作符(in)和长度计算函数(len())

52. 以下程序的输出结果是

```
ls = ["石山羊","一角鲸","南极雪海燕","竖琴海豹","山蛭"]
ls.remove("山蛭")
str = ""
print("极地动物有",end="")
for s in ls:
    str = str + s + ","
print(str[:-1],end="。")
```

A. 极地动物有石山羊,一角鲸,南极雪海燕,竖琴海豹。
B. 极地动物有石山羊,一角鲸,南极雪海燕,竖琴海豹,山蛭
C. 极地动物有石山羊,一角鲸,南极雪海燕,竖琴海豹,山蛭。
D. 极地动物有石山羊,一角鲸,南极雪海燕,竖琴海豹

53. 当输入为{},以下程序的输出结果是

```
x = eval(input())
print(type(x))
```

A. <class 'int'>   B. <class 'list'>   C. 出错   D. <class 'dict'>

54. 以下程序不可能的输出结果是

```
from random import *
print(sample({1,2,3,4,5},2))
```

A. [1, 2, 3]   B. [5, 1]   C. [1, 2]   D. [4, 2]

55. 以下程序的输出结果是

```
ls = ["浣熊","豪猪","艾草松鸡","棉尾兔","叉角羚"]
x = "豪猪"
print(ls.index(x,0))
```

    A. 0   B. 1   C. -4   D. -3

56. 设将单词保存在变量 word 中,使用一个字典类型 counts = {} 统计单词出现的次数,可采用以下代码
    A. counts[word] = count[word] + 1
    B. counts[word] = 1
    C. counts[word] = count.get(word,0) + 1
    D. counts[word] = count.get(word,1) + 1

57. 以下关于字典的描述,错误的是
    A. 字典中的键可以对应多个值信息   B. 字典中元素以键信息为索引访问
    C. 字典长度是可变的   D. 字典是键值对的集合

58. 关于列表的描述,错误的是
    A. 列表是包含0个或多个元素组成的有序序列
    B. 列表是一种映射类型
    C. 列表类型用中括号[ ]表示
    D. 可以通过list(x)函数将集合或字符串类型转换成列表类型

59. 关于映射类型,描述正确的是
    A. 映射类型中的键值对是一种一元关系
    B. 键值对(key,value)在字典中表示形式为<键1>--<值1>
    C. 字典类型可以直接通过值进行索引
    D. 映射类型是"键值"数据项的组合,每个元素是一个键值对,元素之间是无序的

60. 以下程序的输出结果是

```
lt = ["alice","kate","john"]
ls = lt
lt.clear()
print(ls)
```

    A. ['alice', 'kate', 'john']   B. 变量未定义的错误
    C. [ ]   D. 'alice', 'kate', 'john'

二、参考答案

1. A	2. C	3. C	4. A	5. C	6. C	7. B	8. A	9. D	10. A
11. A	12. A	13. B	14. B	15. C	16. C	17. C	18. C	19. C	20. A
21. A	22. B	23. D	24. B	25. A	26. C	27. D	28. A	29. D	30. B
31. A	32. A	33. A	34. B	35. D	36. C	37. C	38. B	39. C	40. C
41. C	42. A	43. A	44. A	45. B	46. C	47. C	48. A	49. A	50. B
51. A	52. A	53. D	54. A	55. B	56. C	57. A	58. B	59. D	60. C

9.6 文件和数据格式化

【手机来答题】

一、题库习题

1. 关于 Python 对文件的处理，以下选项中描述错误的是
A. Python 能够以文本和二进制两种方式处理文件
B. Python 通过解释器内置的 open() 函数打开一个文件
C. 当文件以文本方式打开时，读写按照字节流方式
D. 文件使用结束后要用 close() 方法关闭，释放文件的使用授权

2. 以下选项中，不是 Python 对文件的读操作方法的是
A. read   B. readline   C. readlines   D. readtext

3. 以下选项中，不是 Python 对文件的打开模式的是
A. 'r'   B. 'w'   C. 'b+'   D. 'c'

4. 给出如下代码：

```
fname = input("请输入要打开的文件：")
fi = open(fname, "r")
for line in fi.readlines():
    print(line)
fi.close()
```

以下选项中描述错误的是
A. 用户输入文件路径，以文本文件方式读入文件内容并逐行打印
B. 通过 fi.readlines() 方法将文件的全部内容读入一个字典 fi
C. 通过 fi.readlines() 方法将文件的全部内容读入一个列表 fi
D. 上述代码中 fi.readlines() 可以优化为 fi

5. 关于数据组织的维度,以下选项中描述错误的是
A. 数据组织存在维度,字典类型用于表示一维和二维数据
B. 一维数据采用线性方式组织,对应于数学中的数组和集合等概念
C. 二维数据采用表格方式组织,对应于数学中的矩阵
D. 高维数据由键值对类型的数据构成,采用对象方式组织

6. 关于 Python 文件打开模式的描述,以下选项中错误的是
A. 文本只读模式 rt
B. 文本覆盖写模式 wt
C. 二进制追加写模式 ab
D. 二进制创建写模式 nb

7. 执行如下代码:

```
fname = input("请输入要写入的文件：")
fo = open(fname, "w+")
ls = ["清明时节雨纷纷,","路上行人欲断魂,","借问酒家何处有?",\
      "牧童遥指杏花村。"]
fo.writelines(ls)
fo.seek(0)
for line in fo：
    print(line)
fo.close()
```

以下选项中描述错误的是
A. 执行代码时,从键盘输入"清明.txt",则清明.txt 被创建
B. fo.writelines(ls)将元素全为字符串的 ls 列表写入文件
C. fo.seek(0)这行代码可以省略,不影响输出效果
D. 代码主要功能为向文件写入一个列表类型,并打印输出结果

8. 关于 CSV 文件的描述,以下选项中错误的是
A. CSV 文件格式是一种通用的、相对简单的文件格式,应用于程序之间转移表格数据
B. CSV 文件的每一行是一维数据,可以使用 Python 中的列表类型表示
C. CSV 文件通过多种编码表示字符
D. 整个 CSV 文件是一个二维数据

9. 关于 Python 文件的 '+' 打开模式,以下选项中描述正确的是
A. 只读模式
B. 覆盖写模式
C. 追加写模式
D. 与 r/w/a/x 一同使用,在原功能基础上增加同时读写功能

10. 表格类型数据的组织维度是
A. 一维数据　　　B. 二维数据　　　C. 多维数据　　　D. 高维数据

11. "键值对"类型数据的组织维度是
A. 一维数据　　　B. 二维数据　　　C. 多维数据　　　D. 高维数据

12. 给定列表 ls = {1, 2, 3, "1", "2", "3"}，其元素包含两种数据类型，则 ls 的数据组织维度是
A. 一维数据　　　B. 二维数据　　　C. 多维数据　　　D. 高维数据

13. 给定字典 d = {1:"1", 2:"2", 3:"3"}，其元素包含两种数据类型，则字典 d 的数据组织维度是
A. 一维数据　　　B. 二维数据　　　C. 多维数据　　　D. 高维数据

14. 以下选项中，不是 Python 中文件操作的相关函数是
A. open( )　　　B. load( )　　　C. read( )　　　D. write( )

15. 以下选项中，不是 Python 中文件操作的相关函数是
A. write( )　　　B. open( )　　　C. readlines( )　　　D. writeline( )

16. 以下选项中，不是 Python 文件处理 seek( ) 方法的参数是
A. 0　　　B. -1　　　C. 1　　　D. 2

17. 以下选项中，不是 Python 文件打开的合法模式组合是
A. "r"　　　B. "w"　　　C. "a"　　　D. "+"

18. 以下选项中，不是 Python 文件打开的合法模式组合是
A. "r+"　　　B. "w+"　　　C. "t+"　　　D. "a+"

19. 以下选项中，不是 Python 文件打开的合法模式组合是
A. "w+"　　　B. "wr"　　　C. "br+"　　　D. "bw"

20. 以下选项中，不是 Python 文件二进制打开模式的合法组合是
A. "b"　　　B. "bx"　　　C. "x+"　　　D. "bw"

21. 关于一维数据存储格式问题，以下选项中描述错误的是
A. 一维数据可以采用 CSV 格式存储
B. 一维数据可以采用分号分隔方式存储
C. 一维数据可以采用特殊符号@分隔方式存储

D. 一维数据可以采用直接相连形成字符串方式存储

22. 关于二维数据 CSV 存储问题，以下选项中描述错误的是
A. CSV 文件的每一行表示一个具体的一维数据
B. CSV 文件的每行采用逗号分隔多个元素
C. CSV 文件不能包含二维数据的表头信息
D. CSV 文件不是存储二维数据的唯一方式

23. 以下选项中，对 CSV 格式的描述正确的是
A. CSV 文件以英文逗号分隔元素   B. CSV 文件以英文空格分隔元素
C. CSV 文件以英文分号分隔元素   D. CSV 文件以英文特殊符号分隔元素

24. 以下选项中描述错误的是
A. 文件处理结束之后，一定要用 close( ) 方法关闭文件
B. 如果文件是只读方式打开，仅在这种情况下可以不用 close( ) 方法关闭文件
C. 文件处理后可以不用 close( ) 方法关闭文件，程序退出时会默认关闭
D. 文件处理遵循严格的"打开—操作—关闭"模式

25. 表达式",".join(ls)中 ls 是列表类型，以下选项中对其功能的描述正确的是
A. 在列表 ls 每个元素后增加一个逗号
B. 将列表所有元素连接成一个字符串，每个元素后增加一个逗号
C. 将列表所有元素连接成一个字符串，元素之间增加一个逗号
D. 将逗号字符串增加到列表 ls 中

26. 二维列表 ls=[[1,2,3],[4,5,6],[7,8,9]]，以下选项中能获取其中元素 5 的是
A. ls[1][1]   B. ls[4]   C. ls[-1][-1]   D. ls[-2][-1]

27. 二维列表 ls=[[1,2,3],[4,5,6],[7,8,9]]，以下选项中能获取其中元素 9 的是
A. ls[0][-1]   B. ls[-1]   C. ls[-1][-1]   D. ls[-2][-1]

28. 二维列表 ls=[[1,2,3],[4,5,6],[7,8,9]]，以下选项中能获取其中一个维度的数据是
A. ls[1][1]   B. ls[-1]   C. ls[-1][-1]   D. ls[-2][-1]

29. 列表 ls=[1,2,3,4,5,6,[7,8,9]]，以下选项中描述正确的是
A. ls 可能是一维列表   B. ls 可能是二维列表
C. ls 可能是多维列表   D. ls 可能是高维列表

30. 列表 ls=[[1,2,3,4,5,6,7,8,9]]，以下选项中描述错误的是

A. ls 可能是一维列表 B. ls 可能是二维列表
C. ls 可能是多维列表 D. ls 可能是高维列表

31. 以下文件操作方法中,不能从 CSV 格式文件中读取数据的是
A. seek B. readline C. readlines D. read

32. 以下文件操作方法中,不能向 CSV 格式文件写入数据的是
A. write B. writelines C. writeline D. seek 和 write

33. 两次调用文件的 write 方法,以下选项中描述正确的是
A. 连续写入的数据之间默认采用空格分隔
B. 连续写入的数据之间默认采用逗号分隔
C. 连续写入的数据之间默认采用换行分隔
D. 连续写入的数据之间无分隔符

34. 表达式 writelines(lines)能够将一个元素是字符串的列表 lines 写入文件,以下选项中描述正确的是
A. 列表 lines 中各元素之间默认采用空格分隔
B. 列表 lines 中各元素之间默认采用逗号分隔
C. 列表 lines 中各元素之间默认采用换行分隔
D. 列表 lines 中各元素之间无分隔符

35. 关于 open( )函数的文件名,以下选项中描述错误的是
A. 文件名可以是绝对路径
B. 文件名可以是相对路径
C. 文件名对应的文件可以不存在,打开时不会报错
D. 文件名不能是一个目录

36. Python 语句:f = open( ),以下选项中对 f 的描述错误的是
A. f 是文件句柄,用来在程序中表达文件
B. 表达式 print(f)执行将报错
C. 将 f 当作文件对象,f.read( )可以读入文件全部信息
D. f 是一个 Python 内部变量类型

37. 使用 open( )打开一个 Windows 操作系统 D 盘下的文件,以下选项中对路径的表示错误的是
A. D:\\PythonTest\\a.txt B. D:\PythonTest\a.txt
C. D:/PythonTest/a.txt D. D:// PythonTest//a.txt

38. 关于下面代码中的变量 x,以下选项中描述正确的是

```
fo = open(fname, "r")
for x in fo:
    print(x)
fo.close()
```

   A. 变量 x 表示文件中的一个字符 B. 变量 x 表示文件中的一行字符
   C. 变量 x 表示文件中的全体字符 D. 变量 x 表示文件中的一组字符

39. 当前程序路径在 D:\PythonTest 目录中,使用 open() 打开 D 盘根目录下文件,以下选项中对路径的表示错误的是

   A. D:\\a.txt   B. ../a.txt   C. D:\a.txt   D. ..//a.txt

40. 以下选项对应的方法可以用于从 CSV 文件中解析一二维数据的是

   A. split()   B. join()   C. format()   D. exists()

41. 以下选项对应的方法可以用于向 CSV 文件写入一二维数据的是

   A. split()   B. join()   C. strip()   D. exists()

42. 以下选项对应的方法可以辅助用于从 CSV 文件中解析一二维数据的是

   A. strip()   B. center()   C. count()   D. format()

43. 关于 CSV 文件的扩展名,以下选项中描述正确的是

   A. 扩展名只能是.csv   B. 扩展名只能是.dat
   C. 扩展名只能是.txt   D. 可以为任意扩展名

44. 关于文件的打开方式,以下选项中描述正确的是

   A. 文件只能选择二进制或文本方式打开   B. 文本文件只能以文本方式打开
   C. 所有文件都可能以文本方式打开   D. 所有文件都可能以二进制方式打开

45. 对于特别大的数据文件,以下选项中描述正确的是

   A. 选择内存大的计算机,一次性读入再进行操作
   B. 使用 for ... in... 循环,分行读入,逐行处理
   C. Python 可以处理特别大的文件,不用特别关心
   D. Python 无法处理特别大的数据文件

46. 关于高维数据,以下选项中描述错误的是

   A. 高维数据只能表达键值对数据
   B. "键值对"是高维数据的主要特征

C. 高维数据用来表达索引和数据之间的关系

D. 高维数据可用于表达一二维数据

47. 当打开一个不存在的文件时,以下选项中描述正确的是
   A. 一定会报错
   B. 根据打开类型不同,可能不报错
   C. 不存在文件无法被打开
   D. 文件不存在则创建文件

48. 关于数据维度,以下选项中描述错误的是
   A. 数据维度包括一二维、多维和高维数据
   B. 所有数据都能用维度方式表示
   C. 图像由于存在长宽,所以图像数据是二维数据
   D. 一维数据可能存在顺序,也可以没有顺序

49. 以下选项中不是文件操作函数或方法的是
   A. writelines   B. readlines   C. read   D. load

50. 对于无序的一维数据,以下选项中描述错误的是
   A. 无序一维数据可以采用列表类型来表达
   B. 无序一维数据可以采用集合类型来表达
   C. 无序一维数据可以采用字典类型来表达
   D. 无序一维数据无法利用 Python 语言有效表达

51. 以下文件操作方法,打开后能读取 CSV 格式文件的选项是
   A. fo = open("123.csv","r")
   B. fo = open("123.csv","w")
   C. fo = open("123.csv","x")
   D. fo = open("123.csv","a")

52. 关于文件的描述,错误的选项是
   A. f.seek()方法能够移动读取指针的位置,f.seek(1)将读取指针移动到文件开头
   B. 文件是存储在辅助存储器上的一组数据序列,可以包含任何数据内容
   C. 无论文件创建为文本文件或者二进制文件,都可以用"文本文件方式"和"二进制文件方式"打开,但打开后的操作不同
   D. Python 通过 open()函数打开一个文件,并返回一个操作这个文件的变量值给变量

53. 设文本文件 bar.txt 的内容如下:
   新年都未有芳华,二月初惊见草芽。
   白雪却嫌春色晚,故穿庭树作飞花。
   下面代码的输出结果是

```
f = open("bar.txt","r")
s = f.read()
print(s)
```

A. ['新年都未有芳华,二月初惊见草芽。\n','白雪却嫌春色晚,故穿庭树作飞花。']
B. [ ]
C. (新年都未有芳华,二月初惊见草芽。
白雪却嫌春色晚,故穿庭树作飞花。)
D. 新年都未有芳华,二月初惊见草芽。
白雪却嫌春色晚,故穿庭树作飞花。

54. 关于二维数据的处理,描述错误的是
A. 二维数据由多个一维数据构成,可以看成是一维数据的组合形式。二维数据可以采用二维列表来表示
B. 二维数据只能用 CSV 格式文件存储
C. 采用 CSV 格式可以实现对一二维数据文件的读写
D. 二维列表对象输出为 CSV 格式采用遍历循环和字符 join() 方法相结合

55. 文件的追加写入模式是
A. a   B. r   C. x   D. +

56. 关于文件的操作,描述错误的是
A. fileObject.readline() 方法用于从文件读取整行,包括"\n"字符
B. fileObject.write() 函数用于打开/创建一个文件
C. fileObject.read() 方法用于从文件读取指定的字节数,如果未给定参数或参数为负则读取所有
D. fileObject.readlines() 方法用于读取所有行(直到结束符 EOF)并返回列表,该列表可以由 Python 的 for... in ...结构进行处理

57. 关于文件的打开模式,描述错误的是
A. w 模式,打开一个文件只用于写入
B. rb 模式,以二进制格式打开一个文件用于只读
C. r+模式,以只读方式打开文件,文件的指针将会放在文件的开头,是默认模式
D. a 模式,打开一个文件用于追加。如果文件存在,文件指针将会放在文件的结尾,如果文件不存在,创建新文件进行写入

58. 要替换掉从 csv 文件里读出的一行字符串 s 的行尾的标点和回车符,不能使用的选项是
A. s.replace(" \n","")   B. s.strip(" \n","")
C. s.replace(" \n","").replace("。","")   D. s.replace(" \n","").split(",")

59. 关于下面代码中的变量 x,以下选项中描述正确的是

```
fo = open(fname, "r")
```

```
for x in fo:
    print(x)
fo.close()
```

A. 变量 x 表示文件中的一行字符 B. 变量 x 表示文件中的一个字符
C. 变量 x 表示文件中的一组字符 D. 变量 x 表示文件中的多行字符

60. 关于以下代码的描述,错误的选项是

```
with open('abc.txt','r+') as f:
    lines = f.readlines()
for item in lines:
    print(item)
```

A. 执行代码后,abc.txt 文件未关闭,必须通过 close() 函数关闭

B. 打印输出 abc.txt 文件内容

C. lines 是列表类型

D. item 是字符串类型

二、参考答案

1. C	2. D	3. D	4. B	5. A	6. D	7. C	8. C	9. D	10. B
11. D	12. A	13. D	14. B	15. D	16. B	17. D	18. C	19. B	20. C
21. D	22. C	23. A	24. C	25. C	26. A	27. C	28. B	29. A	30. D
31. A	32. C	33. D	34. D	35. C	36. B	37. B	38. B	39. C	40. A
41. B	42. A	43. D	44. D	45. B	46. A	47. B	48. C	49. D	50. D
51. A	52. A	53. D	54. B	55. A	56. B	57. C	58. B	59. A	60. A

9.7 Python 基础生态

【手机来答题】

一、题库习题

1. 关于 turtle 库中的 setup() 函数,以下选项中描述错误的是

A. 执行下面代码,可以获得一个宽为屏幕 50%,高为屏幕 75% 的主窗口

```
import turtle
turtle.setup(0.5,0.75)
```

B. turtle.setup() 函数的作用是设置主窗体的大小和位置

C. turtle.setup() 函数的定义为 turtle.setup(width,height,startx,starty)

D. turtle.setup()函数的作用是设置画笔的尺寸

2. 关于 turtle 库的形状绘制函数,以下选项中描述错误的是
   A. turtle.fd(distance)函数的作用是向小海龟当前行进方向前进 distance 距离
   B. turtle.seth(to_angle)函数的作用是设置小海龟当前行进方向为 to_angle,to_angle 是角度的整数值
   C. turtle.circle()函数的定义为 turtle.circle(radius, extent=None, steps=None)
   D. 执行如下代码,绘制得到一个角度为 120°,半径为 180 的弧形

```
import turtle
turtle.circle(120,180)
```

3. 关于 turtle 库的画笔控制函数,以下选项中描述错误的是
   A. turtle.penup()的别名有 turtle.pu()、turtle.up()
   B. turtle.pendown()的作用是落下画笔之后,移动画笔将绘制形状
   C. turtle.colormode()的作用是给画笔设置颜色模式
   D. turtle.width()和 turtle.pensize()不是用来设置画笔尺寸

4. 执行如下代码:

```
import turtle
turtle.circle(100)
turtle.circle(50,180)
turtle.circle(-50,180)
turtle.penup()
turtle.goto(0,140)
turtle.pendown()
turtle.circle(10)
turtle.penup()
turtle.goto(0,40)
turtle.pendown()
turtle.circle(10)
turtle.done()
```

在 Python Turtle Graphics 中,绘制的是
A. 太极图   B. 同切圆   C. 同心圆   D. 笛卡儿心形

5. 执行如下代码:

```
import turtle as t
t.circle(40)
t.circle(60)
```

```
t.circle(80)
t.done()
```

在 Python Turtle Graphics 中,绘制的是
A. 太极图　　　　B. 同切圆　　　　C. 同心圆　　　　D. 笛卡儿心形

6. 执行如下代码:

```
import turtle as t
def DrwaCctCircle(n):
    t.penup()
    t.goto(0,-n)
    t.pendown()
    t.circle(n)
for i in range(20,80,20):
    DrwaCctCircle(i)
t.done()
```

在 Python Turtle Graphics 中,绘制的是
A. 太极图　　　　B. 同切圆　　　　C. 同心圆　　　　D. 笛卡儿心形

7. 执行如下代码:

```
import turtle as t
for i in range(1,5):
    t.fd(50)
    t.left(90)
```

在 Python Turtle Graphics 中,绘制的是
A. 正方形　　　　B. 五边形　　　　C. 三角形　　　　D. 五角星

8. turtle 库的绘制状态函数是
A. color()　　　　B. right()　　　　C. seth()　　　　D. pendown()

9. turtle 库的颜色控制函数是
A. begin_fill()　　B. pensize()　　　C. seth()　　　　D. setheading()

10. turtle 库的运动控制函数是
A. pendown()　　B. begin_fill()　　C. pencolor()　　D. goto()

11. random 库的 seed(a) 函数的作用是
A. 生成一个[0.0, 1.0)之间的随机小数　　B. 设置初始化随机数种子 a

C. 生成一个随机整数 D. 生成一个 k 比特长度的随机整数

12. random 库的 random.randrange(start, stop[, step])函数的作用是
A. 生成一个[start, stop)之间的随机小数
B. 从序列类型(例如列表)中随机返回一个元素
C. 生成一个[start, stop)之间以 step 为步数的随机整数
D. 将序列类型中元素随机排列,返回打乱后的序列

13. random 库的 random.sample(pop, k)函数的作用是
A. 从 pop 类型中随机选取 k-1 个元素,以列表类型返回
B. 随机返回一个元素
C. 生成一个随机整数
D. 从 pop 类型中随机选取 k 个元素,以列表类型返回

14. time 库的 time.time()函数的作用是
A. 返回系统当前的时间戳
B. 返回系统当前时间戳对应的 struct_time 对象
C. 返回系统当前时间戳对应的本地时间的 struct_time 对象,本地之间经过时区转换
D. 返回系统当前时间戳对应的易读字符串表示

15. time 库的 time.mktime(t)函数的作用是
A. 根据 format 格式定义,解析字符串 t,返回 struct_time 类型时间变量
B. 将 struct_time 对象变量 t 转换为时间戳
C. 将当前程序挂起 secs 秒,挂起即暂停执行
D. 返回一个代表时间的精确浮点数,两次或多次调用,其差值用来计时

16. 下列函数中,不是基本的 Python 内置函数是
A. perf_counter()   B. abs()   C. all()   D. any()

17. 基本的 Python 内置函数 bool(x)的作用是
A. 返回数值变量 x 的绝对值
B. 将 x 转换为 Boolean 类型,即 True 或 False
C. 组合类型变量 x 中所有元素都为真时返回 True,否则返回 False;若 x 为空,返回 True
D. 组合类型变量 x 中任一元素为真时返回 True,否则返回 False;若 x 为空,返回 False

18. 基本的 Python 内置函数 chr(i)的作用是
A. 创建一个复数 r + i * 1j,其中 i 可以省略
B. 创建字典类型,如果没有输入参数则创建一个空字典
C. 返回 Unicode 编码值为 i 的字符

D. 将整数 x 转换为等值的二进制字符串

19. 基本的 Python 内置函数 eval(x) 的作用是

A. 将 x 转换成浮点数

B. 将整数 x 转换为十六进制字符串

C. 计算字符串 x 作为 Python 语句的值

D. 去掉字符串 x 最外侧引号,当作 Python 表达式评估返回其值

20. 基本的 Python 内置函数 int(x) 的作用是

A. 计算变量 x 的长度　　　　　　　B. 将变量 x 转换成整数

C. 创建或将变量 x 转换成一个列表类型　　D. 返回给定参数列表元素的最大值

21. 基本的 Python 内置函数 ord(x) 的作用是

A. 返回一个字符 x 的 Unicode 编码值

B. 将变量 x 转换成整数

C. 将整数 x 转换为八进制字符串

D. 获取用户输入,其中 x 是字符串,作为提示信息

22. 下列函数中,不属于基本的 Python 内置函数是

A. hex( )　　　B. exec( )　　　C. sum( )　　　D. close( )

23. 基本的 Python 内置函数 range(a,b,s) 的作用是

A. 返回组合类型的逆序迭代形式

B. 产生一个整数序列,从 a 到 b(不含)以 s 为步长

C. 返回 a 的 b 次幂

D. 返回 a 的四舍五入值,b 表示保留小数的位数

24. 基本的 Python 内置函数 sorted(x) 的作用是

A. 将 x 转换为等值的字符串类型

B. 对组合数据类型 x 计算求和结果

C. 返回变量 x 的数据类型

D. 对组合数据类型 x 进行排序,默认从小到大

25. 以下选项中,不是 pip 工具进行第三方库安装的作用的是

A. 安装一个库　　　　　　　　　B. 卸载一个已经安装的第三方库

C. 列出当前系统已经安装的第三方库　　D. 脚本程序转变为可执行程序

26. 使用 PyInstaller 库对 Python 源文件打包的基本使用方法是

A. pyinstaller 需要在命令行运行　　:\>pyinstaller　<Python 源程序文件名>

B. pip -h

C. pip install <拟安装库名>

D. pip download <拟下载库名>

27. 以下函数中,不是 jieba 库函数是

　　A. sorted(x)　　　　B. lcut()　　　　C. lcut_for_search()　　D. add_word()

28. 关于 jieba 库的函数 jieba.lcut(x),以下选项中描述正确的是

　　A. 精确模式,返回中文文本 x 分词后的列表变量

　　B. 全模式,返回中文文本 x 分词后的列表变量

　　C. 搜索引擎模式,返回中文文本 x 分词后的列表变量

　　D. 向分词词典中增加新词 w

29. 关于 jieba 库的函数 jieba.lcut(x, cut_all = True),以下选项中描述正确的是

　　A. 精确模式,返回中文文本 x 分词后的列表变量

　　B. 全模式,返回中文文本 x 分词后的列表变量

　　C. 搜索引擎模式,返回中文文本 x 分词后的列表变量

　　D. 向分词词典中增加新词 w

30. 关于 jieba 库的函数 jieba.lcut_for_search(x),以下选项中描述正确的是

　　A. 精确模式,返回中文文本 x 分词后的列表变量

　　B. 全模式,返回中文文本 x 分词后的列表变量

　　C. 搜索引擎模式,返回中文文本 x 分词后的列表变量

　　D. 向分词词典中增加新词 w

31. 关于 wordcloud 库的描述,以下选项中正确的是

　　A. wordcloud 库是专用于根据文本生成词云的 Python 第三方库

　　B. wordcloud 库是网络爬虫方向的 Python 第三方库

　　C. wordcloud 库是机器学习方向的 Python 第三方库

　　D. wordcloud 库是中文分词方向的 Python 第三方库

32. 安装一个库的命令格式是

　　A. pip uninstall <拟卸载库名>　　　　B. pip -h

　　C. pip install <拟安装库名>　　　　　D. pip download <拟下载库名>

33. 下载第三方库安装包但并不安装的命令格式是

　　A. pip search <拟查询关键字>　　　　B. pip -h

　　C. pip install <拟安装库名>　　　　　D. pip download <拟下载库名>

34. 列出某个已经安装库详细信息的命令格式是
   A. pip show <拟查询库名>　　　　　B. pip -h
   C. pip install <拟安装库名>　　　　D. pip download <拟下载库名>

35. 列出当前系统已经安装的第三方库的命令格式是
   A. pip list　　　　　　　　　　　　B. pip -h
   C. pip install <拟安装库名>　　　　D. pip download <拟下载库名>

36. 联网搜索库名或摘要中关键字的命令格式是
   A. pip -h　　　　　　　　　　　　　B. pip search <拟查询关键字>
   C. pip install <拟安装库名>　　　　D. pip download <拟下载库名>

37. pip 功能列表帮助信息的命令格式是
   A. pip -h　　　　　　　　　　　　　B. pip search <拟查询关键字>
   C. pip install <拟安装库名>　　　　D. pip download <拟下载库名>

38. time.ctime( )的作用是
   A. 将 struct_time 对象变量 t 转换为时间戳
   B. 返回系统当前时间戳对应的本地时间的 struct_time 对象,本地之间经过时区转换
   C. 返回系统当前时间戳对应的易读字符串表示
   D. 返回系统当前时间戳对应的 struct_time 对象

39. 返回系统当前时间戳对应的 struct_time 对象的函数是
   A. time.time( )　　B. time.gmtime( )　　C. time.localtime( )　　D. time.ctime( )

40. 返回一个代表时间的精确浮点数,两次或多次调用,其差值用来计时,这个函数是
   A. time.perf_counter( )　　　　　　B. time.mktime(t)
   C. time.strftime(format, t)　　　　D. time.ctime( )

41. time.sleep(secs)的作用是
   A. 返回一个代表时间的精确浮点数,两次或多次调用,其差值用来计时
   B. 返回系统当前时间戳对应的本地时间的 struct_time 对象,本地之间经过时区转换
   C. 将当前程序挂起 secs 秒,挂起即暂停执行
   D. 返回系统当前时间戳对应的 struct_time 对象

42. random.uniform(a, b)的作用是
   A. 生成一个[a, b]之间的随机小数
   B. 生成一个[a, b]之间以 1 为步数的随机整数
   C. 生成一个[a, b]之间的随机整数

D. 生成一个[0.0,1.0)之间的随机小数

43. 生成一个[0.0,1.0)之间的随机小数的函数是
A. random.randint(0.0,1.0)　　　　B. random.random()
C. random.seed(0.0,1.0)　　　　　D. random.uniform(0.0,1.0)

44. 生成一个[10,99]之间的随机整数的函数是
A. random.randint(10,99)　　　　B. random.random()
C. random.randrange(10,99,2)　　D. random.uniform(10,99)

45. 生成一个 k 比特长度的随机整数的函数是
A. random.choice(k)　　　　　　B. random.shuffle(k)
C. random.getrandbits(k)　　　　D. random.sample(pop,k)

46. 关于 jieba 库的精确模式分词,以下选项中描述正确的是
A. 把句子中所有可以成词的词语都扫描出来,速度非常快
B. 在精确模式基础上,对长词再次切分,提高召回率
C. 将句子最精确地切开,适合文本分析
D. 适合用于搜索引擎分词

47. 关于 jieba 库的全模式分词,以下选项中描述正确的是
A. 适合用于搜索引擎分词
B. 在精确模式基础上,对长词再次切分,提高召回率
C. 将句子最精确地切开,适合文本分析
D. 把句子中所有可以成词的词语都扫描出来,速度非常快,但是不能解决歧义

48. 基本的 Python 内置函数 sum(x)的作用是
A. 对组合数据类型 x 计算求和结果
B. 返回变量 x 的数据类型
C. 将 x 转换为等值的字符串类型
D. 对组合数据类型 x 进行排序,默认从小到大

49. 基本的 Python 内置函数 type(x)的作用是
A. 对组合数据类型 x 计算求和结果
B. 返回变量 x 的数据类型
C. 将 x 转换为等值的字符串类型
D. 对组合数据类型 x 进行排序,默认从小到大

50. 基本的 Python 内置函数 str(x)的作用是

A. 对组合数据类型 x 计算求和结果

B. 返回变量 x 的数据类型

C. 将 x 转换为等值的字符串类型

D. 对组合数据类型 x 进行排序，默认从小到大

51. 以下选项中能改变 turtle 画笔颜色的是

A. turtle.pencolor( )
B. turtle.colormode( )
C. turtle.setup( )
D. turtle.pd( )

52. 以下程序的输出结果是

```
import time
t = time.gmtime( )
print(time.strftime("%Y-%m-%d %H:%M:%S",t))
```

A. 系统当前的日期
B. 系统当前的日期与时间
C. 系统当前的时间
D. 系统出错

53. 关于 turtle 库的描述，错误的选项是

A. time.ctime( ) 返回系统当前时间戳对应的易读字符串表示

B. time.time( ) 返回系统当前的时间戳

C. time.sleep(secs) 将当前程序挂起 secs 秒，挂起即暂停执行

D. time 是 Python 唯一的获取并展示时间信息的库

54. 关于下面代码的执行，描述错误的是

```
import random
random.seed(10)
print(random.randrange(0,100))
```

A. 在同一台机器上，每次执行输出不同的随机整数

B. seed( ) 函数用于设置初始化随机数种子

C. import random 用于导入 random 库

D. random.randrange(0,100) 生成一个 0~100 之间的随机整数

55. 使用 PyInstaller 库对 Python 源文件打包的基本使用方法是

A. pip -h

B. pip install <拟安装库名>

C. pip download <拟下载库名>

D. pyinstaller 需要在命令行运行 :\>pyinstaller <Python 源程序文件名>

56. WordCloud 对象创建的常用参数 mask 的功能是

A. 指定字体文件的完整路径　　　　　　B. 生成图片的宽度
C. 词云形状　　　　　　　　　　　　　D. 词云中最大词数

57. WordCloud 对象创建的常用参数 stopwords 的功能是
A. 被排除词列表，排除词不在词云中显示
B. 词云图中最大词数
C. 词云中最大的字体字号
D. 字号步进间隔

58. WordCloud 类的 generate 方法的功能是
A. generate(text)在 text 路径中生成词云
B. generate(text)生成词云的宽度为 text
C. generate(text)生成词云的高度为 text
D. generate(text)由 text 文本生成词云

59. WordCloud 类的 to_file 方法的功能是
A. to_file(filename)将词云图保存为名为 filename 的文件
B. to_file(filename)生成词云的字体文件路径
C. to_file(filename)生成词云的形状为 filename
D. to_file(filename)在 filename 路径下生成词云

60. 关于词云的描述，错误的是
A. 在安装 wordcloud 库时，scipy 库会被作为依赖库自动安装
B. 在生成词云时，wordcloud 默认会以空格或者标点为分隔符对目标文本进行分词处理
C. 对于中文文本，分词处理需要用户来完成
D. 对于中文文本的分词，一般处理步骤为先将文本分词处理，然后以/符号拼接，再调用 wordcloud 库函数

二、参考答案

1. D	2. D	3. B	4. A	5. B	6. C	7. A	8. D	9. A	10. D
11. B	12. C	13. D	14. A	15. B	16. A	17. B	18. C	19. D	20. B
21. A	22. D	23. B	24. D	25. D	26. C	27. A	28. A	29. B	30. C
31. A	32. C	33. D	34. A	35. A	36. B	37. A	38. C	39. B	40. A
41. C	42. A	43. B	44. A	45. C	46. C	47. D	48. A	49. B	50. C
51. A	52. B	53. D	54. A	55. D	56. C	57. A	58. D	59. A	60. D

9.8　Python 计算生态

【手机来答题】

一、题库习题

1. Python 网络爬虫方向的第三方库是
   A. requests　　　　B. jieba　　　　C. itchat　　　　D. time

2. Python 网络爬虫方向的第三方库是
   A. numpy　　　　B. scrapy　　　　C. Arcade　　　　D. FGMK

3. Python 数据分析方向的第三方库是
   A. Bokeh　　　　B. dataswim　　　　C. scipy　　　　D. Gleam

4. Python 数据分析方向的第三方库是
   A. Plotly　　　　　　　　　　　B. PyQtDataVisualization
   C. Pygal　　　　　　　　　　　D. pandas

5. Python 文本处理方向的第三方库是
   A. pdfminer　　　　B. geoplotlib　　　　C. ggplot　　　　D. missingno

6. Python 文本处理方向的第三方库是
   A. matplotlib　　　　B. openpyxl　　　　C. vispy　　　　D. wxPython

7. Python 文本处理方向的第三方库是
   A. ONNX　　　　B. MMdnn　　　　C. python-docx　　　　D. scipy

8. Python 文本处理方向的第三方库是
   A. Django　　　　B. filecmp　　　　C. pyserial　　　　D. beautifulsoup4

9. Python 数据可视化方向的第三方库是
   A. matplotlib　　　　B. retrying　　　　C. FGMK　　　　D. PyQt5

10. Python 数据可视化方向的第三方库是
    A. Panda3d　　　　B. TVTK　　　　C. Theano　　　　D. Pyramid

11. Python 中文分词的第三方库是
    A. turtle   B. jieba   C. itchat   D. time

12. 将 Python 脚本程序转变为可执行程序的第三方库是
    A. random   B. pygame   C. PyQt5   D. PyInstaller

13. 以下选项中,不是 Python 数据分析方向的第三方库是
    A. requests   B. numpy   C. scipy   D. pandas

14. Python 数据分析方向的第三方库是
    A. numpy   B. pdfminer   C. beautifulsoup4   D. time

15. Python 机器学习方向的第三方库是
    A. random   B. PIL   C. PyQt5   D. TensorFlow

16. Python Web 开发方向的第三方库是
    A. requests   B. Django   C. scipy   D. pandas

17. Python 网络爬虫方向的第三方库是
    A. scrapy   B. numpy   C. openpyxl   D. PyQt5

18. Python 数据分析方向的第三方库是
    A. random   B. PIL   C. Django   D. pandas

19. Python 机器学习方向的第三方库是
    A. requests   B. TensorFlow   C. scipy   D. pandas

20. Python 数据可视化方向的第三方库是
    A. Panda3d   B. cocos2d   C. mayavi   D. Pyramid

21. Python 图形用户界面方向的第三方库是
    A. PyQt5   B. Scikit-learn
    C. gym-super-mario-bros   D. freegames

22. Python 图形用户界面方向的第三方库是
    A. TVTK   B. wxPython   C. scipy   D. requests

23. Python 图形用户界面方向的第三方库是
    A. openpyxl   B. gym   C. PyGTK   D. Theano

24. 以下选项中,不是Python图形用户界面方向的第三方库是
    A. PyQt5　　　　　B. wxPython　　　　C. PyGTK　　　　　D. requests

25. Python机器学习方向的第三方库是
    A. Scikit-learn　　B. gym　　　　　　C. TVTK　　　　　D. PyQt5

26. Python机器学习方向的第三方库是
    A. random　　　　B. TensorFlow　　　C. piglet　　　　　D. Plotly

27. Python机器学习方向的第三方库是
    A. PyQtDataVisualization　　　　　　B. PIL
    C. Theano　　　　　　　　　　　　D. cocos2d

28. 以下选项中,不是Python机器学习方向的第三方库是
    A. Scikit-learn　　B. TensorFlow　　　C. Theano　　　　D. requests

29. Python Web开发方向的第三方库是
    A. Django　　　　B. PIL　　　　　　C. Theano　　　　D. cocos2d

30. Python Web开发方向的第三方库是
    A. beautifulsoup4　B. Pyramid　　　　C. matplotlib　　　D. PyQt5

31. Python Web开发方向的第三方库是
    A. MMdnn　　　　B. ONNX　　　　　C. flask　　　　　D. PyQt5

32. 以下选项中,不是Python Web开发方向的第三方库是
    A. Django　　　　B. Pyramid　　　　C. flask　　　　　D. matplotlib

33. Python游戏开发方向的第三方库是
    A. Pygame　　　　B. PyQt5　　　　　C. wxPython　　　　D. PyGTK

34. Python游戏开发方向的第三方库是
    A. Scikit-learn　　B. Panda3D　　　　C. TensorFlow　　　D. Theano

35. Python游戏开发方向的第三方库是
    A. Django　　　　B. Pyramid　　　　C. cocos2d　　　　D. flask

36. 以下选项中,不是Python游戏开发方向的第三方库是
    A. Arcade　　　　B. FGMK　　　　　C. Panda3d　　　　D. flask

37. PIL 库是 Python 语言重要的第三方库,用于
A. 图像处理　　　　B. 游戏开发　　　　C. Web 开发　　　　D. 机器学习

38. 关于 SymPy 库的描述,以下选项中正确的是
A. SymPy 是一个支持符号计算的 Python 第三方库
B. SymPy 是游戏开发方向的 Python 第三方库
C. SymPy 是 Web 开发方向的 Python 第三方库
D. SymPy 是机器学习方向的 Python 第三方库

39. 关于 NLTK 库的描述,以下选项中正确的是
A. NLTK 是一个支持符号计算的 Python 第三方库
B. NLTK 是支持多种语言的自然语言处理 Python 第三方库
C. NLTK 是数据可视化方向的 Python 第三方库
D. NLTK 是网络爬虫方向的 Python 第三方库

40. 关于 WeRoBot 的描述,以下选项中正确的是
A. WeRoBot 是一个微信公众号开发框架,也称为微信机器人框架
B. WeRoBot 是 Python 语言的一套优秀的 GUI 图形库
C. WeRoBot 是一个可以从 PDF 文档中提取各类信息的第三方库
D. WeRoBot 是网络爬虫方向的 Python 第三方库

41. 关于 requests 的描述,以下选项中正确的是
A. requests 是数据可视化方向的 Python 第三方库
B. requests 库是处理 HTTP 请求的第三方库
C. requests 是支持多种语言的自然语言处理 Python 第三方库
D. requests 是一个支持符号计算的 Python 第三方库

42. 关于 MyQR 的描述,以下选项中正确的是
A. MyQR 是一个能够产生基本二维码、艺术二维码和动态效果二维码的 Python 第三方库
B. MyQR 是 Python 语言的一套优秀的 GUI 图形库
C. MyQR 是一个可以从 PDF 文档中提取各类信息的第三方库
D. MyQR 是网络爬虫方向的 Python 第三方库

43. 关于 TensorFlow 的描述,以下选项中错误的是
A. TensorFlow 是谷歌公司基于 DistBelief 进行研发的第二代人工智能学习系统
B. TensorFlow 是 Python 语言的一套优秀的 GUI 图形库
C. Tensor(张量)指 N 维数组,Flow(流)指基于数据流图的计算
D. TensorFlow 描述张量从流图的一端流动到另一端的计算过程

44. 关于 Django 的描述,以下选项中错误的是
   A. Django 是谷歌公司基于 DistBelief 进行研发的第二代人工智能学习系统
   B. Django 是 Python 生态中最流行的开源 Web 应用框架
   C. Django 采用模型(Model)、模板(Template)和视图(Views)的编写模式,称为 MTV 模式
   D. Django 的开发理念是 DRY(Don't Repeat Yourself),用于鼓励快速开发,进而减少程序员建立一个高性能 Web 应用所花费的时间和精力,形成一种一站式解决方案

45. 关于 matplotlib 的描述,以下选项中错误的是
   A. matplotlib 主要进行二维图表数据展示,广泛用于科学计算的数据可视化
   B. matplotlib 是提供数据绘图功能的第三方库
   C. matplotlib 是 Python 生态中最流行的开源 Web 应用框架
   D. 使用 matplotlib 库可以利用 Python 程序绘制超过 100 种数据可视化效果

46. 以下选项中,不是 Python 深度学习方向的第三方库是
   A. Arcade   B. TensorFlow   C. MXNet   D. Caffe2

47. 以下选项中,不是 Python 深度学习方向的第三方库是
   A. Theano   B. Keras   C. MXNet   D. mayavi

48. 以下选项中,不是 Python 深度学习方向的第三方库是
   A. PyTorch   B. Pandle   C. Neon   D. Seaborn

49. Pyserial 库是 Python 语言的第三方库,用于
   A. 图像处理   B. 游戏开发   C. 硬件开发   D. 并行处理

50. 以下选项中,不是 Python 处理 Office 文件的第三方库是
   A. python-docx   B. VPython   C. openpyxl   D. python-pptx

51. 以下属于 Python 脚本程序转变为可执行程序的第三方库的是
   A. pyinstaller   B. openpyxl   C. PyPDF2   D. pillow

52. 以下生成词云的 Python 第三方库的是
   A. csvkit   B. Pydub   C. moviepy   D. wordcloud

53. Python 网络爬虫方向的第三方库是
   A. sqlite3   B. execsql   C. pymongo   D. scrapy

54. Python 数据分析方向的第三方库是

A. cassandra-driver B. py-postgresql C. pandas D. pyodbc

55. Python 机器学习方向的第三方库是
A. SQLAlchemy B. scikit-learn C. Click D. ptpython

56. Python 中文分词方向的第三方库是
A. csvkit B. jieba C. Hachoir D. Pydub

57. Python 数据分析方向的第三方库是
A. pandas B. openpyxl C. moviepy D. pefile

58. Python 网络爬虫方向的第三方库是
A. pillow B. python-docx C. python-pptx D. requests

59. Python 机器学习方向的第三方库是
A. Django B. TensorFlow C. Falcon D. Pyramid

60. Python 文本处理方向的第三方库是
A. openpyxl B. matplotlib C. vispy D. wxpython

二、参考答案

1. A	2. B	3. C	4. D	5. A	6. B	7. C	8. D	9. A	10. B
11. B	12. D	13. A	14. A	15. D	16. B	17. A	18. D	19. B	20. C
21. A	22. B	23. C	24. D	25. A	26. B	27. C	28. D	29. A	30. B
31. C	32. D	33. A	34. B	35. C	36. D	37. A	38. A	39. B	40. A
41. A	42. B	43. B	44. A	45. C	46. A	47. D	48. A	49. C	50. B
51. A	52. D	53. D	54. C	55. B	56. B	57. A	58. D	59. B	60. A

冲刺重点

　　从 Python 语法基础到 Python 计算生态，二级考试会在每部分考核至少 3 道单选题，侧重控制结构、组合类型和计算生态。尽管单选题分值不高，但特别影响心情，所以，请读者耐下心来多做些练习。

　　当然，采用手机答题是很有效的备考模式，空闲时、吃饭时、坐车时、发呆时，有闲就练习几道题，把学习真正分散到生活中。每题 30 秒钟，480 道题 4 个小时也就做完了！

第 10 章　Python 编程题库

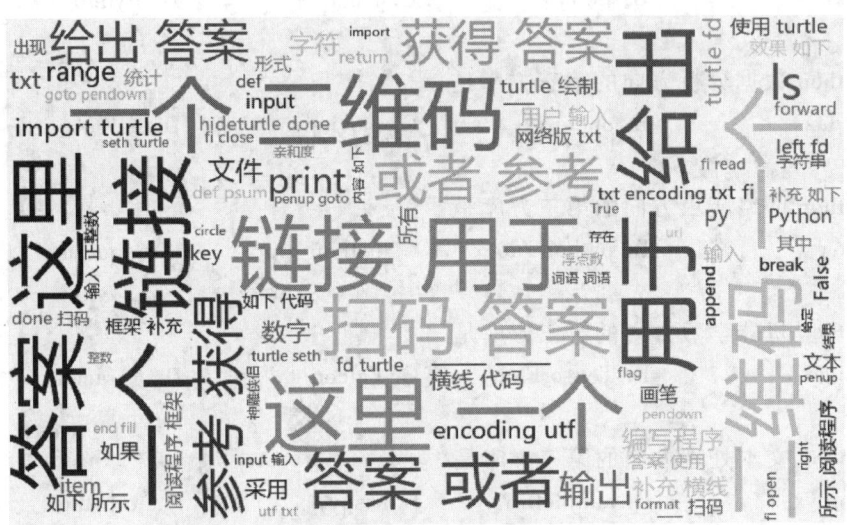

第 10 章内容词云效果

10.1 基本编程题

一、题库习题

1. 请补充横线处的代码,让 Python 帮你随机选一个饮品吧!

```
import _____①_____
listC = ['加多宝','雪碧','可乐','勇闯天涯','椰子汁']
print(random._____②_____(listC))
```

2. 请补充横线处的代码,listA 中存放了已点的餐单,让 Python 帮你增加一个"红烧肉",去掉一个"水煮干丝"。

```
listA = ['水煮干丝','平桥豆腐','白灼虾','香菇青菜','西红柿鸡蛋汤']
listA._____①_____("红烧肉")
listA._____②_____("水煮干丝")
print(listA)
```

3. 请补充横线处的代码。dictMenu 中存放了你的双人下午套餐(包括咖啡 2 份和点心 2 份)的价格,让 Python 帮忙计算并输出消费总额。

```
dictMenu = {'卡布奇洛':32,'摩卡':30,'抹茶蛋糕':28,'布朗尼':26}
_____①_____
for i in _____②_____ :
    sum += i
print(sum)
```

4. 获得输入正整数 N,反转输出该正整数,不考虑异常情况。

5. 给定一个数字 123456,请采用宽度为 25、右对齐方式打印输出,使用加号"+"填充。

6. 给定一个数字 12345678.9,请增加千位分隔符号,设置宽度为 30、右对齐方式打印输出,使用空格填充。

7. 给定一个整数数字 0x1010,请依次输出 Python 语言中十六进制、十进制、八进制和二进制表示形式,使用英文逗号分隔。

8. 获得用户输入的一个字符串,请输出其全小写形式。

9. 获得用户输入的一个字符串,输出其中字母 a 的出现次数。

10. 获得用户输入的一个字符串,替换其中出现的字符串"py"为"python",输出替换后的字符串。

11. 获得用户输入的一组数字,采用逗号分隔,输出其中的最大值。

12. s="9e10"是一个浮点数形式字符串,即包含小数点或采用科学计数法形式表示的字符串,编写程序判断 s 是否是浮点数形式字符串。如果是则输出 True,否则输出 False。

13. s="123"是一个整数形式字符串,编写程序判断 s 是否是整数形式字符串。如果是则输出 True,否则输出 False。要求代码不超过 2 行。

14. ls 是一个列表,内容如下:

```
ls = [123, "456", 789, "123", 456, "789"]
```

请补充如下代码,求其各整数元素的和。

```
ls = [123, "456", 789, "123", 456, "789"]
s = 0
for item in ls:
    if ____①____ == type(123):
        s += ____②____
print(s)
```

15. while True:可以构成一个"死循环"。请编写程序利用这个死循环完成如下功能:循环获得用户输入,直至用户输入字符 y 或 Y 为止,并退出程序。

16. 请编写一个史上最佛系的程序,获得用户输入时无提示,获得用户输入后计算 100 除输入值,结果运算正常就输出结果,并退出,永远不报错退出。

17. 如下函数返回两个数的平方和,请补充横线处代码。

```
def psum(____①____):
    ____②____ a**2 + b**2
```

18. 如下函数返回两个数的平方和,如果只给一个变量,则另一个变量的默认值为整数 10,请补充横线处代码。

```
def psum(____①____):
    ____②____ a**2 + b**2
```

19. 如下函数同时返回两个数的平方和以及两个数的和，请补充横线处代码。

```
def psum(____①____):
    ____②____
```

20. 如下函数返回两个数的平方和与 n 的乘积，请补充横线处代码。

```
n = 2
def psum(____①____):
    ____②____
    return (a**2 + b**2)*n
```

21. PyInstaller 库用来对 Python 源程序进行打包。给定一个源文件 py.py，请给出将其打包成一个可执行文件的命令。

22. PyInstaller 库用来对 Python 源程序进行打包。给定一个源文件 py.py 和一个图标文件 py.ico，请利用这两个文件进行打包，生成一个可执行文件。

23. txt 表示一段中文文本，请补充代码，输出该文本所有可能的分词结果。

```
____①____
txt = "中华人民共和国教育部考试中心委托专家制定了全国计算机等级考试二级程序\
设计考试大纲"
ls = ____②____
print(ls)
```

24. 打开一个文件 a.txt，如果该文件不存在则创建，存在则产生异常并报警。请补充如下代码。

```
try:
    f = open(____①____)
____②____:
    print("文件存在,请小心读取!")
```

25. ls 是一个列表，内容如下：

```
ls = [123, "456", 789, "123", 456, "789"]
```

请补充如下代码,在789后增加一个元素"012"。

ls = [123, "456", 789, "123", 456, "789"]
____①____

26. ls 是一个列表,内容如下:

ls = [123, "456", 789, "123", 456, "789"]

请补充如下代码,使用remove()方法,采用一行语句,删除元素789。

ls = [123, "456", 789, "123", 456, "789"]
____①____

27. ls 是一个列表,内容如下:

ls = [123, "456", 789, "123", 456, "789"]

请补充如下代码,将列表 ls 逆序打印。

ls = [123, "456", 789, "123", 456, "789"]
print(____①____)

28. ls 是一个列表,内容如下:

ls = [123, "456", 789, "123", 456, "789"]

请补充如下代码,将列表 ls 中第一次出现789位置的序号打印出来。注意,不要直接输出序号,采用列表操作方法。

ls = [123, "456", 789, "123", 456, "789"]
print(____①____)

29. d 是一个字典,内容如下:

d = {123:"123", 456:"456", 789:"789"}

请补充如下代码,将字典 d 中所有值以列表形式输出。

d = {123:"123", 456:"456", 789:"789"}
print(____①____)

30. d 是一个字典,内容如下:

d = {123:"123", 456:"456", 789:"789"}

请补充如下代码,将字典 d 中所有键以列表形式输出。

```
d = {123:"123", 456:"456", 789:"789"}
print(_____①_____)
```

31. 从键盘输入一个汉字,在屏幕上显示输出该汉字的 Unicode 编码值,请完善代码。

```
#请输入一个汉字:
s = input()
print("\"{}\"汉字的 Unicode 编码:{}".format(_____①_____))
```

32. 从键盘输入两个数(换行),调用函数 gcd() 输出两个数的最大公约数显示在屏幕上。请完善代码。

```
def gcd(x,y):
    if x < y:
        x,y = y,x
    while (x % y) != 0:
        _____①_____
        x = y
        y = r
    return y
#请输入第一个正整数:
a = eval(input())
#请输入第二个正整数:
b = eval(input())
gcdab = gcd(a,b)
print("{}与{}的最大公约数是{}".format(a,b,_____②_____))
```

33. 从键盘输入一个列表,计算输出列表元素的平均值。请完善代码。

```
def mean(numlist):
    s = 0.0
    for num in numlist:
        s = s + num
    return _____①_____
#请输入一个列表:
ls = eval(input())
print("平均值为:",_____②_____)
```

34. 从键盘输入 3 个数作为三角形的边长,在屏幕上显示输出由这 3 个边长构成三角形的面积(保留2位小数)。请完善代码。

```
a,b,c = eval(input())
p = (a+b+c)/2
area = pow(p * (p-a) * (p-b) * (p-c),0.5)
print(____①____)
```

35. 将一个列表中所有的单词首字母转换成大写。请完善代码。

```
ls = eval(input())
for i in range(len(ls)):
    ls[i] = ____①____
print(ls)
```

36. 从键盘输入一个列表,计算输出列表元素的均方差。请完善代码。

```
def mean(numlist):
    s = 0.0
    for num in numlist:
        s = s + num
    return s/len(numlist)
def dev(numlist,mean):
    sdev = 0.0
    for num in numlist:
        sdev = sdev + (num - mean) ** 2
    return (sdev /(len(numlist)-1)) ** 0.5
#请输入一个列表:
ls = eval(input(""))
print("均方差为:{:.2f}".format(____①____))
```

37. 输入字符串,使用中文分词库输出精确模式的中文分词结果。请完善代码。

```
import jieba
Tempstr = input()
ls = ____①____
print(ls)
```

38. 若某自然数除它本身之外的所有因子之和等于该数,则称该数为完数。输出1000以内的完数。请完善代码。

```
for i in range(2,1001):
    #此段代码请完善
```

39. 输入一个自然数 n，如果 n 为奇数，输出表达式 1+1/3+…+1/n 的值；如果 n 为偶数，输出表达式 1/2+1/4+…+1/n 的值；输出表达式结果保留 2 位小数。请完善代码。

```
def f(n):
    _____①_____
    if _____②_____:
        for i in range(1, n+1, 2):
            sum += 1/i
    else:
        for i in range(2, n+1, 2):
            sum += 1/i
    return sum

n = int(input())
print(_____③_____)
```

40. 输出字典 fruits 中键值最大的键值对。请完善代码。

```
fruits = {"apple":10,"mango":12,"durian":20,"banana":5}
m = 'apple'
for key in fruits.keys():
    #此段代码请完善
print('{}:{}'.format(m,fruits[m]))
```

41. 获得用户的输入当作填充符号，以 30 字符宽居中输出 PYTHON 字符串。请完善代码。

```
a = input("请输入填充符号:")
s = "PYTHON"
print("{_____①_____}".format(_____②_____))
```

42. 获得用户的输入当作宽度，以 * 作为填充符号右对齐输出 PYTHON 字符串。请完善代码。

```
w = input("请输入输出宽度:")
s = "PYTHON"
print("{_____①_____}".format(_____②_____))
```

43. 获得用户的输入当作对齐模式,用户输入:左、右、中,分别表示:左对齐、右对齐和居中对齐,以 * 作为填充符号,30 字符宽度输出 PYTHON 字符串。请完善代码。

```
m = input("请输入对齐模式:")
s = "PYTHON"
if  m == "右":
    m = ">"
elif  m == "中":
    m = "^"
else:
    m = "<"
print("{_____①_____}".format(_____②_____))
```

44. 获得用户输入的一个数字,增加数字的千位分隔符,以 30 字符宽度居中输出。请完善代码。

```
n = input("请输入数字:")
print("{_____①_____}".format(_____②_____))
```

45. 获得用户输入,无论输入内容多少,以 30 字符宽度居中输出其中最多前 10 个字符,如果不足 10 个字符,则全部输出。请完善代码。

```
s = input("请输入信息:")
print("{_____①_____}".format(_____②_____))
```

46. 获得用户输入的一个数字,以 30 字符宽度右对齐输出,保留小数点后 3 位。请完善代码。

```
n = input("请输入一个数字:")
print("{_____①_____}".format(_____②_____))
```

47. 获得用户输入的一个整数,以 30 字符宽度居中输出其十六进制大写形式,大十六进制形式不包含前导符 0X。请完善代码。

```
n = input("请输入一个整数:")
print("{_____①_____}".format(_____②_____))
```

48. 获得用户输入的一个字符串,统计中文字符的个数。基本中文字符的 Unicode 编码范围是:4E00~9FA5。请完善代码。

```
s = input("请输入:")
count = 0
for _____①_____ in s:
    if _____②_____ :
        count += 1
print(count)
```

49. 获得用户输入的一个整数,一行输出以该整数作为 Unicode 开始并逐一递增的 10 个字符。请完善代码。

```
n = input("请输入一个整数:")
for i in range(_____①_____):
    print(_____②_____)
```

50. 获得用户输入的一个整数,一行输出以该整数作为 Unicode 开始并逐一递减的 10 个字符。请完善代码。

```
n = input("请输入一个整数:")
for i in range(_____①_____):
    print(_____②_____)
```

51. 获得用户输入的一个字符串,输出每个字符对应的 Unicode 值,这些值一行输出,采用逗号分隔,最后没有逗号。请完善代码。

```
s = input("请输入一个字符串:")
ls = []
for c in s:
    _____①_____
print(_____②_____)
```

52. 获得用户输入的一个字符串,去除字符串两侧出现的 a~z 共 26 个小写字母,并打印输出结果。请完善代码。

```
s = input("请输入一个字符串:")
print(_____①_____)
```

53. 获得用户输入的一个字符串,将其中所有英文字符变成小写,并打印输出结果。请完善代码。

```
s = input("请输入一个字符串:")
print(    ①    )
```

54. 获得用户输入的一个中文字符串,将所有中文字符替换为其 Unicode 编码值小 3 的字符,并在一行内打印输出结果。请完善代码。

```
s = input("请输入一个中文字符串:")
for    ①    in s:
    print(    ②    )
```

55. 获得用户输入的一个字符串,将字符串循环左移 1 位输出。请完善代码。

```
s = input("请输入一个字符串:")
print(    ①    )
```

56. 获得用户输入的一个字符串,将字符串逆序输出。请完善代码。

```
s = input("请输入一个字符串:")
print(    ①    )
```

57. 获得用户输入的一个数字 N,计算并输出 2 的 N 次幂结果的后 10 位。请完善代码。

```
s = input("请输入一个整数:")
print(    ①    )
```

58. 获得用户输入的一个数字 N,计算并输出 N 平方结果的长度。请完善代码。

```
n = input("请输入一个整数:")
print(    ①    )
```

59. 获得用户输入的一个数字 N,计算并输出 1000/N 的结果,如果计算产生异常,要求用户重新输入数字 N。请完善代码。

```
while True:
    n = input("请输入一个整数:")
    try:
        print(    ①    )
            ②    
    except:
        pass
```

60. 获得用户输入的一个数字,替换其中 0~9 为中文字符"〇一二三四五六七八九",输出替换后结果。请完善代码。

```
n = input("请输入一个数字:")
s = "〇一二三四五六七八九"
for c in "0123456789":
    n =        ①
print(n)
```

二、参考答案

1. ① random ② choice
2. ① append ② remove
3. ① sum = 0 ② dictMenu.values()
4.

```
N = input("请输入正整数:")
print(eval(N[::-1]))
```

5.

```
print("{:+>25}".format(123456))
```

6.

```
print("{:>30,}".format(12345678.9))
```

7.

```
print("0x{0:x},{0},0o{0:o},0b{0:b}".format(0x1010))
```

8.

```
s = input()
print(s.lower())
```

9.

```
s = input()
print(s.count("a"))
```

10.

```
s = input()
print(s.replace("py","python"))
```

11.

```
data = input("请输入一组数值,以英文逗号分隔:").split(",")
print(max(data))
```

12.
```
s = "9e10"
if type(eval(s)) == type(12.0):
    print("True")
else:
    print("False")
```

13.
```
s = "123"
print("True" if type(eval(s)) == type(1) else "False")
```

14.
```
ls = [123, "456", 789, "123", 456, "789"]
s = 0
for item in ls:
    if type(item) == type(123):
        s += item
print(s)
```

15.
```
while True:
    s = input()
    if s in ["y", "Y"]:
        break
```

16.
```
try:
    a = input()
    print(100/eval(a))
except:
    ""
```

17.
```
def psum(a, b):
    return a**2 + b**2
```

18.
```
def psum(a, b=10):
    return a**2 + b**2
```

19.
```
def psum(a, b):
    return (a**2 + b**2), (a+b)
```

20.
```
n = 2
def psum(a,b):
    global n
    return (a**2 + b**2)*n
```

21. 打包指令如下，注意，指令在 Windows 的 cmd 命令行下运行。
```
pyinstaller -F py.py
```

22. 打包指令如下，注意，指令在 Windows 的 cmd 命令行下运行。
```
pyinstaller -i py.ico -F py.py
```

23.
```
import jieba
txt = "中华人民共和国教育部考试中心委托专家制定了全国计算机等级考试\
二级程序设计考试大纲"
ls = jieba.lcut(txt, cut_all=True)
print(ls)
```

24.
```
try:
    f = open("a.txt", "x")
except:
    print("文件存在,请小心读取!")
```

25.
```
ls = [123, "456", 789, "123", 456, "789"]
ls.insert(3, "012")
```

26.
```
ls = [123, "456", 789, "123", 456, "789"]
ls.remove(789)
```

27.
```
ls = [123, "456", 789, "123", 456, "789"]
print(ls[::-1])
```

28.
```
ls = [123, "456", 789, "123", 456, "789"]
print(ls.index(789))
```

29.
```
d = {123:"123", 456:"456", 789:"789"}
print(list(d.values()))
```

30.
```
d = {123:"123", 456:"456", 789:"789"}
print(list(d.keys()))
```

31.
```
s = input("")
print("\"{}\"汉字的Unicode编码:{}".format(s,ord(s)))
```

32.
```
def gcd(x,y):
    if x < y:
        x,y = y,x
    while x % y != 0:
        r = x % y
        x = y
        y = r
    return y
a = eval(input(""))
b = eval(input(""))
gcdab = gcd(a,b)
print("{}与{}的最大公约数是{}".format(a,b,gcd(a,b)))
```

33.
```
def mean(numlist):
    s = 0.0
    for num in numlist:
        s = s + num
    return s/len(numlist)
ls = eval(input(""))
print("平均值为:",mean(ls))
```

34.
```
a,b,c = eval(input())
p = (a+b+c)/2
area = pow(p * (p-a) * (p-b) * (p-c),0.5)
print("{:.2f}".format(area))
```

35.
```
ls = eval(input())
for i in range(len(ls)):
    ls[i] = ls[i].capitalize()
print(ls)
```

36.
```
def mean(numlist):
    s = 0.0
    for num in numlist:
        s = s + num
    return s/len(numlist)
def dev(numlist,mean):
    sdev = 0.0
    for num in numlist:
        sdev = sdev + (num - mean)**2
    return (sdev /(len(numlist)-1)) ** 0.5
ls = eval(input(""))
print("均方差为:{:.2f}".format(dev(ls,mean(ls))))
```

37.
```
import jieba
Tempstr = input()
ls = jieba.lcut(Tempstr)
print(ls)
```

38.
```
for i in range(2,1001):
    s = i
    for j in range(1,i):
        if i%j == 0:
            s -= j
    if s == 0:
        print(i)
```

39.
```
def f(n):
    sum = 0.0
    if n%2 == 1:
        for i in range(1, n+1, 2):
            sum += 1/i
    else:
        for i in range(2, n+1, 2):
            sum += 1/i
    return sum

n = int(input())
print("{:.2f}".format(f(n)))
```

40.
```
fruits = {"apple":10,"mango":12,"durian":20,"banana":5}
m = 'apple'
for key in fruits.keys():
    if fruits[m] < fruits[key]:
        m = key
print('{}:{}'.format(m,fruits[m]))
```

41.
```
print("{0:{1}^30}".format(s, a))
```

42.
```
print("{0:*>{1}}".format(s, w))
```

43.
```
print("{0:*{1}30}".format(s, m))
```

44.
```
print("{:^30,}".format(eval(n)))
```

45.
```
print("{:^30.10}".format(s))
```

46.
```
print("{:>30.3f}".format(eval(n)))
```

47.
```
print("{:^30X}".format(eval(n)))
```

48.
```
s = input("请输入:")
count = 0
for c in s:
    if 0x4e00 <= ord(c) <= 0x9fa5:
        count += 1
print(count)
```

49.
```
n = input("请输入一个整数:")
for i in range(10):
    print(chr(eval(n)+i), end=" ")
```

50.
```
n = input("请输入一个整数:")
for i in range(10):
    print(chr(eval(n)-i), end=" ")
```

51.
```
s = input("请输入一个字符串:")
ls = []
for c in s:
    ls.append(str(ord(c)))
print(",".join(ls))
```

52.
```
s = input("请输入一个字符串:")
print(s.strip("abcdefghijklmnopqrstuvwxyz"))
```

53.
```
s = input("请输入一个字符串:")
print(s.lower())
```

54.
```
s = input("请输入一个中文字符串:")
for c in s:
    print(chr(ord(c)-3), end=" ")
```

55.
```
s = input("请输入一个字符串:")
print(s[1:] + s[0])
```

56.
```
s = input("请输入一个字符串:")
print(s[::-1])
```

57.
```
s = input("请输入一个整数:")
print(pow(2, eval(s), pow(10, 10)))
```

58.
```
n = input("请输入一个整数:")
print(len(str(eval(n)**2)))
```

59.
```
while True:
    n = input("请输入一个整数:")
    try:
        print(1000/eval(n))
        break
    except:
        pass
```

60.
```
n = input("请输入一个数字:")
s = "〇一二三四五六七八九"
for c in "0123456789":
    n = n.replace(c, s[eval(c)])
print(n)
```

10.2　简单应用题

一、题库习题

1. 使用 turtle 库绘制轮廓颜色为红色(red)、填充颜色为粉红色(pink)的心形图形,效果如下图所示。阅读程序框架,补充横线处代码。

```
from turtle import *
color('red', _____①_____)
(_____②_____)
left(135)
fd(100)
```

```
right(180)
circle(50,-180)
left(90)
circle(50,-180)
right(180)
fd(100)
end_fill()
hideturtle()
done()
```

2. 使用 turtle 库绘制红色五角星图形,效果如下图所示。阅读程序框架,补充横线处代码。

```
(_____①_____)
setup(400,400)
penup()
goto(-100,50)
pendown()
color("red")
begin_fill()
for i in range(5):
    forward(200)
    (_____②_____)
end_fill()
hideturtle()
done()
```

3. 使用 turtle 库绘制正方形螺旋线,效果如下图所示。阅读程序框架,补充横线处代码。

```
import turtle
n = 10
for i in range(1,10,1):
    for j in [90,180,-90,0]:
        turtle.seth(_____①_____)
        turtle.fd(_____②_____)
        n += 5
```

4. 使用 turtle 库绘制简单城市剪影图形,效果如下图所示。阅读程序框架,补充横线处代码。

```
import turtle
turtle.setup(800,300)
turtle.penup()
turtle.fd(-350)
turtle.pendown()
def DrawLine(_____①_____):
    for angle in [0,90,-90,-90,90]:
        turtle.left(angle)
        turtle.fd(size)
for i in [20,30,40,50,40,30,20]:
    (_____②_____)
turtle.hideturtle()
turtle.done()
```

5. 使用turtle库绘制同心圆图形,效果如下图所示。阅读程序框架,补充横线处代码。

```
(_____①_____)
def DrawCctCircle(n):
    t.penup()
    t.goto(0,-n)
    t.pendown()
    (_____②_____)
for i in range(20,100,20):
    DrawCctCircle(i)
t.hideturtle()
t.done()
```

6. 使用turtle库绘制钢琴键示意图形,效果如下图所示。阅读程序框架,根据注释补充横线处代码。

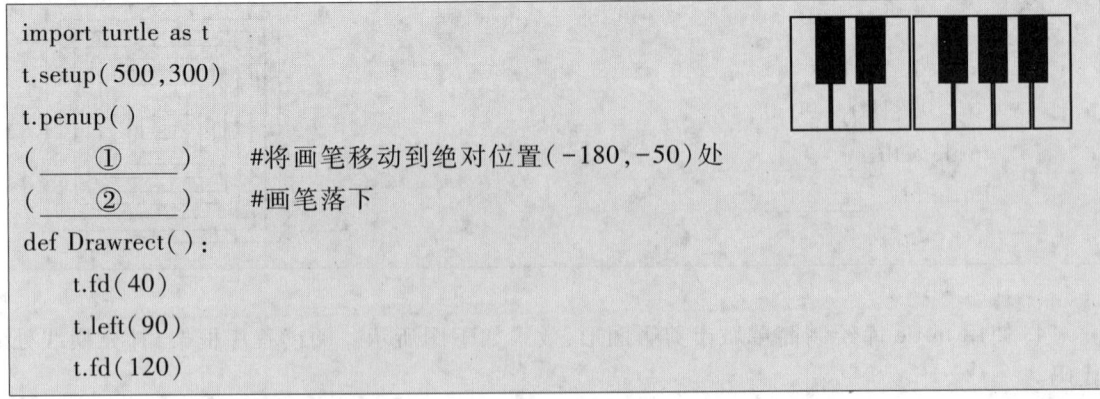

```
import turtle as t
t.setup(500,300)
t.penup()
(_____①_____)    #将画笔移动到绝对位置(-180,-50)处
(_____②_____)    #画笔落下
def Drawrect():
    t.fd(40)
    t.left(90)
    t.fd(120)
```

```
    t.left(90)
    t.fd(40)
    t.left(90)
    t.fd(120)
    t.penup()
    t.left(90)
    t.fd(42)
    t.pendown()
for i in range(7):
    Drawrect()
t.penup()
t.goto(-150,0)
t.pendown
def DrawRectBlack():
    t.color('black')
    t.begin_fill()
    t.fd(30)
    t.left(90)
    t.fd(70)
    t.left(90)
    t.fd(30)
    t.left(90)
    t.fd(70)
    t.end_fill()
    t.penup()
    t.left(90)
    t.fd(40)
    t.pendown()
DrawRectBlack()
DrawRectBlack()
t.penup()
t.fd(48)
t.pendown()
DrawRectBlack()
DrawRectBlack()
DrawRectBlack()
t.hideturtle()
t.done()
```

7. 使用 turtle 库绘制叠加等边三角形,效果如下图所示。阅读程序框架,补充横线处代码。

```
import turtle
(_____①_____)          #设置画笔宽度为2像素
turtle.color('red')
(_____②_____)          #向小海龟当前行进方向前进160像素
turtle.seth(120)
turtle.fd(160)
turtle.seth(-120)
turtle.fd(160)
turtle.penup()
turtle.seth(0)
turtle.fd(80)
turtle.pendown()
turtle.seth(60)
turtle.fd(80)
turtle.seth(180)
turtle.fd(80)
turtle.seth(-60)
turtle.fd(80)
turtle.hideturtle()
turtle.done()
```

8. 使用 turtle 库绘制八角星形,效果如下图所示。阅读程序框架,补充横线处代码。

```
import turtle as t
t.colormode(255)
t.color(_____①_____)          #设置颜色取值为金色(255,215,0)
t.begin_fill()
for x in range(_____②_____):          #绘制8条线
    t.forward(200)
    t.left(225)
t.end_fill()
t.hideturtle()
t.done()
```

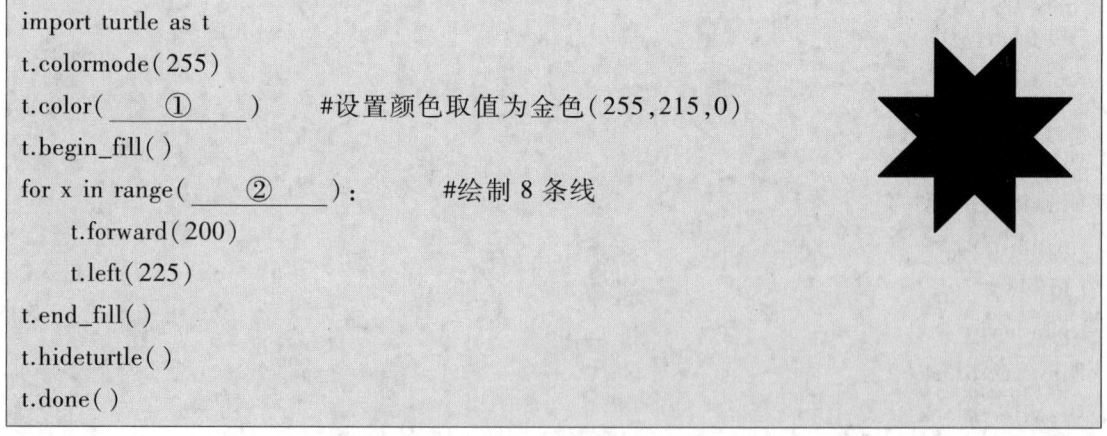

9. 使用 turtle 库绘制 5 种多边形,效果如下图所示。阅读程序框架,补充横线处代码。

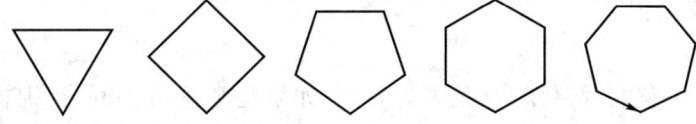

```
from turtle import *
for i in range(5):
    (_____①_____)          #画笔抬起
    goto(-200+100*i,-50)
    pendown()
    (_____②_____)(40,steps=3+i)   #画某个形状
done()
```

10. 使用 turtle 库绘制树图形,效果如下图所示。阅读程序框架,补充横线处代码。

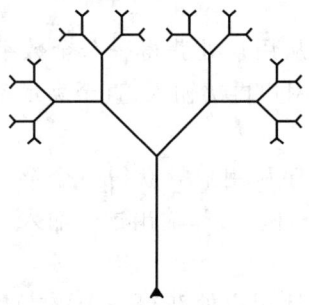

```
import turtle as t
def tree(length,_____①_____):      #树的层次
    if level <= 0:
        return
    t.forward(_____②_____)          #前进方向画 length 距离
    t.left(45)
    tree(0.6*length,level-1)
    t.right(90)
    tree(0.6*length,level-1)
    t.left(45)
    t.backward(length)
    return
t.pensize(3)
t.color('green')
t.left(90)
tree(100,6)
```

11. 获得输入正整数 N, 计算 1 到 N 之间所有奇数的平方和, 不含 N, 直接输出结果。本题不考虑输入异常情况。

12. 获得输入正整数 N, 判断 N 是否为质数, 如果是则输出 True, 否则输出 False。本题不考虑输入异常情况。

13. 获得输入正整数 N, 计算其各位数字的平方和, 直接输出结果。本题不考虑输入异常情况。

14. 循环从用户处获得一组数据, 直到用户直接输入回车退出, 打印输出所有数据的和。本题不考虑输入异常情况。

15. 编写程序从用户处获得一个不带数字的输入, 如果用户输入中含数字, 则要求用户再次输入, 直至满足条件。打印输出这个输入。

16. 考虑异常情况, 编写程序从用户处获得一个全数字(可以含小数点或复数标记)输入, 如果用户输入不符合, 则要求用户再次输入, 直至满足条件。打印输出这个输入。

17. 不考虑异常情况, 编写程序从用户处获得一个浮点数输入, 如果用户输入不符合, 则要求用户再次输入, 直至满足条件。打印输出这个输入。

18. 考虑异常情况, 编写程序从用户处获得一个浮点数输入, 如果用户输入不符合, 则要求用户再次输入, 直至满足条件。打印输出这个输入。

19. 输出如下数列在 1000000 以内的值, 以逗号分隔: $k(0)=1, k(1)=2, k(n)=k(n-1)^2+k(n-2)^2$, 其中, $k(n)$ 表示该数列。

20. 编写程序随机产生 20 个长度不超过 3 位的数字, 让其首尾相连以字符串形式输出, 随机种子为 17。

21. 使用 turtle 库绘制如下图的花形图形, 效果如下图所示。

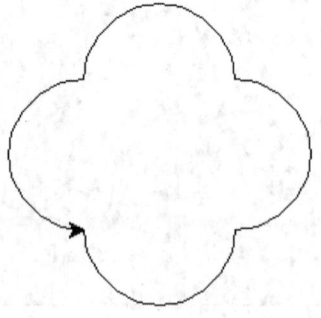

22. 使用 turtle 库绘制如下图的星形图形，效果如下图所示。

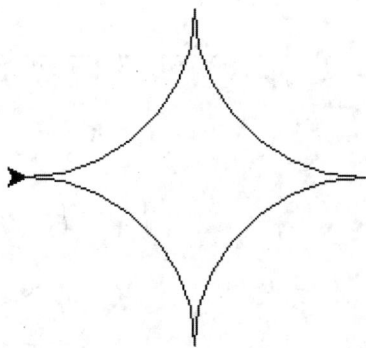

23. 使用 turtle 库绘制如下图的斯洛克图形，效果如下图所示。

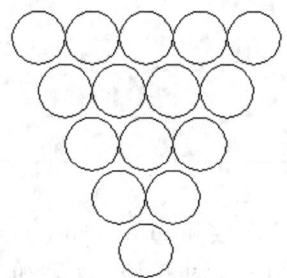

24. 使用 turtle 库绘制如下图的领结图形，效果如下图所示。

25. 使用 turtle 库绘制如下图的图形，效果如下图所示。

26. 使用 turtle 库的 turtle.circle( ) 函数和 turtle.seth( ) 函数绘制图形,最小的圆圈半径为 20 像素,不同圆圈之间的半径差是 20 像素。效果如下图所示。阅读程序框架,补充代码。

```
import turtle
r = 20
head = 90
for i in range(3):
    turtle.seth(head)
    turtle.circle(r)
    r =      ①
r = 20
head =      ②
for i in range(3):
    turtle.seth(head)
    turtle.circle(r)
    r = r + 20
turtle.done()
```

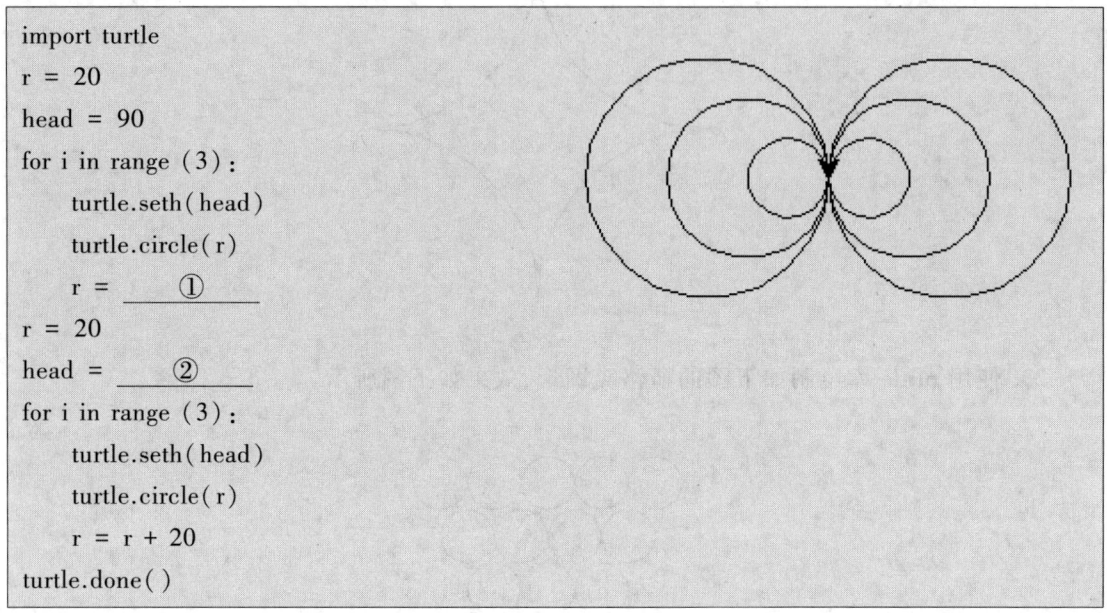

27. 使用 turtle 库的 turtle.fd( ) 函数和 turtle.seth( ) 函数绘制螺旋状类正方形,正方形边长从 1 像素开始,第一条边从 0°方向开始,效果如下图所示。阅读程序框架,补充代码。

```
import turtle
d = 0
k = 1
for j in range(10):
    for i in range(4):
           ①
        d += 91
       ②
    k += 4
turtle.done()
```

28. 使用 turtle 库的 turtle.fd( ) 函数和 turtle.seth( ) 函数绘制嵌套五边形,边长从 1 像素开始,第一条边从 0°方向开始,边长按照 3 个像素递增,效果如下图所示。阅读程序框架,补充代码。

```
import turtle
    ①
d = 0
k = 1
for j in range(10):
    for i in range(edge):
        turtle.fd(k)
        ②
        turtle.seth(d)
        k += 3
turtle.done()
```

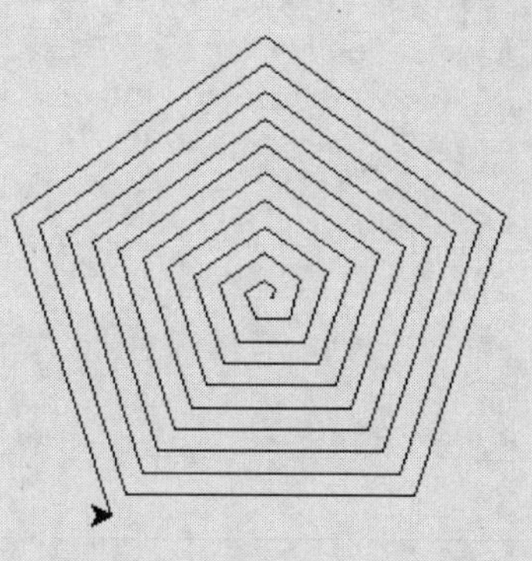

29. 使用 turtle 库绘制由边长为 100 像素的菱形构成的六角雪花形状,效果如下图所示。阅读程序框架,补充代码。

```
import turtle
#定义绘制菱形函数
def     ①
    #开始填充颜色
        ②
    turtle.fd(100)
    turtle.left(60)
    turtle.fd(100)
    turtle.left(120)
    turtle.fd(100)
    turtle.left(60)
    turtle.fd(100)
    turtle.end_fill()
for i in range(3):
    turtle.fillcolor("green")
    Draw()
turtle.left(60)
for i in range(3):
    turtle.fillcolor("blue")
    Draw()
turtle.hideturtle()
turtle.done()
```

30. 使用 turtle 库的绘制十二个花瓣的图形,效果如下图所示。阅读程序框架,补充代码。

```
#在……上完善一段代码
import turtle
……
```

31. 实现冒泡排序法。冒泡排序(Bubble Sort)的基本步骤是:依次比较相邻的两个数,将小数放在前面,大数放在后面。即在第一趟:首先比较第1个和第2个数,将小数放前,大数放后。然后比较第2个数和第3个数,将小数放前,大数放后,如此继续,直至比较最后两个数,将小数放前,大数放后。请完善代码。

```
ls = [23,41,32,12,56,76,35,67,89,44]
print(ls)
def bub_sort(s_list):
    for i in range(len(s_list)-1):
        #此段代码请完善
    return s_list
bub_sort(ls)
print(ls)
```

32. 使用字典和列表型变量完成某课程的考勤记录统计,某班有74名同学,名单由考生目录下文件 Name.txt 给出,某课程第一次考勤数据由考生目录下文件 1.csv 给出。请求出第一次缺勤同学的名单。请完善代码。

```
with open("1.csv","r",encoding = "utf-8") as fo:
    foR = fo.readlines()
    ___(1)___
    for line in foR:
        line = line.replace("\n","")
        ls.append(line.split(","))
#从 name.txt 文件中读取所有同学的名单
with open("Name.txt","r",encoding = "utf-8") as foName:
```

```
        foNameR = foName.readlines()
lsAll = []
for line in foNameR:
    line = line.replace("\n","")
    lsAll.append(line)
#求出第一次缺勤同学的名单
for l in ls:
            #此段代码请完善
print("第一次缺勤同学有:",end="")
_____(2)_____
    print(l,end=" ")
```

33. 请对《阿甘正传-网络版》进行中文分词,排除单个字符的分词结果,输出排序后的前 10 的词语。请完善代码。

```
import jieba
txt = open("阿甘正传-网络版.txt","r",encoding ="utf-8").read()
_____①_____
counts = {}
for word in words:
            #此段代码请完善
items = list(counts.items())
items.sort(key = lambda x:x[1],reverse = True)
for i in range(10):
    word,count = items[i]
    print("{0}:{1}".format(word,count))
```

34. 从键盘输入一些字符,逐个把它们写到指定的文件,直到输入一个@为止。请完善代码。

示例 1:

请输入文件名:

out.txt

请输入字符串:

Python

is

open.@

执行代码后,out.txt 文件中内容为:

Python is open.

示例2：
　　请输入文件名：
　　out.txt
　　请输入字符串：
　　python@ 123
执行代码后,out.txt文件中内容为：
Python

```
filename = input("请输入文件名:\n")
fp = _____①_____
ch = input("请输入字符串:\n")
while _____②_____
    if '@' in ch:
        ……
    else:
        fp.write(ch + " ")
    _____③_____
fp.close()
```

35. 求出一组数：1080,750,1080,750,1080,850,960,2000,1250,1630,1080,1800,1080,2100,1080,1450,2500,560,1080,560 中的众数及出现频率。众数指出现次数最多的数。请完善代码。

```
ls = [1080,750,1080,750,1080,850,960,2000,1250,1630,1080,\
      1800,1080,2100,1080,1450,2500,560,1080,560]
counts = {}
for num in ls:
        #此段代码请完善
items = list(counts.items())
items.sort(key = lambda x:[1],reverse = True)
num,count = items[0]
print("众数为{},出现频率为{}。".format(num,count))
```

36. 编写代码完成如下功能：
（1）建立字典d,包含内容是:"中文":101,"英文":202,"法文":203,"德文":204,"韩文":206。
（2）向字典中添加键值对"日文":205。
（3）修改"中文"对应的值为201。
（4）删除"韩文"对应的键值对。
（5）打印字典d全部信息,参考格式如下。

201:中文
202:英文
(略)

37. 补充如下代码,计算 a 中各元素与 b 逐项乘积的累加和。

```
a = [[11,22,33],[44,55,66],[77,88,99]]
b = [33,66,99]
      ①
for c in a:
    for j in    ②    :
        s += c[j] * b[j]
print(s)
```

38. 补充如下代码,计算向量 a 与向量 b 的乘积,即对应元素乘法的累加和,并将结果输出。

```
a = [11,22,33,44,55,66,77,88,99]
b = [33,66,99,22,55,88,11,44,77]
    (请补充之后的代码)
```

39. 列表 ls 中存储了我国 39 所 985 高校所对应的学校类型,请以这个列表为数据变量,完善 Python 代码,统计输出各类型的数量。

```
ls = ["综合","理工","综合","综合","综合","综合","综合","综合", \
      "综合","综合","师范","理工","综合","理工","综合","综合", \
      "综合","综合","综合","理工","理工","理工","理工","师范", \
      "综合","农林","理工","综合","理工","理工","理工","综合", \
      "理工","综合","综合","理工","农林","民族","军事"]
```

输出参考格式如下(其中冒号为英文冒号):

军事:1
民族:1
(略)

40. 字典 d 中存储了我国 42 所双一流高校及所在省份的对应关系,请以这个字典为数据变量,完善 Python 代码,统计各省份学校的数量。

```
d = {"北京大学":"北京","中国人民大学":"北京","清华大学":"北京", \
     "北京航空航天大学":"北京","北京理工大学":"北京","中国农业大学":\
     "北京","北京师范大学":"北京","中央民族大学":"北京","南开大学":\
```

```
"天津","天津大学":"天津","大连理工大学":"辽宁","吉林大学":"吉林",\
"哈尔滨工业大学":"黑龙江","复旦大学":"上海","同济大学":"上海",\
"上海交通大学":"上海","华东师范大学":"上海","南京大学":"江苏",\
"东南大学":"江苏","浙江大学":"浙江","中国科学技术大学":"安徽",\
"厦门大学":"福建","山东大学":"山东","中国海洋大学":"山东",\
"武汉大学":"湖北","华中科技大学":"湖北","中南大学":"湖南",\
"中山大学":"广东","华南理工大学":"广东","四川大学":"四川",\
"电子科技大学":"四川","重庆大学":"重庆","西安交通大学":"陕西",\
"西北工业大学":"陕西","兰州大学":"甘肃","国防科技大学":"湖南",\
"东北大学":"辽宁","郑州大学":"河南","湖南大学":"湖南","云南大学":\
"云南","西北农林科技大学":"陕西","新疆大学":"新疆"}
```

输出参考格式如下(其中冒号为英文冒号):

```
北京:8
天津:2
(略)
```

二、参考答案

1.

```
from turtle import *
color('red','pink')
begin_fill()
left(135)
fd(100)
right(180)
circle(50,-180)
left(90)
circle(50,-180)
right(180)
fd(100)
end_fill()
hideturtle()
done()
```

2.

```
from turtle import *
setup(400,400)
penup()
goto(-100,50)
```

```
pendown()
color("red")
begin_fill()
for i in range(5):
    forward(200)
    right(144)
end_fill()
hideturtle()
done()
```

3.

```
import turtle
n = 10
for i in range(1,10,1):
    for j in [90,180,-90,0]:
        turtle.seth(j)
        turtle.fd(n)
        n += 5
```

4.

```
import turtle
turtle.setup(800,300)
turtle.penup()
turtle.fd(-350)
turtle.pendown()
def DrawLine(size):
    for angle in [0,90,-90,-90,90]:
        turtle.left(angle)
        turtle.fd(size)
for i in [20,30,40,50,40,30,20]:
    DrawLine(i)
turtle.hideturtle()
turtle.done()
```

5.

```
import turtle as t
def DrawCctCircle(n):
    t.penup()
    t.goto(0,-n)
    t.pendown()
```

```
        t.circle(n)
for i in range(20,100,20):
    DrawCctCircle(i)
t.hideturtle()
t.done()
```

6. 这是一个简单应用题,绘制钢琴键示意图形。主要考核 turtle.goto(x,y)和 t.pendown()函数。第 1 个空填写内容为 t.goto(-180,-50),将画笔移动到绝对位置(-180,-50)处。第 2 个空填写内容为 t.pendown(),画笔落下。之后,移动画笔将绘制形状。代码较长,不再重新给出参考代码,同学们可以尝试对代码进行优化,并绘制自己喜欢的钢琴键示意图形。

7. 这是一个简单应用题,使用 turtle 库绘制叠加等边三角形。主要考核 turtle.pensize(width)和 turtle.forward(distance)函数。第 1 个空填写内容为 turtle.pensize(2)。turtle.pensize(width),别名 turtle.width(width),设置画笔宽度 width,当无参数输入时返回当前画笔宽度。第 2 个空填写内容为 turtle.fd(160)。turtle.forward(distance)别名 turtle.fd(distance),作用是向画笔当前行进方向前进 distance 距离。

8.
```
import turtle as t
t.colormode(255)
t.color(255,215,0)    #设置颜色取值为金色(255,215,0)
t.begin_fill()
for x in range(1,9):    #绘制8条线
    t.forward(200)
    t.left(225)
t.end_fill()
t.hideturtle()
t.done()
```

9.
```
from turtle import *
for i in range(5):
    penup()
    goto(-200+100*i,-50)
    pendown()
    circle(40,steps=3+i)
done()
```

10.
```
import turtle as t
def tree(length,level):    #树的层次
    if level <= 0:
```

```
        return
    t.forward(length)        #前进方向画 length 距离
    t.left(45)
    tree(0.6*length, level-1)
    t.right(90)
    tree(0.6*length, level-1)
    t.left(45)
    t.backward(length)
    return
t.pensize(3)
t.color('green')
t.left(90)
tree(100,6)
```

11.

```
N = eval(input("请输入正整数:"))
s = 0
for i in range(1, N):
    if i % 2 == 1:
        s += i**2
print(s)
```

12.

```
N = eval(input("请输入正整数:"))
if N == 1:
    flag = False
    print(flag)
else:
    flag = True
    for i in range(2, N):
        if N % i == 0:
            flag == False
            break
    print(flag)
```

13.

```
N = input("请输入正整数:")
s = 0
for c in N:
```

```
    s += eval(c) ** 2
print(s)
```

14.
```
N = input("请输入一个数字：")
s = 0
while N != "":
    s += eval(N)
    N = input("请输入一个数字：")
print(s)
```

15.
```
while True:
    N = input("请给出一个不带数字的输入：")
    flag = True
    for c in N:
        if c in "1234567890":
            flag = False
            break
    if flag:
        break
print(N)
```

16.
```
while True:
    try:
        N = input("请给出一个全数字输入：")
        print(eval(N))
        break
    except:
        N = input("请给出一个全数字输入：")
```

17.
```
while True:
    N = input("请给出一个浮点数：")
    if type(eval(N)) == type(1.0):
        print(eval(N))
        break
```

18.
```
while True:
    try:
        N = input("请给出一个浮点数：")
        if type(eval(N)) == type(1.0):
            print(eval(N))
            break
    except:
        N = input("请给出一个浮点数：")
```

19.
```
a, b = 1, 2
ls = []
ls.append(str(a))
while b<1000*1000:
    a, b = b, a**2 + b**2
    ls.append(str(a))
print(",".join(ls))
```

20.
```
import random as r
r.seed(17)
s = ""
for i in range(20):
    s += str(r.randint(0,999))
print(s)
```

21.
```
import turtle
for i in range(4):
    turtle.right(90)
    turtle.circle(50,180)
```

22.
```
import turtle
for i in range(4):
    turtle.circle(-90,90)
    turtle.right(180)
```

23.
```
import turtle
def drawCircle():
    turtle.pendown()
    turtle.circle(20)
    turtle.penup()
    turtle.fd(40)

def drawRowCircle(n):
    for j in range(n,1,-1):
        for i in range(j):
            drawCircle()
        turtle.fd(-j*40-20)
        turtle.right(90)
        turtle.fd(40)
        turtle.left(90)
        turtle.fd(40)
    drawCircle()
drawRowCircle(5)
turtle.hideturtle()
turtle.done()
```

24.
```
from turtle import *
pensize(6)
penup()
goto(-100,-50)
pendown()
fillcolor("red")
begin_fill()
goto(-100,50)
goto(100,-50)
goto(100,50)
goto(-100,-50)
penup()
goto(-10,0)
pendown()
right(90)
circle(10,360)
```

```
end_fill( )
hideturtle( )
done( )
```

25.
```
import turtle
def Draw( ):
    turtle.fillcolor("red")
    turtle.begin_fill( )
    turtle.fd(100)
    turtle.left(60)
    turtle.fd(100)
    turtle.left(120)
    turtle.fd(100)
    turtle.left(60)
    turtle.fd(100)
    turtle.end_fill( )

for i in range(3):
    Draw( )
turtle.hideturtle( )
turtle.done( )
```

26.
```
import turtle
r = 20
head = 90
for i in range (3):
    turtle.seth(head)
    turtle.circle(r)
    r = r + 20
r = 20
head = 270
for i in range (3):
    turtle.seth(head)
    turtle.circle(r)
    r = r + 20
turtle.done( )
```

27.
```
import turtle
d = 0
k = 1
for j in range(10):
    for i in range(4):
        turtle.fd(k)
        d += 91
        turtle.seth(d)
        k += 4
turtle.done()
```

28.
```
import turtle
edge = 5
d = 0
k = 1
for j in range(10):
    for i in range(edge):
        turtle.fd(k)
        d += 360/edge
        turtle.seth(d)
        k += 3
turtle.done()
```

29.
```
import turtle
def Draw():
    turtle.begin_fill()
    turtle.fd(100)
    turtle.left(60)
    turtle.fd(100)
    turtle.left(120)
    turtle.fd(100)
    turtle.left(60)
    turtle.fd(100)
    turtle.end_fill()
for i in range(3):
    turtle.fillcolor("green")
    Draw()
    turtle.left(60)
```

```
for i in range(3):
    turtle.fillcolor("blue")
    Draw()
turtle.hideturtle()
turtle.done()
```

30.

```
import turtle
turtle.fillcolor("yellow")
turtle.begin_fill()
for i in range(12):
    turtle.circle(-90,90)
    turtle.right(120)
turtle.end_fill()
turtle.hideturtle()
turtle.done()
```

31.

```
ls = [23,41,32,12,56,76,35,67,89,44]
print(ls)
def bub_sort(s_list):
    for i in range(len(s_list)-1):
        is_change = True
        for j in range(len(s_list)-1-i):
            if s_list[j] > s_list[j+1]:
                s_list[j],s_list[j+1] = s_list[j+1],s_list[j]
                is_change = False
        if is_change:
            break
    return s_list
bub_sort(ls)
print(ls)
```

32.

```
with open("1.csv","r",encoding = "utf-8") as fo:
    foR = fo.readlines()
ls = []
for line in foR:
    line = line.replace("\n","")
    ls.append(line.split(","))
```

```
with open("Name.txt","r",encoding = "utf-8") as foName:
    foNameR = foName.readlines()
lsAll = []
for line in foNameR:
    line = line.replace("\n","")
    lsAll.append(line)
for l in ls:
    if l[0] in lsAll:
        lsAll.remove(l[0])
print("第一次缺勤同学有:",end = " ")
for l in lsAll:
    print(l,end=" ")
```

33.

```
import jieba
txt = open("阿甘正传-网络版.txt","r",encoding = "utf-8").read()
words = jieba.lcut(txt)
counts = {}
for word in words:
    if len(word) == 1:
        continue
    else:
        counts[word] = counts.get(word,0)+1
items = list(counts.items())
items.sort(key = lambda x:x[1],reverse = True)
for i in range(10):
    word,count = items[i]
    print("{0}:{1}".format(word,count))
```

34.

```
filename = input("请输入文件名:\n")
fp = open(filename,"w")
ch = input("请输入字符串:\n")
while ch ! = '@':
    if '@' in ch:
        t = ch.find("@")
        fp.write(ch[0:t])
        break
    else:
```

```
        fp.write( ch + " " )
    ch = input( " " )
fp.close( )
```

35.
```
ls = [1080,750,1080,750,1080,850,960,2000,1250,1630,1080,1800, \
      1080,2100,1080,1450,2500,560,1080,560]
counts = {}
for num in ls:
    counts[num] = counts.get(num,0) + 1
items = list(counts.items( ))
items.sort(key = lambda x:[1],reverse = True)
num,count = items[0]
print("众数为{},出现频率为{}。".format(num,count))t.left(90)
tree(100,6)
```

36.

(1)
```
d = {"中文":101,"英文":202,"法文":203,"德文":204,"韩文":206}
```

(2)
```
d["日文"] = 205
```

(3)
```
d["中文"] = 201
```

(4)
```
del d["韩文"]
```

(5)
```
for key in d:
    print("{}:{}".format(d[key], key))
```

37.
```
a = [[11,22,33],[44,55,66],[77,88,99]]
b = [33,66,99]
s = 0
for c in a:
    for j in range(3):
        s += c[j] * b[j]
print(s)
```

38.
```
a = [11,22,33,44,55,66,77,88,99]
b = [33,66,99,22,55,88,11,44,77]
s = 0
for i in range(len(a)):
    s += a[i] * b[i]
print(s)
```

39.
```
ls = ["综合","理工","综合","综合","综合","综合","综合","综合","综合", \
      "综合","师范","理工","综合","理工","综合","综合","综合","综合", \
      "综合","理工","理工","理工","理工","师范","综合","农林","理工", \
      "综合","理工","理工","理工","综合","理工","综合","综合","理工", \
      "农林","民族","军事"]
d = {}
for word in ls:
    d[word] = d.get(word, 0) + 1
for k in d:
    print("{}:{}".format(k, d[k]))
```

40.
```
d = {"北京大学":"北京","中国人民大学":"北京","清华大学":"北京", \
     "北京航空航天大学":"北京","北京理工大学":"北京","中国农业大学":"北京", \
     "北京师范大学":"北京","中央民族大学":"北京","南开大学":"天津", \
     "天津大学":"天津","大连理工大学":"辽宁","吉林大学":"吉林", \
     "哈尔滨工业大学":"黑龙江","复旦大学":"上海","同济大学":"上海", \
     "上海交通大学":"上海","华东师范大学":"上海","南京大学":"江苏", \
     "东南大学":"江苏","浙江大学":"浙江","中国科学技术大学":"安徽", \
     "厦门大学":"福建","山东大学":"山东","中国海洋大学":"山东", \
     "武汉大学":"湖北","华中科技大学":"湖北","中南大学":"湖南", \
     "中山大学":"广东","华南理工大学":"广东","四川大学":"四川", \
     "电子科技大学":"四川","重庆大学":"重庆","西安交通大学":"陕西", \
     "西北工业大学":"陕西","兰州大学":"甘肃","国防科技大学":"湖南", \
     "东北大学":"辽宁","郑州大学":"河南","湖南大学":"湖南", \
     "云南大学":"云南","西北农林科技大学":"陕西","新疆大学":"新疆"}
ls = list(d.values())
dc = {}
for word in ls:
    dc[word] = dc.get(word, 0) + 1
```

```
for k in dc:
    print("{}:{}".format(k, dc[k]))
```

10.3 综合应用题

一、题库习题

1. 《笑傲江湖》是金庸的重要武侠作品之一。这里给出一个《笑傲江湖》的网络版本,文件名为"笑傲江湖-网络版.txt"。

请编写程序,统计该文件中出现的所有中文字符及标点符号的数量,每个字符及数量之间用冒号:分隔,例如"笑:1024",将所有字符及数量的对应采用逗号分隔,以 CSV 文件格式保存到"笑傲江湖-字符统计.txt"文件中。注意,统计字符不包括空格和回车。

> 笑:1024,傲:2048,江:128,湖:64
> (略)

【文件下载】

2. 《笑傲江湖》是金庸的重要武侠作品之一。这里给出一个《笑傲江湖》的网络版本,文件名为"笑傲江湖-网络版.txt"。

请编写程序,统计"笑傲江湖-网络版.txt"中出现在引号内所有字符占文本总字符的比例,采用如下方式打印输出:

> 占总字符比例:20%。

用程序运行结果的真实数字替换上述示例中数字,均保留整数,字符串中标点符号采用中文字符。

【文件下载】

3. 《射雕英雄传》是金庸的重要武侠作品之一。这里给出一个《射雕英雄传》的网络版本,文件名为"射雕英雄传-网络版.txt"。

请编写程序,统计该文件出现的所有中文词语及出现次数(不要求输出),并输出按照出现次数最多的 8 个词语,采用如下方式打印输出。

> 词语 1,词语 2,词语 3,词语 4,词语 5,词语 6,词语 7,词语 8

【文件下载】

4. 《侠客行》是金庸的重要武侠作品之一,主要叙述一个懵懂少年石破天的江湖经历。这里给出一个《侠客行》的网络版本,文件名为"侠客行-网络版.txt"。

基础中文字符的 Unicode 编码范围是[0x4e00,0x9fa5],请统计给定文本中存在多少该范围内的基础中文字符以及每个字符的出现次数。以如下模式(CSV 格式)保存在"侠客行-字符统计.txt"文件中。

侠(0x4fa0):888,客(0x5ba2):666,行(0x884c):111
(略)

其中括号内是对应字符的十六进制 Unicode 编码形式,冒号后是出现次数,逗号两侧无空格。

【文件下载】

5. 文件 sweb.html 保存了一个网页的源代码,其中,"href="引导后面会有一个 URL 链接,例如:href="http://news.sina.com.cn/feedback/post.html",其中,有一种链接前后都有空格,且双引号内以"http://"开头。

请编写程序,解析这个文件,提取出现符合上述特征的 URL 链接,每个链接一行,保存到"text-urls.txt"文件中,格式如下:

URL1
URL2
(略)

6. draw.py 是一个 turtle 绘图的 Python 源程序,该程序采用了 import turtle 模式引入 turtle 库,并绘制了一个图形。请编写程序,以该源文件作为文件输入,修改文件中代码,将 import 使用方式改为 import turtle as t 模式,并输出文件为 draw2.py,要求 draw2.py 运行结果与 draw.py 一致。

【文件下载】

7. 恺撒密码是古罗马恺撒大帝用来对军事情报进行加密的算法,它采用了替换方法对信息中的每一个英文字符循环替换为字母表序列该字符后面第三个字符,即循环左移 3 位,对应关系如下:

原文:A B C D E F G H I J K L M N O P Q R S T U V W X Y Z
密文:D E F G H I J K L M N O P Q R S T U V W X Y Z A B C

基础中文字符的 Unicode 编码范围是[0x4e00,0x9fa5],共 20902 个字符。请以 10451 位循环移位数量,编写中文文本的类恺撒密码加解密方法。

原文字符 P,其密文字符 C 满足如下条件:

C =(P + 10451) mod 20902

解密与加密方法一致,满足:

P =(C + 10451) mod 20902

标点符号、英文字母不加密。

下面是一段测试文本:

输入(加解密前):全国计算机等级考试二级 Python 语言程序设计
输出(加解密后):稻揪拎劦道剠嗔地挂睟嗔 Python 挚憎儸顊报拎

8. 《神雕侠侣》是金庸先生在武侠小说创作上的一个里程碑,叙述杨过与小龙女之间的故事。这里给出《神雕侠侣》的网络版本,文件名为"神雕侠侣-网络版.txt"。

《神雕侠侣》中出现了很多人物,这里给出 6 个人物名字:杨过、小龙女、李莫愁、裘千尺、郭靖、黄蓉。统计人物之间的关联关系,这里定义一种"亲和度"关系如下:如果某名字 A 后的 100 个中文词语中出现上述 6 个名字中任何一个 B,则名字 A 的亲和度加 1。(注意,如果到文本末尾部分,名字 A 后没有 100 个中文词语,则有多少算多少)

请输出每个名字的亲和度,保存文件名为"神雕侠侣-人名亲和度.txt"如下:

杨过-小龙女:1024,杨过-李莫愁:20,(略),小龙女-杨过:2014
(略)

【文件下载】

9. 1949 年 4 月 23 日,中国人民解放军午夜解放南京,毛泽东同志在清晨获得消息后写下《七律 人民解放军占领南京》,全文如下:

七律 人民解放军占领南京
钟山风雨起苍黄,百万雄师过大江。虎踞龙盘今胜昔,天翻地覆慨而慷。宜将剩勇追穷寇,不可沽名学霸王。天若有情天亦老,人间正道是沧桑。

问题 1:这是一段由标点符号分隔的文本,请编写程序,以标点符号为分隔,将这段文本转换为诗词风格。要求:每行 30 个字符,诗词居中,每半句一行,去掉所有标点。输出到文件"七律.txt"。

问题 2:编写程序,以每半句为单位,保留标点符号为原顺序及位置,输出全文的翻转形式。

人间正道是沧桑,天若有情天亦老。(略)

10. 这里有一个中文文本片段:"今天北京有个好天气,大家一起去爬山。"该句子分上下两部分,以逗号和句号分隔。请对该句子进行分词,并以 8 为随机种子,在上下半句分别重新排列组合词语,并组合输出 10 种不重复的可能。其中,上下半句词语不交叉,每个可能的组合单行输出,存储到"句子组合.txt"文件中,格式如下:

北京今天有个好天气,一起大家去爬山。
有个好天气今天北京,一起大家爬山去。
(略)

11. 大胆预测 2018 年至 2020 年我国五个城市的房产价格走势如下所示,同时保存为"price2020.csv"文件。其中,2018/2019/2020 年所列出的数值为当前年份与前一年份的涨跌比。例如,2018 列数据是预测 2018 年房价以 2017 年价格为基数(100)的比值,2019 列数据是预测 2019 年房价以 2018 年价格为基数(100)的比值,2020 列数据是预测 2020 年房价以 2019 年价格为基数(100)的比值。

城市	2018	2019	2020
北京	112	130	140
上海	123	140	121
广州	99	95	130
深圳	101	129	94
沈阳	93	92	87

请编写程序,以 2017 年为基数,预测 2018/2019/2020 年房价涨跌比,生成一个类似文件,名称为"price2020a2017.csv",保留整数。

【文件下载】

12. 苏格拉底是古希腊著名的思想家、哲学家、教育家、公民陪审员。苏格拉底的名言部分被翻译为中文,部分内容分词结果由文件 sgldout.txt 给出。对文件 sgldout.txt 进行分析,输出词频排名前五的词(不包括中文标点符号)和次数到文件 sgldstatistics.txt。

参照输出格式如下:

了:234
的:234
有:234
你:234
我:234

请完善代码。

```
#在……完善一段代码
fo = open("sgldout.txt","r",encoding ="utf-8")
words = fo.readlines()
fo.close()
……
```

【文件下载】

13. 用字典和列表型变量完成某课程的考勤记录统计。某班有 74 名同学,名单由 name.txt 给出,某课程 10 次考勤数据由文件 1.csv、2.csv、…给出。

请编写程序,按如下格式输出第一次缺勤同学的名字。

第一次缺勤同学有:张三 李四 王五

【文件下载】

14. 用字典和列表型变量完成某课程的考勤记录统计。某班有 74 名同学,名单由 name.txt 给出,某课程 10 次考勤数据由文件 1.csv、2.csv、…给出。

请编写程序,按如下格式输出 10 次全勤同学的名字。

全勤同学有:张三,李四,王五,…

【文件下载】

15. 文件 ngchina.html 保存了网页源代码,请将该页面中图片的 URL 提取出来,并输出所有图片的 URL。输出格式如下:

第 1 个 URL:http://image.ngchina.com.cn/2018/0829/20180829012548753.jpg
第 2 个 URL: http://image.ngchina.com.cn/2018/0823/thumb_469_352_20180823121155508.jpg
……

【文件下载】

16. 算法平均数蕴含了"重心"的意思,中位数用于概括一组数据的位置,是高度耐抗的,有个别的极大值或者极小值,不会引起中位数的变化。在 numbers.txt 中给出了 100 个人的某月收入(单位:元),求 100 人月收入的算术平均数和中位数并参照如下格式输出:

算术平均数为 3428.96。
中位数为 3966.5。

【文件下载】

17. 软文的诗词风将原有文章根据标点符号重新切分为短语并居中排版,对小屏幕阅读十分有利。使用程序将普通文章变成软文的诗词风十分有趣。
原始诗词风格:
　　人生得意须尽欢,莫使金樽空对月。
　　天生我材必有用,千金散尽还复来。
软文风如下:
　　人生得意须尽欢
　　莫使金樽空对月
　　天生我材必有用
　　千金散尽还复来
请完善如下代码。

```
#在……上补充一段代码
txt = '''
人生得意须尽欢,莫使金樽空对月。
天生我才必有用,千金散尽还复来。
'''
print(txt)
linewidth = 30
def lineSplit(line):
```

```
……
def linePrint(line):
    ……
newlines = lineSplit(txt)
……
```

18. 下面是一个传感器采集数据文件 sensor-data.txt 的一部分：
    2018-02-28 01:03:16.33393 19.3024 38.4629 45.08 2.68742
    2018-02-28 01:06:16.013453 19.1652 38.8039 45.08 2.68742
    2018-02-28 01:06:46.778088 19.175 38.8379 45.08 2.69964
    ……

其中，每行是一个读数，空格分隔多个含义，分别包括日期、时间、温度、湿度、光照和电压。其中，温度处于第 3 列。

请编写程序，统计并输出传感器采集数据中温度部分的平均值，保留小数点后 2 位。

【文件下载】

19. 下面是一个传感器采集数据文件 sensor-data.txt 的一部分：
    2018-02-28 01:03:16.33393 19.3024 38.4629 45.08 2.68742
    2018-02-28 01:06:16.013453 19.1652 38.8039 45.08 2.68742
    2018-02-28 01:06:46.778088 19.175 38.8379 45.08 2.69964
    ……

其中，每行是一个读数，空格分隔多个含义，分别包括日期、时间、温度、湿度、光照和电压。其中，光照处于第 5 列。

请编写程序，统计并输出传感器采集数据中光照部分的最大值、最小值和平均值，所有值保留小数点后 2 位。

【文件下载】

20. 《孙子兵法》是我国军事学的重要历史名著之一，从网络上能够获得《孙子兵法》的一个版本"孙子兵法-网络版.txt"。请对该文档进行清洗，去掉带有"作者"的行，去掉带有注释（解释信息）的行，在正文中，去掉①②等注释标注，将清洗后的文本输出为"孙子兵法-清洗版.txt"。

【文件下载】

二、参考答案

1. 参考程序：

```
fi = open("笑傲江湖-网络版.txt", "r", encoding='utf-8')
fo = open("笑傲江湖-字符统计.txt", "w", encoding='utf-8')
txt = fi.read()
```

```
d = {}
for c in txt:
    d[c] = d.get(c, 0) + 1
del d[' ']
del d['\n']
ls = []
for key in d:
    ls.append("{}:{}".format(key, d[key]))
fo.write(",".join(ls))
fi.close()
fo.close()
```

2. 参考程序：

```
fi = open("笑傲江湖-网络版.txt", "r", encoding='utf-8')
txt = fi.read()
cnt = 0
flag = False
for c in txt:
    if c == "“":
        flag = True
    if c == "”":
        flag = False
    if flag:
        cnt += 1
print("占总字符比例:{:.0%}。".format(cnt/len(txt)))
fi.close()
```

3. 参考程序：

```
import jieba
fi = open("射雕英雄传-网络版.txt", "r", encoding='utf-8')
txt = fi.read()
fi.close()
ls = jieba.lcut(txt)
d = {}
for w in ls:
    d[w] = d.get(w, 0) + 1
for x in " \n,。！“”:":
    del d[x]
rst = []
```

```
for i in range(8):
    mx = 0
    mxj = 0
    for j in d:
        if d[j] > mx:
            mx = d[j]
            mxj = j
    rst.append(mxj)
    del d[mxj]
print(",".join(rst))
```

4. 参考程序:

```
fi = open("侠客行-网络版.txt", "r", encoding='utf-8')
fo = open("侠客行-字符统计.txt", "w", encoding='utf-8')
txt = fi.read()
d = {}
for c in txt:
    if 0x4e00 <= ord(c) <= 0x9fa5:
        d[c] = d.get(c, 0) + 1
ls = []
for key in d:
    ls.append("{}(0x{:x}):{}".format(key, ord(key), d[key]))
fo.write(",".join(ls))
fi.close()
fo.close()
```

5. 参考程序:

```
fi = open("sweb.html", "r", encoding='utf-8')
fo = open("text-urls.txt", "w", encoding='utf-8')
txt = fi.read()
ls = txt.split(" ")
urls = []
for item in ls:
    if item[:5] == "href=" and item[6:13] == "http://":
        x = item.find(">", 5)
        if x == -1:
            urls.append(item[6:-1])
        else:
            urls.append(item[6:x-lencitem)-1])
```

```
for item in urls:
    fo.write(item+"\n")
fi.close()
fo.close()
```

6. 参考程序:

```
fi = open("draw.py", "r", encoding='utf-8')
fo = open("draw2.py", "w", encoding='utf-8')
txt = fi.read()
txt = txt.replace("turtle", "t")
txt = txt.replace("import t", "import turtle as t")
fo.write(txt)
fi.close()
fo.close()
```

7. 参考程序:

```
s = input("输入(加解密前):")
d = {}
for c in [0x4e00,0x9fa5]:
    for i in range(20902):
        d[chr(i+c)] = chr((i+10451) % 20902 + c)
print("输出(加解密后):" + "".join([d.get(c,c) for c in s]))
```

8. 参考程序:

```
import jieba
fi = open("神雕侠侣-网络版.txt", "r", encoding='utf-8')
fo = open("神雕侠侣-人名亲和度.txt", "w", encoding='utf-8')
names = ["杨过","小龙女","李莫愁","裘千尺","郭靖","黄蓉"]
d = {}
for item1 in names:
    for item2 in names:
        if item1 != item2:
            d[item1+"-"+item2] = 0
txt = fi.read()
ls = jieba.lcut(txt)
for i in range(len(ls) -100):
    if ls[i] in names:
        for j in range(1,101):
            if ls[i+j]!=ls[i] and (ls[i+j] in names):
```

```
            d[ls[i]+'-'+ls[i+j]] += 1
            break
ols = []
for key in d:
    ols.append("{}:{}".format(key, d[key]))
fo.write(",\n".join(ols))
fi.close()
fo.close()
```

9. 问题1的参考程序:

```
s = "钟山风雨起苍黄,百万雄师过大江。\
虎踞龙盘今胜昔,天翻地覆慨而慷。\
宜将剩勇追穷寇,不可沽名学霸王。\
天若有情天亦老,人间正道是沧桑。"
lines = ""
for i in range(0,len(s),8):
    lines += s[i:i+7].center(30) +'\n'
print(lines)
fo = open("七律.txt","w")
fo.write(lines)
fo.close()
```

问题2的参考程序:

```
s = "钟山风雨起苍黄,百万雄师过大江。\
虎踞龙盘今胜昔,天翻地覆慨而慷。\
宜将剩勇追穷寇,不可沽名学霸王。\
天若有情天亦老,人间正道是沧桑。"
ls = []
for i in range(0,len(s),8):
    ls.append(s[i:i+7])
ls.reverse()
n = 0
for item in ls:
    n = n+1
    if n%2!=0:
        print(item,end="")
    else:
        print(item,end="。\n")
```

10. 参考程序:

```python
import jieba
import random
s = "今天北京有个好天气,大家一起去爬山。"
k = s.find(',')
s1 = jieba.lcut(s[0:k])
s2 = jieba.lcut(s[k+1:-1])
random.seed(8)
lines = []
while True:
    line = ""
    random.shuffle(s1)
    random.shuffle(s2)
    for item in s1:
        line += item
    line += ","
    for item in s2:
        line += item
    line += "。"
    if line in lines:
        continue
    else:
        lines.append(line)
    if len(lines) == 10:
        break
f = open("句子组合.txt", "w")
f.write("\n".join(lines))
f.close()
```

11. 参考程序:

```python
fi = open("price2020.csv", "r")
fo = open("price2020a2017.csv", "w")
ls = []
for line in fi:
    line = line.replace("\n", "")
    ls.append(line.split(","))
for i in range(1, len(ls)):
    for j in range(1, len(ls[i])):
        if ls[i][j].isnumeric():
```

```
                if j == 1:
                    base = 100
                else:
                    base = float(ls[i][j-1])
                ls[i][j] = "{:.0f}".format(base * float(ls[i][j])/100)
    for row in ls:
        fo.write(",".join(row) + "\n")
fi.close()
fo.close()
```

12. 参考程序:

```
fo = open("sgldout.txt","r",encoding ="utf-8")
words = fo.readlines()
fo.close()
sym = ";。""："
DictWords = {}
for ls in words:
    if ls[:-1] not in sym:
        DictWords[ls[:-1]] = DictWords.get(ls[:-1], 0) + 1
        L = list(DictWords.items())
        L.sort(key = lambda s:s[1],reverse=True)
#输出到文件
fo = open("sgldstatistics.txt", "w", encoding ="utf-8")
for i in range(5):
    fo.writelines(L[i][0] + ":" + str(L[i][1]) + "\n")
fo.close()
```

13. 参考程序:

```
#从 1.csv 文件中读取考勤数据
with open("1.csv","r",encoding = "utf-8") as fo:
    foR = fo.readlines()
ls = []
for line in foR:
    line = line.replace("\n","")
    ls.append(line.split(","))
#从 name.txt 文件中读取所有同学的名单
with open("Name.txt","r",encoding = "utf-8") as foName:
    foNameR = foName.readlines()
lsAll = []
```

```
for line in foNameR:
    line = line.replace("\n","")
    lsAll.append(line)
#求出第一次缺勤同学的名单
for l in ls:
    if l[0] in lsAll:
        lsAll.remove(l[0])
print("第一次缺勤同学有:",end="")
for l in lsAll:
    print(l,end=" ")
```

14. 参考程序:

```
ls = []
for i in range(1,11):
    fo = open(str(i) +".csv","r",encoding = "utf-8")
    for line in fo:
        line = line.replace("\n","")
        ls.append(line.split(",")[0])
    fo.close()
counts = {}
for name in ls:
    counts[name] = counts.get(name,0) + 1
items = list(counts.items())
print("全勤同学有:",end="")
for i in range(1,75,1):
    word,count = items[i]
    if count == 10:
        print(word,end=",")
```

15. 参考程序:

```
#读取 HTML 文件内容
def getHTMLlines(htmlpath):
    f = open(htmlpath,"r",encoding = 'utf-8')
    ls = f.readlines()
    f.close()
    return ls
#用于解析文件并提取图片的 URL
def extractImageUrls(htmllist):
    urls = []
```

```
    for line in htmllist:
        if 'img' in line:
            url = line.split('src=')[-1].split('"')[1]
            if 'http' in url:
                urls.append(url)
    return urls
#将获取的链接输出到屏幕上
def showResults(urls):
    count = 1
    for url in urls:
        print("第{:2}个URL:{}".format(count,url))
        count += 1
#主程序:1 读取文件;2 解析并提取其中的图片链接;3 输出提取结果到屏幕
def main():
    inputfile = "ngchina.html"
    htmllines = getHTMLlines(inputfile)
    imageUrls = extractImageUrls(htmllines)
    showResults(imageUrls)
```

16. 参考程序:

```
def Arithmetic(numbers):        #计算算法平均数
    sum = 0.0
    for i in numbers:
        sum = sum + float(i)
    return sum/len(numbers)
def Median(numbers):         #计算中位数
    sorted(numbers)
    size = len(numbers)
    if size % 2 == 0:
        med = (float(numbers[size//2-1]) + float(numbers[size//2]))/2
    else:
        med = numbers[size//2]
    return med

fo = open("numbers.txt","r",encoding="utf-8")
ls = []
for line in fo.readlines():
    line = line.replace("\n","")
```

```python
    ls.append(line)
print("算术平均数为{}。".format(Arithmetic(ls)))
print("中位数为{}。".format(Median(ls)))
```

17. 参考程序:

```python
txt = '''人生得意须尽欢,莫使金樽空对月。\
    天生我才必有用,千金散尽还复来。'''
print(txt)
linewidth = 30

def lineSplit(line):
    plist = [',','! ','? ',',','。']
    for p in plist:
        line = line.replace(p,'\n')
    return line.split('\n')

def linePrint(line):
    global linewidth
    print(line.center(linewidth,chr(12288)))

newlines = lineSplit(txt)
for newline in newlines:
    linePrint(newline)
```

18. 参考程序:

```python
#SensorReader.py
#2018-02-28 01:03:16.33393 19.3024 38.4629 45.08 2.68742
try:
    f = open("sensor-data.txt", "r")
    avg, cnt = 0, 0
    for line in f:
        ls = line.split()
        cnt += 1
        avg += eval(ls[2])
    print("平均的温度值是:{:.2f}".format(avg / cnt))
    f.close()
except:
    print("文件打开错误")
```

19. 参考程序：

```
#SensorReader.py
#2018-02-28 01:03:16.33393 19.3024 38.4629 45.08 2.68742
try:
    f = open("sensor-data.txt","r")
    avg, cnt = 0, 0
    maxv, minv = 0, 9999
    for line in f:
        ls = line.split()
        cnt += 1
        val = eval(ls[4])
        avg += val
        if val > maxv:
            maxv = val
        if val <minv:
            minv = val
    print("最大值、最小值、平均值分别是：{:.2f}，{:.2f}，{:.2f}"\
        .format(maxv, minv, avg/cnt))
    f.close()
except:
    print("文件打开错误")
```

20. 参考程序：

```
fi = open("孙子兵法-网络版.txt","r")
fo = open("孙子兵法-清洗版.txt","w")
for line in fi:
    if "作者" in line:
        continue
    if "【" in line:
        continue
    for c in "①②③":
        line = line.replace(c, "")
    fo.write(line)

fi.close()
fo.close()
```

冲刺重点

编程题是程序设计考核的核心，如果本章的 60 道题有难度，请务必不要灰心，因为全国计算机等级考试二级 Python 语言程序设计的真实考卷要比这些题目简单。记住，要更简单！

如果能够把本章题目全部做完并理解，通过全国计算机等级考试二级 Python 语言程序设计科目并取得优秀成绩是确定无疑的！

"成功的含义不在于得到什么，而是在于你从那个奋斗的起点走了多远。"

与读者共勉。

第 11 章 考 前 冲 刺

本章给出 3 套高度仿真二级 Python 语言程序设计考试的试卷及参考答案,可以通过 Python123 平台进行考试练习。客观题部分可以通过扫描二维码采用手机答题,Python123 将提供自动评阅功能;编程题部分建议采用计算机作答,链接地址如下,各编程题目答案可以随时通过手机查看。

https://python123.io/index/series/12

11.1 试卷（一）及参考答案

全国计算机等级考试二级 Python 语言程序设计
F 卷

姓名_____ 身份证号_____ 成绩_____

说明：
1. 本试卷适用于备考全国计算机等级考试二级 Python 科目的考生。
2. 考试时间为 120 分钟，闭卷考试。
3. 本试卷卷面共 100 分，其中，单项选择题 40 分，编程题 60 分。
4. 建议登录 https://python123.io 在线完成试卷，系统将提供自动评阅功能。

一、单项选择题（共 40 分）

1. 操作系统提供了进程管理、设备管理、文件管理和
   A. 存储器管理　　B. 通信管理　　C. 用户管理　　D. 数据管理

2. 文件系统中用于管理文件的是
   A. 堆栈结构　　B. 指针　　C. 页表　　D. 目录

3. 循环队列的存储空间为 Q(1：40)，初始状态为 front＝rear＝40。经过一系列正常的入队与退队操作后，front＝rear＝10。此后又插入一个元素，则循环队列中的元素个数为
   A. 1，或 40 且产生上溢错误　　B. 41
   C. 11　　D. 2

4. 下列叙述中错误的是
   A. 非线性结构中至少有一个根结点
   B. 有一个以上根结点的必定是非线性结构
   C. 有一个以上叶子结点的必定是非线性结构
   D. 非线性结构中可以没有根结点与叶子结点

5. 对于面向对象方法中的对象，下面选项中描述错误的是
   A. 对象具有标识唯一性
   B. 可以将具有相同属性的操作的对象抽象为类
   C. 同一个操作可以是不同对象的行为

D. 从外面能直接使用对象的处理能力,直接修改其内部状态

6. 结构化程序设计的基本原则不包括
A. 自顶向下　　B. 多态性　　C. 模块化　　D. 逐步取精

7. 软件测试的实施步骤是
A. 单元测试、集成测试、确认测试　　B. 单元测试、集成测试、回归测试
C. 集成测试、确认测试、系统测试　　D. 确认测试、集成测试、单元测试

8. 下面图中属于软件设计建模工具的是
A. DFD 图(数据流程图)　　B. 程序流程图(PFD 图)
C. 用例图(USE CASE 图)　　D. 网络工程图

9. 软件开发公司中实体项目与实体工程师间的联系是
A. M:N　　B. 1:N　　C. 1:1　　D. N:1

10. 现有表示患者和医疗的关系如下:P(P#,Pn,Pg,By),其中 P#为患者编号,Pn 为患者姓名,Pg 为性别,By 为出生日期;Tr(P#,D#,Date,Rt),其中 D#为医生编号,Date 为就诊日期,Rt 为诊断结果。检索在 1 号医生处就诊的男性病人姓名的表达式是
A. $\pi_{P\#}(\sigma_{D\#=1}(Tr) \bowtie \sigma_{Pg='男'}(P))$
B. $\pi_{Pn}(\pi_{P\#}(\sigma_{D\#=1}(Tr)) \bowtie P)$
C. $\sigma_{Pg='男'}(P)$
D. $\pi_{Pn}(\pi_{P\#}(\sigma_{D\#=1}(Tr)) \bowtie \sigma_{Pg='男'}(P))$

11. 以下不是 Python 语言所使用特殊含义符号的是
A. ^　　B. ?　　C. &=　　D. **

12. 下列函数中,不是 Python 内置函数的是
A. perf_counter( )　　B. all( )　　C. abs( )　　D. format( )

13. 表达式 3+5%6*2//8 的值是
A. 4　　B. 5　　C. 6　　D. 7

14. s='1234567890',以下表示'1234'的选项是
A. s[1:5]　　B. s[-10:-5]　　C. s[0:3]　　D. s[0:4]

15. 以下不是 Python 语言保留字的是
A. lambda　　B. pass　　C. do　　D. await

16. 用 Pyinstaller 工具把 Python 源文件打包成一个独立的可执行文件,使用的参数是
A. -L　　B. -F　　C. -i　　D. -D

17. 以下关于数据维度的描述中,正确的是
   A. JSON 格式可以表示具有复杂关系的高维数据
   B. 一维的列表 a 里的某个元素是一个一维的列表 b,这个列表是二维数据
   C. 一维数据可以用列表表示,也可以用字典表示
   D. 采用列表表示一维数据,各个元素的类型必须是相同的

18. 以下关于文件操作的函数的描述中,错误的是
   A. fo.readlines() 函数是将文件的所有行读入一个列表
   B. open() 打开文件之后,文件的内容就被加载到内存中了
   C. open() 函数的参数处理模式'+'表示可以对文件进行读和写操作
   D. open() 函数的参数处理模式'b'表示以二进制数据处理文件

19. 以下关于 Python 的函数的描述中,正确的是
   A. 函数内部改变了外部定义的组合类型变量的值,外部该变量的值不随之改变
   B. 函数内部使用外部定义的一个简单类型变量,需要显式声明其为全局变量
   C. 函数内部定义了跟外部的全局变量同名的组合类型的变量,则函数内部引用的该名字的变量时不确定是外部的还是内部的
   D. 函数内部改变了已经声明为全局变量的外部的简单类型,外部该变量的值也随之改变

20. ls=['1','2','3'],以下关于循环结构的描述中,错误的是
   A. 表达式 for i in range(len(ls)) 的循环次数跟 for i in ls 的循环次数是一样的
   B. 表达式 for i in range(len(ls)) 的循环次数跟 for i in range(0,len(ls)) 的循环次数是一样的
   C. 表达式 for i in range(len(ls)) 跟 for i in ls 的循环中,i 的值是一样的
   D. 表达式 for i in range(len(ls)) 的循环次数跟 for i in range(1,len(ls)+1) 的循环次数是一样的

21. 设 str1='python',语句 print(str1.center(10,*)) 的执行结果是
   A. SyntaxError B. python**** C. ** python ** D. **** python

22. 变量 tstr='kip520',表达式 eval(tstr[3:-1]) 的结果是
   A. p520 B. 52 C. p52 D. 520

23. 键盘输入数字 5,以下代码的输出结果是

```
n=eval(input("请输入一个整数:"))
s=0
if n>=5:
    n-=1
```

```
s = 4
if n<5：
    n-=1
    s = 3
print(s)
```

A. 5　　　　　　B. 4　　　　　　C. 3　　　　　　D. 2

24. 以下程序的输出结果不可能的选项是

```
import random
ls = [2,3,4,6]
s = 10
k = random.randint(0,2)
s += ls[k]
print(s)
```

A. 16　　　　　　B. 14　　　　　　C. 13　　　　　　D. 12

25. 以下关于 turtle 库的描述中,错误的是

A. seth(x)是 setheading(x)函数的别名,让画笔旋转 x 角度

B. 在 import turtle 之后,可以用 turtle.circle()语句画一个圆圈

C. 可以用 import turtle 来导入 turtle 库函数

D. home()函数设置当前画笔位置到原点,方向朝上

26. 设 str1='*@python@*',语句 print(str1[2:].strip('@'))的执行结果是

A. python@*　　B. python*　　C. *python*　　D. *@python@*

27. 以下关于组合类型的描述中,正确的是

A. 可以用 set 创建集合,用中括号和赋值语句增加新元素

B. 字典的 items()函数返回一个键值对,并用元组表述空字典

C. 字典数据类型里可以用列表作键 key

D. 可以用大括号来创建字典

28. 以下关于 Python 语言 return 语句的描述中,正确的是

A. 函数可以没有 return 语句　　　　B. return 只能返回一个值

C. 函数中最多只有一个 return 语句　　D. 函数必须有 return 语句

29. 在 Python 语言中,将二维数据写入 CSV 文件,最可能使用的函数是

A. strip()　　　　B. split()　　　　C. exists()　　　　D. join()

30. 关于 Python 的全局变量和局部变量,以下选项中描述错误的是
   A. 不是在程序最开头定义的全局变量,不是全过程均有效
   B. 全局变量在源文件顶层,一般没有缩进
   C. 程序中的变量包含两类:全局变量和局部变量
   D. 函数内部使用各种全局变量,都要用 globle 语句声明

31. 字典 d={'Python':123,'C':123,'C++':123},len(d)的结果是
   A. 12　　　　　　　B. 3　　　　　　　C. 6　　　　　　　D. 9

32. 对于序列 s,以下选项中对 min(s)描述正确的是
   A. 可以返回序列 s 中的最小元素,但要求 s 中元素可比较
   B. 可以返回序列 s 中的最小元素,如存在多个相同的最小元素,则返回一个列表类型
   C. 可以返回序列 s 中的最小元素,如存在多个相同的最小元素,则返回一个元组类
   D. 一定能够返回序列 s 中的最小元素

33. 以下不是 Python 文件读写方法的是
   A. write　　　　　B. writeline　　　　C. readline　　　　D. read

34. 二维列表 ls=[[9,8],[7,6],[5,4],[3,2],[1,0]],能够获得数字 4 的选项是
   A. ls[2][2]　　　B. ls[-3][-1]　　　C. ls[3][2]　　　D. ls[-2][0]

35. 在进行 CSV 文件读写时,最不可能使用的字符串处理方法是
   A. strip()　　　　B. split()　　　　C. index()　　　　D. join()

36. f = open()可以打开一个文件,关于 f 的描述错误的是
   A. 执行 m = f 后,m 和 f 同时表示所打开文件
   B. f 是文件对象引用,在程序中表示文件
   C. f.read()可以一次性读入文件全部信息
   D. f 是一种特殊的 Python 变量,执行 print(f)时会报错

37. 卸载一个第三方库的命令是
   A. pip uninstall <第三方库名>　　　B. pip download <第三方库名>
   C. pip install <第三方库名>　　　　D. pip search <第三方库名>

38. 生成一个[1,99]之间随机整数的函数是
   A. random.randint(1,99)　　　　　B. random.randint(0,99)
   C. random.uniform(1,99)　　　　　D. random.randint(1,100)

39. 以下不属于数据分析领域的 Python 第三方库是

A. PyQt5   B. numpy   C. Seaborn   D. pandas

40. 以下不属于人工智能领域的 Python 第三方库是
A. Keras   B. MXNet   C. PyTorch   D. PyOCR

二、基本编程题(共 15 分)

1. 获得用户输入的一个字符串,将字符串逆序输出,同时紧接着输出该字符串所包含字符的个数。示例如下:

输入:一二三四五
输出:五四三二一 5

请补充横线处代码。

```
#请在_____处使用一行代码或表达式替换
s = input()
print(    ①    )    #字符串逆序输出
print(    ②    )    #紧接着输出字符串长度
```

2. a 和 b 是两个列表变量,列表 a 为[3,6,9]已给定,从键盘输入列表 b,计算 a 中元素与 b 中对应元素乘积的累加和。例如:键盘输入列表 b 为[1,2,3],累加和为 1*3+2*6+3*9=42,屏幕输出计算结果 42。示例如下:

输入:[1,2,3]
输出:42

请完善代码。

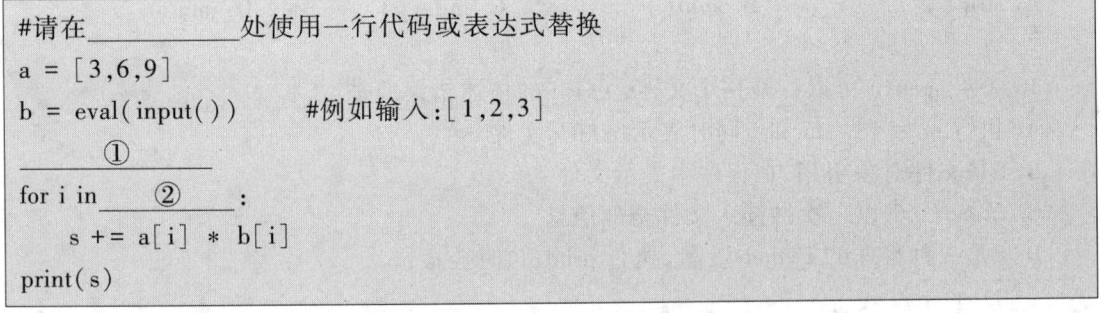

3. 从键盘输入一句话,用 jieba 分词后,将切分的词组按照在原话中的逆序输出到屏幕上,词组中间没有空格。示例如下:

输入:好好学习,天天向上
输出:天天向上,好好学习

请完善代码。

```
#请在_____处使用一行代码或表达式替换
#注意:请不要修改其他已给出代码
import jieba
```

```
txt = input("请输入一段中文文本:")
    ①
for i in ls[::-1]:
        ②
```

三、简单应用题(共 25 分)

1. 使用 turtle 库的 turtle.fd( ) 函数和 turtle.left( ) 函数绘制一个边长为 200 像素的正方形及其外接圆。请补充横线处代码,不得修改其他代码,运行效果如下图。

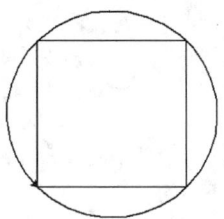

```
#请在_____处使用一行代码或表达式替换
import turtle
turtle.pensize(2)
for i in range(____①____):
    turtle.fd(200)
    turtle.left(90)
turtle.left(____②____)
turtle.circle(____③____ * pow(2,0.5))
```

2. 使用字典和列表变量完成某班班长选举统计工作。某班有 29 名同学,名单由考生目录下文件 name.txt 给出,从这 29 名同学中选出一人当班长,29 人的投票信息由考生目录下文件 vote.txt 给出,每行是一名投票人的选票信息,一行只有一个班上同学名字的才是有效票。有效票中得票最多的同学当选。请扫描封底二维码登录线上题库平台下载本题的数据文件 name.txt 和 vote.txt。

问题 1:请统计有效票张数。参考程序框架文件,补充代码完成程序。

```
#请在......处使用多行代码替换
f = open("name.txt")
names = f.readlines()
f.close()
f = open("vote.txt")
votes = f.readlines()
```

```
f.close()
……
print("有效票{}张".format(n))
```

问题2:请统计当选班长及其票数。参考程序框架文件,补充代码完成程序。

```
#请在……处使用多行代码替换
f = open("name.txt")
names = f.readlines()
f.close()
f = open("vote.txt")
votes = f.readlines()
f.close()
……
print("当选班长同学为:{},票数为:{}".format(name,score))
```

四、综合应用题(共20分)

《命运》是著名科幻作家倪匡的作品。这里给出《命运》的一个网络版本文件,文件名为"命运.txt"。请扫描封底二维码登录线上题库平台下载本题的数据文件。

问题1:对"命运.txt"文件进行字符频次统计,输出频次最高的中文字符(不包含标点符号)及其频次,字符与频次之间采用英文冒号":"分隔,示例格式如下:

理:224

请参考程序框架,补充代码完成程序。

```
#请在……处使用一行或多行代码替换,补充完成_____处的代码
#注意:提示框架代码可以任意修改,以完成程序功能为准
……
d = {}
……
print("{}:{}".format(_____))
```

问题2:对"命运.txt"文件进行字符频次统计,按照频次由高到低在屏幕上输出前10个频次最高的字符(不包含回车符),字符之间无间隔,连续输出,示例格式如下:

理斯卫…(后略,共10个字符)

```
#请在……处使用一行或多行代码替换
#注意:提示框架代码可以任意修改,以完成程序功能为准
……
d = {}
……
ls = list(d.items())
```

```
ls.sort(key=lambda x:x[1], reverse=True)    #此行可以按照词频由高到低排序
……
```

问题3:对"命运.txt"文件进行字符频次统计,将所有字符按照频次从高到低排序,字符包括中文、标点、英文等符号,但不包含空格和回车。将排序后的字符及频次输出到考生文件夹下,文件名为"命运-频次排序.txt"。字符与频次之间采用英文冒号":"分隔,各字符之间采用英文逗号","分隔,参考CSV格式,最后无逗号,文件内部示例格式如下:

理:224,斯:120,卫:100

```
#请在……处使用一行或多行代码替换
#注意:提示框架代码可以任意修改,以完成程序功能为准
……
d = {}
……
ls = list(d.items())
ls.sort(key=lambda x:x[1], reverse=True)    #此行可以按照词频由高到低排序
……
```

参考答案

一、单项选择题

1. A	2. D	3. A	4. A	5. D	6. B	7. A	8. B	9. A	10. D
11. B	12. A	13. A	14. D	15. C	16. B	17. A	18. B	19. B	20. C
21. A	22. B	23. C	24. E	25. D	26. B	27. D	28. A	29. D	30. D
31. B	32. A	33. B	34. B	35. C	36. D	37. A	38. A	39. A	40. D

二、基本编程题

1.
```
s = input()
print(s[::-1],end="")
print(len(s))
```

2.
```
a = [3,6,9]
b = eval(input())
s = 0
```

```
for i in range(3):
    s += a[i]*b[i]
print(s)
```

3.
```
import jieba
txt = input()
ls = jieba.lcut(txt)
for i in ls[::-1]:
    print(i,end='')
```

三、简单应用题

1.
```
import turtle
turtle.pensize(2)
for i in range(4):
    turtle.fd(200)
    turtle.left(90)
turtle.left(-45)
turtle.circle(100*pow(2,0.5))
```

2.

问题1参考代码如下：

```
f = open("name.txt")
names = f.readlines()
f.close()
f = open("vote.txt")
votes = f.readlines()
f.close()
n = 0
for vote in votes:
    if vote in names:
        n += 1
print("有效票{}张".format(n))
```

问题2参考代码如下：

```
f = open("name.txt")
names = f.readlines()
f.close()
```

```
f = open("vote.txt")
votes = f.readlines()
f.close()
D = {}
for vote in votes:
    if vote in names:
        D[vote[:-1]] = D.get(vote[:-1],0) + 1
l = list(D.items())
l.sort(key=lambda s:s[1],reverse=True)
name = l[0][0]
score = l[0][1]
print("当选班长同学为:{},票数为:{}".format(name,score))
```

四、综合应用题

问题1参考代码如下:

```
txt = open("命运.txt","r").read()
for ch in ",。?:":
    txt = txt.replace(ch,"")
d = {}
for ch in txt:
    d[ch] = d.get(ch,0)+1
ls = list(d.items())
ls.sort(key=lambda x:x[1],reverse=True)
a,b=ls[0]
print("{}:{}".format(a,b))
```

问题2参考代码如下:

```
txt = open("命运.txt","r").read()
for ch in '\n':
    txt = txt.replace(ch,"")
d = {}
for ch in txt:
    d[ch] = d.get(ch,0)+1
ls = list(d.items())
ls.sort(key=lambda x:x[1], reverse=True)   #此行可以按照词频由高到低排序
for i in range(10):
    print(str(ls[i])[2],end="")
```

问题 3 参考代码如下：

```python
txt = open("命运.txt","r").read()
for ch in '\n':
    txt = txt.replace(ch,"")
d = {}
for ch in txt:
    d[ch] = d.get(ch,0)+1
ls = list(d.items())
ls.sort(key=lambda x:x[1], reverse=True)   #此行可以按照词频由高到低排序
string = ""
for i in range(len(ls)):
    s = str(ls[i]).strip("()")
    string = string + s[1] + ':'+ s[5:] + ','
f = open("命运-频次排序.txt","w")
f.write(string)
f.close()
```

11.2 试卷（二）及参考答案

全国计算机等级考试二级 Python 语言程序设计 G 卷

姓名_____ 身份证号_____ 成绩_____

说明：
1. 本试卷适用于备考全国计算机等级考试二级 Python 科目的考生。
2. 考试时间为 120 分钟，闭卷考试。
3. 本试卷卷面共 100 分，其中，单项选择题 40 分，编程题 60 分。
4. 建议登录 https://python123.io 在线完成试卷，系统将提供自动评阅功能。

一、单项选择题（共 40 分）

1. 为了解决 CPU 和主存之间的速度匹配问题，应该
   A. 在主存储器和 CPU 之间增加高速缓冲存储器
   B. 提高主存储器访问速度
   C. 扩大 CPU 中通用寄存器的数量

D. 扩大主存容量

2. 多道程序设计技术是指
A. 将多个程序用多个 CPU 同时运行
B. 允许多个程序同时进入内存并运行
C. 将一个程序分成多个小程序用多个 CPU 运行
D. 将一个程序分成多个小程序用一个 CPU 分别运行

3. 在深度为 7 的满二叉树中,度为 2 的结点个数为
A. 64　　　　　　B. 63　　　　　　C. 32　　　　　　D. 31

4. 设数据元素的集合 D = {1,2,3,4,5},则满足下列关系 R 的数据结构中为线性结构的是
A. R = {(1,2),(3,4),(5,1)}　　　　　B. R = {(1,3),(4,1),(3,2),(5,4)}
C. R = {(1,2),(2,3),(4,5)}　　　　　D. R = {(1,3),(2,4),(3,5)}

5. 在面向对象方法中,类之间共享属性和操作的机制是
A. 继承　　　　　B. 封装　　　　　C. 多态　　　　　D. 对象

6. 在结构化设计方法生成的结构图中,带有箭头的连线表示
A. 数据的流向　　　　　　　　　　B. 程序的组成成分
C. 控制程序的执行顺序　　　　　　D. 模块之间的调用关系

7. 模块独立性是软件模块化所提出的要求,衡量模块独立性的度量标准则是模块的
A. 抽象和信息隐蔽　　　　　　　　B. 局部化和封装化
C. 内聚性和耦合性　　　　　　　　D. 激活机制和控制方法

8. 某系统总体结构如下图所示

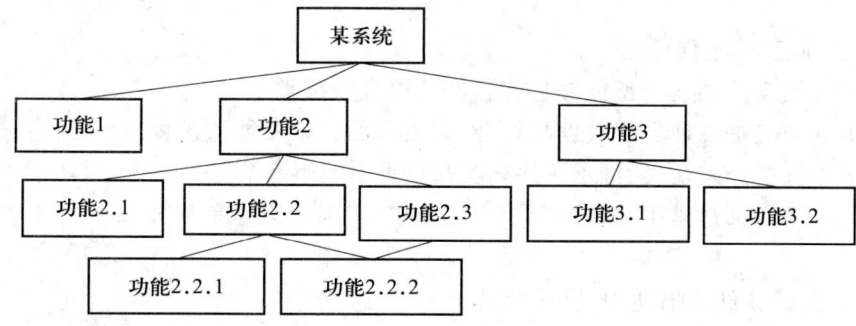

该系统结构图的最大扇出数是
A. 2　　　　　　B. 3　　　　　　C. 4　　　　　　D. 5

9. 第二范式是在第一范式的基础上消除了
   A. 非主属性对键的传递函数依赖   B. 非主属性对键的部分函数依赖
   C. 多值依赖   D. 非主属性对键的完全函数依赖

10. 定义学生选修课的关系模式如下：
    SC(S#,Sn,C#,Cn,G,Cr)（其属性分别为学号、姓名、课程号、课程名、成绩、学分）
    该关系可进一步归范化为
    A. S(S#,Sn,C#,Cn,Cr),SC(S#,C#,G)
    B. C(C#,Cn,Cr),SC(S#,Sn,C#,G)
    C. S(S#,Sn),C(C#,Cn),SC(S#,C#,Cr,G)
    D. S(S#,Sn),C(C#,Cn,Cr),SC(S#,C#,G)

11. 以下不属于 Python 语言保留字的是
    A. do   B. while   C. def   D. pass

12. 表达式 3*4**2//8%7 的计算结果是
    A. 3   B. 4   C. 5   D. 6

13. 以下关于 Python 字符串的描述中,错误的是
    A. 空字符串可以表示为 "" 或 ''
    B. 字符串 'my\\text.dat' 中第一个 \ 表示转义符
    C. 在 Python 字符串中,可以混合使用正整数和负整数进行索引和切片
    D. Python 字符串采用[N:M]格式进行切片,获取字符串从索引 N 到 M 的子字符串
       （包含 N 和 M）

14. Python 语言提供 3 种基本的数字类型,它们是
    A. 整数类型、浮点数类型、复数类型   B. 复数类型、二进制类型、浮点数类型
    C. 整数类型、二进制类型、复数类型   D. 整数类型、二进制类型、浮点数类型

15. 以下描述中,错误的是
    A. Python 语言的列表类型能够包含其他的组合数据类型
    B. Python 列表是各种类型数据的集合,列表中的元素不能够被修改
    C. 列表用方括号来定义,继承了序列类型的所有属性和方法
    D. Python 语言通过索引来访问列表中的元素,索引可以是负整数

16. 以下关于文件的描述中,错误的是
    A. 采用 readlines() 可以读入文件中的全部文本,返回一个列表
    B. 文件打开后,可以用 seek() 控制对文件内容的读写位置
    C. 如果没有采用 close() 关闭文件, Python 程序退出时文件将被自动关闭

D. 使用 open( ) 打开文件时,必须要用 r 或 w 指定打开方式,不能省略

17. 以下关于数据组织的描述中,错误的是
A. 一维数据采用线性方式组织,可以用 Python 的集合或列表类型表示
B. 二维数据采用表格方式组织,可以用 Python 的列表类型表示
C. 字典类型仅用于表示一维和二维数据
D. 更高维数据组织由键值对类型的数据构成,可以用 Python 的字典类型表示

18. 拟在屏幕上打印输出"Hello World",使用的 Python 语句是
A. print('Hello World') B. print(Hello World)
C. printf("Hello World") D. printf('Hello World')

19. 以下关于分支和循环结构的描述中,错误的是
A. 所有的 for 分支都可以用 while 循环改写
B. continue 可以停止后续代码的执行,从循环的开头重新执行
C. while 循环只能用来实现无限循环
D. 可以终止一个循环的保留字是 break

20. 以下关于 Python 函数的描述中,错误的是
A. 函数是一段可重用的语句组
B. 函数是一段具有特定功能的语句组
C. 函数通过函数名进行调用
D. 每次调用函数需提供相同的参数作为输入

21. 以下关于 Python 语言的描述中,正确的是
A. 条件 11<=22<33 是合法的,值为 True   B. 条件 11<=22<33 是不合法的
C. 条件 11<=22<33 是不合法的,抛出异常   D. 条件 11<=22<33 是合法的,值为 False

22. 以下关于 Python 全局变量和局部变量的描述中,错误的是
A. 局部变量在函数内部创建和使用,函数退出后变量被释放
B. 全局变量一般指定义在函数之外的变量
C. 当函数退出时,内部局部变量依然存在,下次函数调用可以继续使用
D. 使用 global 保留字声明后,变量可以作为全局变量使用

23. 以下关于 Python 字典变量的定义中,错误的是
A. d = {1:[1,2], 3:[3,4]} B. d = {(1,2):1, (3,4):3}
C. d = {[1,2]:1, [3,4]:3} D. d = {'张三':1, '李四':2}

24. 以下关于 CSV 文件的描述中,错误的是

A. CSV 文件可以保存一维数据或二维数据

B. CSV 格式是一种通用的文件格式,主要用于不同程序之间的数据交换

C. CSV 文件的每一行是一维数据,可以使用 Python 的列表类型表示

D. CSV 文件只能采用 Unicode 编码表示字符

25. 给定列表 ls = [1, 2, 3, "1", "2", "3"],其元素包含两种数据类型,列表 ls 的数据组织维度是

A. 一维数据   B. 二维数据   C. 多维数据   D. 高维数据

26. 以下方法能返回列表数据类型的选项是

A. s.replace()   B. s.strip()   C. s.center()   D. s.split()

27. 关于函数定义,以下形式中错误的是

A. def foo(*a,b)   B. def foo(a,b)   C. def foo(a,b=10)   D. def foo(a,*b)

28. 关于字典的描述,错误的是

A. 字典长度是可变的

B. 字典是键值对的集合,键值对之间没有顺序

C. 字典的元素以键为索引进行访问

D. 字典的一个键可以对应多个值

29. 在 Python 语言中,用于数据分析的第三方库是

A. flask   B. pandas   C. PIL   D. Django

30. 在 Python 语言中,属于网络爬虫领域的第三方库是

A. scrapy   B. PyQt5   C. numpy   D. openpyxl

31. 下面代码的输出结果是

```
x = 3.1415926
print(round(x,2),round(x))
```

A. 3 3.14   B. 3.14 3   C. 6.283 2   D. 2 6.283

32. 下面代码的输出结果是

```
ls = [1,2,3]
lt = [4,5,6]
print(ls+lt)
```

A. [5,7,9]   B. [1,2,3,[4,5,6]]

C. [4,5,6]   D. [1, 2, 3, 4, 5, 6]

33. 下面代码的输出结果是

```
a = [3,2,1]
b = a[:]
print(b)
```

    A. [3, 2, 1]   B. [1,2,3]   C. [ ]   D. 3, 2, 1

34. 下面代码的输出结果是

```
lt = ['绿茶','乌龙茶','红茶','白茶','黑茶']
ls = lt
ls.clear()
print(lt)
```

    A. 变量未定义的错误
    B. ['绿茶','乌龙茶','红茶','白茶','黑茶']
    C. '绿茶','乌龙茶','红茶','白茶','黑茶'
    D. [ ]

35. 下面代码的输出结果是

```
for c in 'Python NCRE':
    if c == 'N':
        break
    print(c)
```

    A. Pytho   B. PythonCRE   C. 无输出   D. Python

36. 下面代码的输出结果是

```
x = 4
ca = '123456'
if str(x) in ca:
    print(ca.replace(ca[x],str(x-2)))
```

    A. 2   B. 123426   C. 5   D. 123456

37. 下面代码的输出结果是

```
ls = [12,44,23,46]
for i in ls:
    if i == '44':
        print('found it! i = ',i)
        break
```

```
else:
    print('not found it ...')
```

  A. not found it ...　　　　　　　　B. found it! i = 44 not found it ...
  C. found it! i = '44'not found it ...　　D. found it! i = 44

38. 下面代码的输出结果是

```
def hub(ss, x = 2.0, y = 4.0):
    ss += x * y
ss = 10
print(ss, hub(ss, 3))
```

  A. 22.0 None　　　B. 22 None　　　C. 10.0 22.0　　　D. 10 None

39. 下面代码的输出结果是

```
ls = [10]
def run(n):
    ls.append(n)
run(5)
print(ls)
```

  A. None　　　　　　　　　　　　　B. [10, 5]
  C. [10]　　　　　　　　　　　　　D. Unbound Local Error

40. 关于以下代码的描述中,错误的是

```
def fact(n):
    s = 1
    for i in range(1, n+1):
        s *= i
    return s
print(fact(5))
```

  A. fact(n)函数功能为求 n 的阶乘　　　B. s 是局部变量
  C. 代码中 n 是可选参数　　　　　　　D. range()函数是 Python 内置函数

二、基本编程题(共 15 分)

1. 键盘输入正整数 n,按要求把 n 输出到屏幕上。格式要求:宽度为 20 个字符,减号字符"-"填充,右对齐,带千位分隔符。如果输入正整数超过 20 位,则按照实际长度输出。示例如下:

  输入:654321

输出:--------------654,321
请补充横线处代码。

```
#请在_____处使用一行代码或表达式替换
n = eval(input())
print("{    ①    }".format(n))
```

2. 某商店出售某品牌女鞋,每双定价160元,1双不打折,2双(含)到4双(含)打9折,5双(含)到9双(含)打8折,10双(含)以上打7折。从键盘输入购买数量,屏幕输出价格总额(保留整数)。示例如下:

请输入数量:4
总额为:576
请完善代码。

```
#请在……处使用多行代码替换
n = eval(input("请输入数量:"))
……
print("总额为:{}".format(cost))
```

3. 从键盘输入一段中文文本,不含标点符号和空格,采用jieba库对其进行分词,输出该文本中词语的平均长度(保留1位小数)。示例如下:

请输入一段中文文本:我爱我的祖国。
输出:1.2
请补充横线处代码。

```
#请在_____处使用一行代码或表达式替换
import    ①
txt = input("请输入一段中文文本:")
    ②
print("{:.1f}".format(len(txt)/len(ls)))
```

三、简单应用题(共25分)

1. 使用turtle库的turtle.fd()函数和turtle.seth()函数绘制一个边长为100像素的正八边形。请补充横线处代码,不得修改其他代码,运行效果如下图所示。

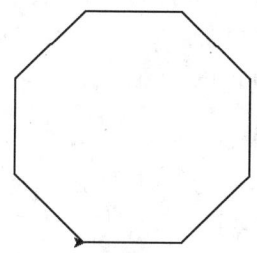

```
#请在_____处使用一行代码或表达式替换
import turtle
turtle.pensize(2)
d = 0
for i in range(1,____①____):
    ____②____
    d += ____③____
    turtle.seth(d)
```

2. 列表 ls 中存储了某班 32 名同学就业后的行业类型,请以这个列表为数据变量,完善 Python 代码,统计输出各行业就业的学生的数量。参考程序框架文件,补充代码完成程序。参考程序框架如下:

```
#请在……处使用多行代码替换
ls=["交通","金融","计算机","交通","计算机","计算机","计算机","教育","金融",
    "交通","金融","计算机","计算机","交通","计算机","金融","金融","教育",
    "计算机","物流","金融","计算机","金融","金融","计算机", "金融","计算机",
    "交通","金融","物流","家电","电商"]
……
```

输出参考格式如下(其中冒号为英文冒号):

```
电商:1
家电:1
(略)
```

(本题支持在线评阅。)

四、综合应用题(共 20 分)

data.txt 是一个来源于网上的技术信息资料。请扫描封底二维码登录线上题库平台下载本题的数据文件。

问题 1:用 Python 语言中文分词第三方库 jieba 对文件 data.txt 进行分词,并选择长度大于等于 3 个字符的关键词,写入文件 out1.txt,每行一个关键词,各行的关键词不重复,输出顺序不做要求,例如:

人工智能
科幻小说
……

请参考程序框架,补充代码完成程序。

```
#请在……处使用一行或多行代码替换
#注意:提示框架代码可以任意修改,以完成程序功能为准
import jieba
```

```
f = open('out1.txt','w')
fi = open("data.txt","r")
……
fi.close()
f.close()
```

问题2:对文件 data.txt 进行分词,对长度不少于3个字符的关键词,统计出现的次数,按照出现次数由多到少的顺序输出到文件 out2.txt,每行一个关键词及其出现次数,例如:

科学家:2

达特茅斯:1

……

请参考程序框架,补充代码完成程序。

```
#请在……处使用一行或多行代码替换
#注意:提示框架代码可以任意修改,以完成程序功能为准
import jieba
fi = open("data.txt","r")
fo = open("out2.txt","w")
……
fi.close()
fo.close()
```

参 考 答 案

一、单项选择题

1. A   2. B   3. B   4. B   5. A   6. D   7. C   8. B   9. B   10. D

11. A   12. D   13. D   14. A   15. B   16. D   17. C   18. A   19. C   20. D

21. A   22. C   23. C   24. D   25. A   26. D   27. A   28. D   29. B   30. A

31. B   32. D   33. A   34. D   35. C   36. B   37. A   38. D   39. B   40. C

二、基本编程题

1.

```
n = eval(input())
print("{:->20,}".format(n))
```

2.
```
n = eval(input("请输入数量:"))
if n > 0 and n <= 1:
    cost = n * 160
elif n <= 4:
    cost = n * 160 * 0.9
elif n <= 9:
    cost = n * 160 * 0.8
else:
    cost = n * 160 * 0.7
cost = int(cost)
print("总额为:{}".format(cost))
```

3.
```
import jieba
txt = input("请输入一段中文文本:")
ls = jieba.lcut(txt)
print("{:.1f}".format(len(txt)/len(ls)))
```

三、简单应用题

1.
```
import turtle
turtle.pensize(2)
d = 0
for i in range(1,9):
    turtle.fd(100)
    d += 45
    turtle.seth(d)
```

2.
```
ls=["交通","金融","计算机","交通","计算机","计算机","计算机","教育","金融",
    "交通","金融","计算机","计算机", "交通","计算机","金融","金融","教育",
    "计算机","物流","金融","计算机","金融","金融","计算机", "金融","计算机",
    "交通","金融","物流","家电","电商"]
d = {}
for word in ls:
    d[word] = d.get(word, 0) + 1
for k in d:
    print("{}:{}".format(k, d[k]))
```

四、综合应用题

问题 1 参考代码如下：

```
import jieba
f = open('out1.txt','w')
fi = open("data.txt","r")
lst = jieba.lcut(fi.read())
s = set(lst)
ls = list(s)              #集合重新变成列表
for item in ls:
    if len(item) >= 3:
        f.write(item + "\n")
fi.close()
f.close()
```

问题 2 参考代码如下：

```
import jieba
fi = open("data.txt","r")
fo = open("out2.txt","w")
s = jieba.lcut(fi.read())
d = {}
for item in s:
    if len(item) >= 3:
        d[item] = d.get(item,0) + 1
ls = list(d.items())
ls.sort(key=lambda x:x[1], reverse=True)    #此行可以按照词频由高到低排序
for i in range(len(ls)):
    word,count = ls[i]
    fo.write("{}:{}\n".format(word,count))
fi.close()
fo.close()
```

11.3 试卷（三）及参考答案

全国计算机等级考试二级 Python 语言程序设计
H 卷

姓名_____ 身份证号_____ 成绩_____

说明：
1. 本试卷适用于备考全国计算机等级考试二级 Python 科目的考生。
2. 考试时间为 120 分钟，闭卷考试。
3. 本试卷卷面共 100 分，其中，单项选择题 40 分，编程题 60 分。
4. 建议登录 https://python123.io 在线完成试卷，系统将提供自动评阅功能。

一、单项选择题（共 40 分）

1. 下列计算机中整数的表示法中，可以直接作加减运算的是
   A. 原码 B. 反码 C. 补码 D. 偏移码

2. 如果作业的逻辑地址空间大于计算机实际的内存空间，则应采用的存储管理技术是
   A. 请求分页式存储管理 B. 分区存储管理
   C. 分段式存储管理 D. 段页式存储管理

3. 下面序列中不满足堆条件的是
   A.（98,95,93,96,89,85,76,64,55,49） B.（98,95,93,94,89,85,76,64,55,49）
   C.（98,95,93,94,89,90,76,64,55,49） D.（98,95,93,94,89,90,76,80,55,49）

4. 设某二叉树的后序序列与中序序列均为 ABCDEFGH，则该二叉树的前序遍历是
   A. HGFEDCBA B. ABCDEFGH C. EFGHABCD D. DCBAHGFE

5. 在面向对象方法中，一个对象请求另一对象为其服务的方式是通过_____发送。
   A. 调用语句 B. 命令 C. 口令 D. 消息

6. 结构化程序设计主要强调的是
   A. 程序的规模 B. 程序的易读性 C. 程序的执行效率 D. 程序的可移植性

7. 软件集成测试不采用
   A. 一次性组装 B. 自顶向下增量组装

C. 自底向上增量组装　　　　　　　　D. 迭代式组装

8. 软件开发的结构化生命周期方法将软件生命周期划分成
   A. 定义、开发、运行维护　　　　　　B. 设计阶段、编程阶段、测试阶段
   C. 总体设计、详细设计、编程调试　　D. 需求分析、功能定义、系统设计

9. 数据模型包括数据结构、数据完整性约束和
   A. 数据类型　　B. 关系运算　　C. 查询　　D. 数据操作

10. 某图书公司数据库中有关系模式 R（书店编号,书籍编号,库存数量,部门编号,部门负责人），其中要求：
    （1）每个书店的每种书籍只在该书店的一个部门销售
    （2）每个书店的每个部门只有一个负责人
    （3）每个书店的每种书籍只有一个库存数量
    则关系模式 R 最高是_____范式。
    A. BCNF　　B. 3NF　　C. 1NF　　D. 2NF

11. 以下选项中变量定义不合法的是
    A. Temp00　　B. str_x　　C. y-1　　D. _z

12. 关于 Python 的缩进语法的描述中,错误的是
    A. 缩进在程序中长度统一
    B. Python 语言通过强制缩进来体现语句间的逻辑关系
    C. Python 使用缩进来表示代码块,缩进的空格数必须固定为 4 个
    D. 判断、循环、函数等都能够通过缩进包含多行代码

13. 下面代码的输出结果,正确的是

```
>>> x = 4 + 3j
>>> y = -4 - 3j
>>> x + y
```

A. 0　　B. 0j　　C. <class 'complex'>　　D. 无输出

14. 下面代码的输出结果,正确的是

```
x = [[1,2],[3,4,5],[6,7,8,9],[10,11,12,13,14]]
print(len(x))
```

A. 5　　B. 3　　C. 2　　D. 4

15. 关于 Python 字符串,以下选项中描述错误的是

A. 字符串可以保存在变量中,也可以单独存在

B. 可以使用 lenstr( ) 求得字符串的长度

C. 输出带有引号的字符串,可以通过在引号前加转义符 \

D. 可以通过索引方式访问字符串中的字符

16. 下面代码的执行结果是

```
a = 123456789
b = "*"
print("{0:{2}>{1},}\n{0:{2}^{1},}\n{0:{2}<{1},}".format(a,20,b))
```

  A. 123,456,789 *********　　　　　　　B. **** 123,456,789 *****

   ********* 123,456,789　　　　　　　　123,456,789 *********

   **** 123,456,789 *****　　　　　　　　********* 123,456,789

  C. **** 123,456,789 * ****　　　　　　D. ********* 123,456,789

   ********* 123,456,789　　　　　　　　**** 123,456,789 *****

   123,456,789 *********　　　　　　　　123,456,789 *********

17. 关于程序的异常处理,以下选项中描述错误的是

  A. 编程语言中的异常和错误是完全相同的概念

  B. 程序异常发生后经过妥善处理可以继续执行

  C. 异常语句可以与 else 和 finally 保留字配合使用

  D. Python 通过 try、except 等保留字提供异常处理功能

18. 执行以下代码,输出结果是

```
a = 2.71828182459
if isinstance(a,int):
    print("{} is int.".format(round(a,2)))
else:
    print("{} is not int.".format(round(a,2)))
```

  A. 2.72 is int.　　　　　　　　　　　　B. 出错

  C. 2.71828182459 is not int.　　　　　D. 2.72 is not int.

19. 给出下面代码:

```
a = input("").split(",")
x = 0
while x < len(a):
    print(a[x],end="&")
    x += 1
```

代码执行时,从键盘获得 apple,banana,bear,则代码的输出结果是

A. apple&banana&bear&
B. apple,banana,bear
C. 执行代码出错
D. apple&banana&bear

20. 关于 Python 全局变量和局部变量,以下选项中描述错误的是

A. 全局变量一般没有缩进
B. 全局变量不能和局部变量重名
C. 全局变量在程序执行的全过程有效
D. 一个程序中的变量包含两类:全局变量和局部变量

21. 在函数定义中,以下选项参数设置错误的是

A. def vfunc(a,b=2):
B. def vfunc(a,b):
C. def vfunc(a,*b):
D. def vfunc(*a,b):

22. 关于 return 语句,以下选项中描述正确的是

A. 函数可以没有 return 语句
B. 函数必须有一个 return 语句
C. return 只能返回一个值
D. 函数中最多只有一个 return 语句

23. 执行以下代码,以下选项中描述错误的是

```
def fact(n):
    s = 1
    for i in range(1,n+1):
        s *= i
    return s
print(fact(5))
```

A. s 是局部变量
B. fact(n)函数的功能为求 n 的阶乘
C. 代码中 n 是可选参数
D. range()函数是 Python 内置函数

24. 关于 Python 字典,以下选项中描述错误的是

A. 如果想保持一个集合中元素的顺序,可以使用字典类型
B. 字典类型属于映射类型
C. 字典中对某个键值的修改可以采用中括号[]访问和赋值实现
D. Python 字典可以包含 0 个或多个键值对,没有长度限制,可以根据"键"索引"值"内容

25. 执行下面代码,输出结果是

```
ls = [[1,2], [3,4,5], [6,7,8,9]]
s = 0
for i in range(0,len(ls)):
```

```
    for j in range(0,len(ls[i])):
        s += ls[i][j]
print(s)
```

  A. 24   B. 出错   C. 45   D. 6

26. 执行下面代码,输出结果是

```
d = {'a':1, 'b':2, 'b':'3'};
print(d['b'])
```

  A. 3   B. 2   C. 1   D. {'c':3}

27. 执行下面代码,输出结果是

```
list1 = [1,2,3]
list2 = [4,5,6]
print(list1+list2)
```

  A. [5,7,9]   B. [1,2,3]
  C. [1, 2, 3, 4, 5, 6]   D. [4,5,6]

28. 下面代码的输出结果是

```
L = [1,2,3,4,5]
s1 = ','.join(str(n) for n in L)
print(s1)
```

  A. 1,2,3,4,5   B. [1,2,3,4,5]
  C. [1,,2,,3,,4,,5]   D. 1,,2,,3,,4,,5

29. 下面代码的输出结果是

```
a = [1, 2, 3]
b = a[::-2]
print(b)
```

  A. [3, 1]   B. []   C. [3,2,1]   D. 0xF0A9

30. 关于 Python 文件打开模式的描述,以下选项中错误的是
  A. 只读模式 r   B. 覆盖写模式 w   C. 追加写模式 a   D. 二进制模式 t

31. 关于一维数据,以下选项中描述错误的是
  A. 一维数据可以采用 CSV 格式存储
  B. 一维数据可以采用分号分隔方式存储

C. 一维数据可以采用特殊符号@分隔方式存储

D. 一维数据具有非线性特点

32. 若 Python 语句 f = open('1.txt','r')执行成功,以下选项中对 f 的描述错误的是

A. f 是一个 Python 内部变量类型

B. f 是文件句柄,用来在程序中表达文件

C. 将 f 当作文件对象,f.read( )可以读入文件全部信息

D. 表达式 print(f)执行将报错,必须使用 print(f.readlines( ))才能打印文件内容

33. 关于以下代码的描述中,错误的是

```
def func(a,b):
    c = a**2+b
    b = a
    return c
a = 10
b = 100
c = func(a,b)+a
```

A. 该函数名称为 func

B. 执行该函数后,变量 b 的值为 100

C. 执行该函数后,变量 a 的值为 10

D. 执行该函数后,变量 c 的值为 200

34. 获取 pip 功能列表帮助信息的命令格式是

A. pip - h

B. pip search <拟查询关键字>

C. pip install <拟安装库名>

D. pip download <拟下载库名>

35. time 库的 time.time( )函数的作用是

A. 返回系统当前时间戳对应的 struct_time 对象

B. 返回系统当前的时间戳

C. 返回系统当前时间戳对应的本地时间的 struct_time 对象,本地之间经过时区转换

D. 返回系统当前时间戳对应的易读字符串表示

36. 关于 jieba 库的函数 jieba.lcut(x),以下选项中描述正确的是

A. 全模式,返回中文文本 x 分词后的列表变量

B. 精确模式,返回中文文本 x 分词后的列表变量

C. 搜索引擎模式,返回中文文本 x 分词后的列表变量

D. 向分词词典中增加新词 w

37. Python 文本处理方向的第三方库是

A. matplotlib

B. openpyxl

C. vispy

D. wxPython

38. Python 网络爬虫方向的第三方库是
   A. requests   B. python-docx   C. python-pptx   D. pillow

39. Python 数据分析方向的第三方库是
   A. moviepy   B. openpyxl   C. pandas   D. pefile

40. Python 机器学习方向的第三方库是
   A. ptpython   B. SQLAlchemy   C. Click   D. scikit-learn

二、基本编程题(共 15 分)

1. 键盘输入一个 9800 到 9811 之间的正整数 n，作为 Unicode 编码，把 n-1、n 和 n+1 三个 Unicode 编码对应字符按照如下格式要求输出到屏幕:宽度为 11 个字符，加号字符"+"填充，居中。示例如下：

输入:9802

输出:++++♉Ⅱ♋++++

请补充横线处代码。

```
#请在_____处使用一行代码或表达式替换
n = eval(input())
print("{     ①     }".format(     ②     ))
```

2. 根据斐波那契数列的定义，F(0)=0,F(1)=1,F(n)=F(n-1)+F(n-2)(n≥2)，输出不大于 100 的序列元素。屏幕输出示例:0,1,1,2,3,……

请补充横线处代码。

```
a, b = 0, 1
while     ①     :
    print(a, end=',')
    a, b = _____②_____
```

3. 获得用户输入的以逗号分隔的 3 个正整数，记为 a、b、c，以 a 为起始数值，b 为步长，c 为数字的个数，产生一个递增的等差数列，将这个数列以列表格式输出，请补充横线处代码。示例如下：

输入:1,2,3

输出:[1, 3, 5]

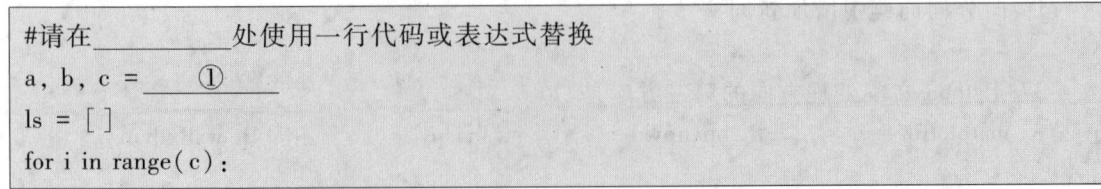

```
    ls._____②_____
print(ls)
```

三、简单应用题(共 25 分)

1. 使用 turtle 库的 turtle.fd( ) 函数和 turtle.seth( ) 函数绘制一个边长为 40 像素的正 12 边形。请补充横线处代码,不得修改其他代码,运行效果如下图所示。

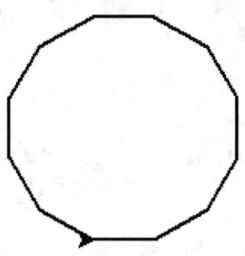

```
#请在_____处使用一行代码或表达式替换
import turtle
turtle.pensize(2)
d = 0
for i in range(1,  ①   ):
        ②
    d +=   ③
    turtle.seth(d)
```

2. 从键盘输入一个中文字符串变量 s,内部包含中文逗号和句号。参考程序框架文件,补充代码完成程序。

问题 1:计算字符串 s 中的中文字符个数,不包括中文逗号和句号字符。示例如下:

输入:没有人不爱惜他的生命,但很少人珍视他的时间。

输出:中文字符数为 20。

```
#请在……处使用多行代码替换
import jieba
s = input("请输入一个中文字符串,包含逗号和句号:")
……
print("\n中文字符数为{}。".format(n))
```

问题 2:用 jieba 分词后,显示分词的结果,用"/"分隔,并显示输出分词后的中文词语的个数及中文字符数,不包含逗号和句号。示例如下:

输入:没有人不爱惜他的生命,但很少人珍视他的时间。

输出:没有/ 人/ 不/ 爱惜/ 他/ 的/ 生命/ 但/ 很少/ 人/ 珍视/ 他/ 的/ 时间/

中文词语数为14。
中文字符数为20。

```
#请在......处填写多行语句
#请在_____处填写一行表达式或语句
#可以修改其他代码
import jieba
s = input("请输入一个中文字符串,包含逗号和句号:")
……
for i in k:
    _____
print("\n中文词语数为{}。".format(m))
```

四、综合应用题(共20分)

文件 data.txt 是教育部爱课程网中国大学 MOOC 平台的某个 HTML 页面源文件,里面包含了我国参与 MOOC 建设的一批大学或机构列表。请扫描封底二维码登录线上题库平台下载本题的数据文件。

问题1:从 data.txt 中提取大学或机构名称列表,将结果写入文件 univ.txt,每行一个大学或机构名称,按照大学或机构在 data.txt 中出现的先后顺序输出,输出样例如下:

…

南京理工大学

…

南京师范大学

…

提示:所有大学名称在 data.txt 文件中以"alt="北京理工大学""形式存在。
请参考程序框架文件,补充代码完成程序。

```
#请在......处使用多行代码替换
#注意:提示框架代码可以任意修改,以完成程序功能为准
……              #此处可多行
f = open("univ.txt", "w")
……              #此处可多行
f.close()
```

问题2:请编写程序,从 univ.txt 文件中提取大学名称,大学名称以出现"大学"或"学院"字样为参考,但不包括"大学生"等字样。将所有大学名称在屏幕上输出,大学各行之间没有空行,最后给出名称中包含"大学"和"学院"的名称数量,同时包含"大学"和"学院"的名称以结尾的词作为其类型。样例如下(样例中数量不是真实结果):

…

南京理工大学
……
淮阴师范学院
……
包含大学的名称数量是166
包含学院的名称数量是33
请参考程序框架文件,补充代码完成程序。

```
#请在……处使用多行代码替换
#注意:提示框架代码可以任意修改,以完成程序功能为准
n = 0
m = 0
f = open("univ.txt", "r")
……                    #此处可多行
f.close()
print("包含大学的名称数量是{}".format(n))
print("包含学院的名称数量是{}".format(m))
```

参 考 答 案

一、单项选择题

1. C 2. A 3. A 4. A 5. D 6. B 7. D 8. A 9. D 10. D
11. C 12. C 13. B 14. D 15. B 16. D 17. A 18. D 19. A 20. B
21. D 22. A 23. C 24. A 25. C 26. A 27. C 28. A 29. A 30. D
31. D 32. D 33. D 34. A 35. B 36. B 37. B 38. A 39. C 40. D

二、基本编程题

1.

```
n = eval(input())
print("{:+^11}".format(chr(n-1)+chr(n)+chr(n+1)))
```

2.

```
a, b = 0, 1
while a <= 100:
    print(a, end=',')
    a, b = b, a+b
```

3.
```
a,b,c = eval(input())
ls = []
for i in range(c):
    ls.append(a + b * i)
print(ls)
```

三、简单应用题

1.
```
import turtle
turtle.pensize(2)
d = 0
for i in range(1, 13):
    turtle.fd(40)
    d += 30
    turtle.seth(d)
```

2.

问题 1 参考代码如下:
```
import jieba
s = input("请输入一个中文字符串,包含逗号和句号:")
s = s.replace(",","").replace("。","")
n = len(s)
print("\n中文字符数为{}。".format(n))
```

问题 2 参考代码如下:
```
import jieba
s = input("请输入一个中文字符串,包含逗号和句号:")
s = s.replace(",","").replace("。","")
n = len(s)
k = jieba.lcut(s)
m = len(k)
for i in k:
    print(i, end = "/")
print("\n中文词语数为{}。".format(m))
print("中文字符数为{}。".format(n))
```

四、综合应用题

问题 1 参考代码如下:
```
fi = open("data.txt","r")
f = open("univ.txt","w")
```

```
for line in fi:
    if "alt" in line:
        dx = line.split("alt=")[-1].split('"')[1]
        f.write("{}\n".format(dx))
fi.close()
f.close()
```

问题 2 参考代码如下:

```
n = 0
m = 0
f = open("univ.txt","r")
lines = f.readlines()
f.close()
for line in lines:
    line = line.replace("\n","")
    if '大学生'in line:
        continue
    elif '学院'in line and '大学'in line:    #形如中国科学院大学、南京大学金陵学院的计
                                            数处理
        if line[-2:] == '学院':           #例如南京大学金陵学院,归属于学院,不归属于大学
            m += 1
        elif line[-2:] == '大学':         #例如中国科学院大学,不归属于学院,归属于大学
            n += 1
        print('{}'.format(line))
    elif '学院'in line:
        print('{}'.format(line))
        m += 1
    elif '大学'in line:
        print('{}'.format(line))
        n += 1
print("包含大学的名称数量是{}".format(n))
print("包含学院的名称数量是{}".format(m))
```

冲 刺 重 点

试卷(一)、(二)、(三)展示了全国计算机等级考试二级 Python 语言程序设计科目的命题方式。上考场前,要多加练习!

爬得高,走得远,不是为了给世界看到,而是为了看到更大的世界——与同学们共勉!

附录 常用 RGB 色彩对应表

常用 RGB 色彩对应表

中文名称	英文名称	RGB 十六进制	RGB 的[0,255]区间值	RGB 的[0,1]区间值
白色	White	#FFFFFF	255,255,255	1,1,1
象牙色	Ivory	#FFFFF0	255.255.240	1,1,(0.94)
黄色	Yellow	#FFFF00	255.255.0	1,1,0
海贝色	Seashell	#FFF5EE	255.245.238	1,(0.96),(0.93)
橘黄色	Bisque	#FFE4C4	255,228,196	1,(0.89),(0.77)
金色	Gold	#FFD700	255,215,0	1,(0.84),0
粉红色	Pink	#FFC0CB	255,192,203	1,(0.75),(0.80)
亮粉红色	LightPink	#FFB6C1	255,182,193	1,(0.71),(0.76)
橙色	Orange	#FFA500	255,165,0	1,(0.65),0
珊瑚	Coral	#FF7F50	255,127,80	1,(0.50),(0.31)
番茄色	Tomato	#FF6347	255,99,71	1,(0.39),(0.28)
洋红	Magenta	Magenta	255,0,255	1,0,1
小麦色	Wheat	#F5DEB3	245,222,179	(0.96),(0.87),(0.70)
紫罗兰	Violet	#EE82EE	238,130,238	(0.93),(0.51),(0.93)
银白色	Silver	#C0C0C0	192,192,192	(0.75),(0.75),(0.75)
棕色	Brown	#A52A2A	165,42,42	(0.65),(0.16),(0.16)
灰色	Gray	#808080	128,128,128	(0.50),(0.50),(0.50)
橄榄	Olive	#808000	128,128,0	(0.50),(0.50),0
紫色	Purple	#800080	128,0,128	(0.50),0,(0.50)
绿宝石	Turquoise	#40E0D0	64,224,208	(0.25),(0.88),(0.82)
海洋绿	SeaGreen	#2E8B57	46,139,87	(0.18),(0.55),(0.34)
青色	Cyan	#00FFFF	0,255,255	0,1,1
纯绿	Green	#008000	0,128,0	0,(0.50),0
纯蓝	Blue	#0000FF	0,0,255	0,0,1
深蓝色	DarkBlue	#00008B	0,0,139	0,0,(0.55)
海军蓝	Navy	#000080	0.0.128	0,0,(0.50)
纯黑	Black	#000000	0,0,0	0,0,0

郑重声明

高等教育出版社依法对本书享有专有出版权。任何未经许可的复制、销售行为均违反《中华人民共和国著作权法》，其行为人将承担相应的民事责任和行政责任；构成犯罪的，将被依法追究刑事责任。为了维护市场秩序，保护读者的合法权益，避免读者误用盗版书造成不良后果，我社将配合行政执法部门和司法机关对违法犯罪的单位和个人进行严厉打击。社会各界人士如发现上述侵权行为，希望及时举报，本社将奖励举报有功人员。

反盗版举报电话　（010）58581999　58582371　58582488
反盗版举报传真　（010）82086060
反盗版举报邮箱　dd@hep.com.cn
通信地址　北京市西城区德外大街4号
　　　　　高等教育出版社法律事务与版权管理部
邮政编码　100120

防伪查询说明
用户购书后刮开封底防伪涂层，利用手机微信等软件扫描二维码，会跳转至防伪查询页面，获得所购图书详细信息。同时，防伪二维码下的20位密码亦是线上题库的认证密码。

反盗版短信举报
编辑短信"JB,图书名称,出版社,购买地点"发送至106695881280

防伪客服电话
（010）58582300